從嫉妒心理到完美主義，再從血型到星座......
打響職場心理戰，窺探人性背後的深層原因

周博文 —— 編著

INTERPERSONAL RELATIONSHIP

透視 職場人性 的隱祕

忠誠現象 × 身體語言 × 替代行為
利用心理學原理，打造無懈可擊的職場策略

看透職場中的人性，應對同事的多面性

目錄

目錄

前言　人性的弱點

人性是一個謎。

千百年來，人類雖然在歷史的長河中不斷地繁衍著、變化著，但對自己的了解遠遠不如對世界乃至宇宙的掌握，甚至可以肯定的是，人類目前還生活在自身的迷霧中。於是，我們看到了許多的悲劇發生了。

關於人性的研究，戴爾・卡內基 (Dale Carnegie) 的《人性的弱點》(*How to Win Friends and Influence People*) 影響甚廣。但那畢竟是一個階段的認知和產物，在今天看來也是太膚淺了，它的精華部分也大都是關於處世方面的。這也只能看成是關於了解人性的入門讀物，而非真知或是什麼人生的大智慧。

今天，人們已從各個角度、各個方面透視著人性、剖析著人性，這不僅是一種努力、一種探索、一種對自我命運掌握的衝動，更是人們付出極大的代價得到的教訓和經驗。這是人們絕對不應忽視的新知和存在。這樣人們就能避開人性的弱點所形成的陷阱，幸福快樂地生活。

人生的旅途中必然有風雨，有成功、順利和喜悅，也有失敗、挫折和痛苦……就也不可避免地經歷和體驗了人性所有的弱點，嫉妒、恐懼、虛偽、貪婪、盲從、輕率、虛妄、愚蠢……或許也正是這些，才使你的思想變得深刻、意志變得更堅強、胸懷變得寬廣、理想變得遠大，才使你真正擁有了一種智慧。那時人們就會明白那一切原來是一種人性的修練。走進人的內心世界，探求人性的祕密，這樣更有利於我們看透人性、掌握人性，從而在命運的大海中自在遨遊。

前言

類型化是透視人性弱點的利刃

人類有自己的本性。

—— 羅曼・羅蘭（Romain Rolland）

就人性來說，唯一的嚮導，就是人的良心。

—— 邱吉爾（Winston Churchill）

　　江裡有三種魚都很常見，牠們是鱘魚、刀魚和河豚。這三種魚以味美鮮嫩而著稱。這三種魚形狀不同。鱘魚形狀像鯉魚，身形比鯉魚要扁一些。刀魚的形狀就像一把匕首，魚肉極其細膩，刀魚身上長有上千根刺，食用時很容易被卡住。河豚有著滾圓的身子，身上長的不是魚鱗，而是帶小刺的皮。

　　在江邊的漁民捕這三種魚用的都是同一張網，形狀很像排球網。漁民把網攔在江中，讓魚鑽到網眼中去。鱘魚頭小身大，頭鑽過去後身體就過不去了，這時鱘魚只要向後一退，就能逃脫而去。但由於鱘魚太愛惜魚鱗，死不後退，就被漁民捕獲了。

　　刀魚看到鱘魚被捕後，心想這傢伙真笨，向後退一下不就行了嗎？於是刀魚穿過網眼後就迅速後退，結果兩邊的魚鰭卡在了網上。其實這時刀魚只要繼續向前就能穿網而去了，但牠記取了鱘魚被抓住的教訓，拚命後退，結果也被漁民捕獲。

　　河豚看到牠們被抓，心想你們真笨，碰到網只要不前進也不後退，不就不會被抓住了嗎？於是河豚碰到網後就拚命為自己充氣，把自己氣得圓鼓鼓的，結果漂到江面上被漁民輕而易舉地捕獲了。

　　其實，人就像上面的三種魚一樣，常常被自己的習慣和人性的弱點害死，卻很難知道自己錯在哪裡。雖然人們常常能夠清楚地看到別人的錯誤，卻永遠也找不出自己的弱點；常常因為看到別人出了問題想避免重蹈覆轍，結果卻陷入了另外一個更致命的錯誤之中。人類似乎永遠逃不出自己的弱點和宿命。於是，許許多多的悲劇一直在發生著。

　　但是人們總要生活下去，要逃避人生的陷阱和宿命，並且要盡可能比前人生活得更好。人們有辦法嗎？有沒有十全十美的方法？總有一些人比

別人活得更快樂幸福和豁達，他們是怎樣更加快樂幸福和豁達的呢？有一句相當精闢的古語：「努力認識你自己才能掌握人生。」讓我們認識自己的劣根性，認識自己的局限性和人性弱點。我們一定要理解只有自己的人性弱點編織的網能把自己捕獲。因此，讓我們透視人性弱點來認識自己吧！

生活中，你會發現對熟悉的人做一些透視，是最適當而且是最實用的，如老同學、子女、父母或其他家庭成員，因為你對他們越了解，知道得越多，就越會對他們的靈魂有更徹底的認識。對陌生人做透視固然困難，但對你而言他們恰似一張白紙，當他們出現在你眼皮之下，你冷眼觀察，說不定也容易捕捉其性格特徵。當你乘坐在一架客機時，坐在三人座的中間座位上。在你左邊的那位女士顯然要與你搭訕交談，儘管你對這種攀談不感興趣，但她還是始終滔滔不絕。直到「繫好安全帶」的訊號出現時，你已經知道她要去哪裡，她要做什麼事，她丈夫從事什麼行業，她兒子在學校表現得怎麼樣，以及其中的來龍去脈（而在這過程中，你唯一的發言機會就是在自我介紹時）。看來這位女士明顯地屬於會使你忍不住想要打呵欠的一類人，鑑定法可以幫你推測，這人無疑屬外向型。

與此同時，在你右邊坐著另一人頗引起你的興趣──也許是由於他的儀態樣貌，或是他正在閱讀的書。你以「是出差嗎？」這一提問試圖和他攀談，對此他報以微微一笑，只回答了個「是」，就又繼續閱讀。你不甘心就此而止，又問：「你常去出差嗎？」那人再次報以愉快而簡短的回答：「不，不常去。您呢？」為了避免非長談不可，所以「以問易問」，把交談的重擔轉給你扛。待聆聽、附和了你友好的幾分鐘閒談之後，他放下書，說聲「對不起」，就閉上了他的眼睛。這個訊息很明白，這位內向者希望「一個人待著」。

由此可見，外向型和內向型相對的較容易分辨，即使如此，你也許還

會「上當」，因為你右邊的那個人，很可能剛講了一整天課、開完冗長會議，說不定他也是外向型者，只不過當時已精疲力盡了。

除了開朗與否、好交際與否，外向型與內向型還有一個區別，是在動力的「能量」上，外向型者的「能量」趨向於「遞增」，即以談話而言，談興會越來越濃，越談越起勁；而內向型者的「能量」越趨向於「遞減」，乃至枯竭耗盡，到他精疲力盡時還不自覺。

外向型和內向型區別是較明顯的。外向型者說話要比內向型者嗓門大，大到人們常想「噓」他。儘管他都非出於故意。外向型者習慣說話快速，不加考慮，脫口而出；內向型者說話之前則要反覆思考、猶豫之後再說。內向型者即使有什麼一己之見，也寧可少說為佳；而外向型者稍有心得，便反覆申述，誇大其詞。外向型者還喜好用「非言語表達方式」——頻頻用手勢、豐富的臉部表情等等；而內向型者常沉靜內斂，不露鋒芒。

在日常生活中，依據人們的不同性格，還有很多劃分方法，在性格劃分方法中，也許屬依賴型和獨立型最容易辨認。

且讓我們再回到客機上。供應了午餐之後，那位坐在你左邊的女士打開了她的公事包，裡面的東西擺得井井有條——鉛筆和鋼筆分置有序，紙張夾得好好的，機票、眼鏡等一一擺放，其他一切東西似也各得其位。這樣她好像還不放心，工作之前又花了幾分鐘再整理了一番。如此看來，這位女士應屬於獨立型。

而幾乎在同時，你右邊的那位先生也打開了他的公事包，豈料他的「囊中物」卻是另一番情形，才剛打開包包，只見麵包殘渣掉落到他的膝蓋上，隨即一大堆東西露了出來。亂七八糟的紙張，甚至還看到一隻襪子，鉛筆也沒有筆芯，一封未完成的信函，此外還有其他許多雜亂無章的

東西。他七翻八找的，似乎對這裡頭的亂並不在意。待翻出一份即將召開的會議日程表，看了看，又塞進了自己的口袋。如此，人們自然有確鑿理由做出判定，此人無疑屬於依賴型了。

在分辨獨立型和依賴型時須切記一點，依賴型的人們由於其天生的適應性、機動性，是有可能表現得像一個獨立型者，倒是獨立型者與依賴型者所能適應的世界是截然不同的。

獨立型與依賴型的區別有幾點是主要的。獨立型者習慣專注於一件工作、一個主題，依賴型者則一事未完又起一事，有時都到了亂七八糟的程度。獨立型者內部好像有一座「生理時鐘」，對時間管理非常有序；依賴型者則沒有這類天分。獨立型者往往固守一法，不會輕易改變，依賴型者則有著對任何情況都能產生靈活變通的適應性。獨立型者，顧名思義，對大多數議題都能提出決定性意見；相比之下依賴型者則不善於此，回答一個問題時常牛頭不對馬嘴，思路不甚清晰。

在生活中，性格的劃分並不全是非此即彼，往往需要仔細地觀察和分析才能做出判定，有些時候，觀察判定實感型與直覺型就是相當困難的。原因是實感型、直覺型這兩種類型的性格特徵，是介於資訊收集功能的範疇，正是在預備將輸入的資訊予以過濾的過程中進行觀察判定。不像外向型、內向型、獨立型和依賴型，他們的行為結果現成的擺著，並用語言和行為的方式表現出來，是馬上就可見到的；實感型與直覺型則是反映在內心裡的想法，讓人難以捉摸。但就實感型與直覺型二者而論，實感型是比較好辨認的，他們拘泥字眼的習性就洩漏了他們的「天機」。雖然直覺型者也喜好雕文琢句（直覺型裡出作家也可說明這點），但他們也常常喜歡玩文字遊戲，把話說得刁鑽古怪，有時回答你一個問題時會故意咬文嚼字，純粹是為了樂趣而已。

　　如問某人「你今天是怎麼過的」，假使被問到的是個直覺型者，他多半會給你一個籠統概念性的回答：「我試著指揮手下的員工執行具體任務。」若被問到的是個實感型者，他更可能實話實說、原原本本地把整個過程對你敘述一遍：「今天上午9點15分我召開了全體會議，討論公司內部的問題，大概花了一個半小時。接著我又單獨和兩位負責推銷的代表會談了一番，是關於下個月要實行的行銷計畫……」

　　當然，如果是一位內向的實感型者，他也許不至於那麼嘮叨。事實上，內向型者正因其比較內向，所以他的任何性格特徵都是很難分辨的 —— 除了內向這一特徵本身。不過他們終究還是會暴露自己的本性，只是這需要一些時間。

　　切記實感型者一般是著眼於此時此地的，他們立足於現實，而直覺型者則普遍地著眼於過去和未來。對於同樣一個問題：「你現在感覺怎樣？」實感型者會實事求是地回答「不錯」，或「很累」，或「我頭痛」；而直覺型者會從各種角度理解你這個「怎樣」，做出一個宛如與他探討人生目標似的哲理性回答，並且答案還有些「差強人意」。

　　總之，實感型與直覺型有一些區別。直覺型者傾向於尋求事件、經驗的意義；實感型者傾向於研究事物的各部分各方面。實感型者喜歡從事情的連續性理解其過程，而直覺型者慣於不經意地收集資訊，還要加以自圓其說，附會某種「理論模式」。實感型者專注於「是什麼」，卻不在意「可能是什麼」；直覺型者偏重於「可能是什麼」，而對「是什麼」無所謂。實感型者對空想的計畫最沒興趣；直覺型者對具體詳細的事項最不耐煩。

　　根據行為決定性格的類型是最難辨認的方法，即思考過程和情感過程。換句話說，透過實感方式或直覺方式收集到的資訊，並做出判斷、評

價和決定的行為，可以說是最具個人色彩。任何時刻要你說出某人的意見是客觀還是主觀，都是十分困難的，因此，分辨思考型或情感型也是如此。一般而言，情感型者是討人喜歡的人。讓我們再回到前面所舉的那個例子上。你也許還記得你客機座位右邊那位內向型男士，就算他是在表示拒絕和你對談之時，他也是友好的，不會讓你覺得下不了臺。他不但不冒犯你，倒是因掃了你的聊天興致，禮貌地向你道歉。就算是與陌生人相處，他也力求和睦，顯示了他那情感型的特徵。

再看在你左邊的外向型女士 —— 她劈頭就與你喋喋不休閒談她的生活故事，乍聽之下，令人覺得有些刺耳。談到她那就學的孩子時，她提起她怎樣拒絕孩子轉到別的數學班，因為她知道那班老師會順著她的孩子。這位女士解釋道：「我對孩子說，越是嚴格的老師，對學生越有好處，等你長大步入實際生活時，才會懂得如何和這種人相處。」只根據自己的片面理由做決定，而不考慮他人如何作想，這是思考型者的一大特徵。

假如講到這裡時，坐在你右邊的內向型男子感到非要表達一下自己的看法不可，他會探過身來，用十足情感型的口吻說：「你不覺得讓孩子既感到舒坦又明白其中的道理，他會學習得更好？我就常常覺得人們只有在心情快樂時，才能保持在最佳狀態。」

思考型者慣於客觀地面對現實，所使用的語言聽起來也往往有些生硬，似乎對別人的感受漠不關心似的；相比之下，情感型者則喜歡介入不相干的事，即使不是熟人也一樣熱情參與。他們甚至覺得自己的這種行俠仗義，體貼別人的感情是一種必要，一種責任感，如果可能的話他們願為弱者打抱不平。思考型與情感型的區別因此也就一目了然了。在思考型者心目中客觀第一，凡事分得很清楚；在情感型者心目中，和睦相處、一團和氣放在首要。情感型者的想法常因形勢而變，主觀性強；思考型者一經

決定便將其付諸實行，趨於穩定性和持久性。兩者都有感情，但情感型者傾向於用情、感受情，思考型者傾向於察情、理解情。

對於人的認識，古人就強調「將心比心」，但問題就在於每個人的人性是否一樣？同樣的一句話，不同的人聽到，有不同的解讀，也會有不同的效果。但是如果人們一直以自己的想法來揣測別人的想法，以為自己要的就是別人要的，以自己的標準來評判別人的作為，那是十分錯誤的。這就說明認識人性其實是很困難的。

了解自己與別人，一直都是人類極力探索的課題。於是星座、掐指算命、八字、血型、面相、手相等等一一出現。人們用最理想的一些方法將人加以「分類」，以此為「命運」尋找出脈絡。

類型是一套精確又實際的分類法，也是透視人性弱點的利刃。

如果我們將人類適應環境所表現出的思維、情節及行為模式進行分類，而且還將某一類型的人進行深刻的剖析，這樣更有助於我們透視人性。

透視人性弱點相當重要。這些結論現在已被廣泛運用在管理、推銷業務及處理人際關係（包括夫妻相處、子女教養等問題上）。這種認識提供了一份指南，使我們能更深刻地認識人的人性真偽，以及能提供面對人生的各種策略。雖然認識人性弱點可能有不同的目的，有人是為了治療自己的心理痛苦，有人則是為了了解別人、幫助別人；有些人為的是增加自己的知識，有些人只是為了好玩、有趣，還有人是想找到立刻解決自己人際關係方面的問題的妙方。但是不管動機為何，都會給你的人生一些重大的收穫。有趣的是，你的動機其實也正隱藏著你的人性以及人性弱點。

類型化是一種極其深刻的分析方法，它實用而又有力，能幫人解決一些相當棘手的難題。

其實，現實生活中，每一個人都有很複雜的內心。人不能只看表面的現象。一個真正的智者是能洞悉別人內在的人性弱點的。這樣的人也是生活中的成功者。

而再複雜的人也一定是可以了解他的。只要是一個活人就會有腦（心智思想）、心（心靈情感）、腹（身體感官）。雖然人人都有這三個部分，但是一個類型的人都會偏好其中一個中心，作為回應事件的主要活動區域。例如，當人們遭遇壓力、挫折時，腦中心（head center）的反應會苦思問題的癥結，並產生思想上的焦慮；心中心（heart center）的反應則是傷心、痛苦、自怨自艾，而腹中心（gut center or body center）的表現則會趕快找辦法、問別人，採取行動以處理問題。

一般來說，腦中心的人總是不斷地思考、幻想或是焦慮，但是卻感情冷漠，行動力不足。心中心的人感情豐富，能快速地感受到別人的心情，但是一旦內心受創，不僅無法冷靜地思考，而且全身無力好像癱瘓。腹中心的人則是說做就做，一旦下決定，就不必思考，而且也不喜歡碰觸內在情緒。

腦中心的人傾向以思考來觀察和處理事件，生命中最主要的問題是焦慮與恐懼感。在遇到事情時，他們習慣用腦去洞察、分析，然後加以歸納。他們顯得較為理性，在做決定之前，必深思熟慮，經過多方推理、歸納之後，才會付諸實行。他們相信科學、相信客觀的自然規律，相信知識就是力量，並了解到只有擁有豐富的知識，才能在面對環境威脅時，幫助他們找到最正確的解決方案，所以知識才是人類最佳的防衛武器。

另外，腦中心的人特別熱衷於思考活動，他們有明顯的想像力、聯想力與分析力，平時喜歡看書、收集資料，有些人可能喜歡做白日夢，有些則喜歡冥想，總之他們是所有類型的人中，最喜歡探討理論、對事物做現

象分析、歸納的人。同時，腦中心的人是屬於視覺型的人。他們喜歡圖像，例如，文字（書籍）、影像（電視、電影、圖畫）以及具象的事物。他們經常是透過圖像來吸收資訊，透過圖像來思考。

腦中心還可以細分為三種類型：智慧型、忠誠型，以及豐富型。

智慧型往往是最容易辨別的腦中心人物，因為他們通常是最狂熱地追求知識的一群人，他們經常埋首於書堆或是電腦桌前，熱衷於研究、思考，大多是某個專門領域的學者，但在行動上、人際關係上卻顯得怯懦，甚至失能。有人經常譏笑他們徒有滿腦子的知識、理論，卻往往只會在紙上談兵。不過人類原本就各有所長，有人善於計劃，有人善於執行。而且若不是他們擁有如此過人的思考能力，進而發現或發明許多新的事物，那麼人類的文明也不會如此璀璨。

忠誠型的人十分多疑，滿腦子的猜測。他們雖然也喜歡用腦，但是卻不相信自己的判斷、辨別的能力，而相信權威，依賴權威。靠著別人，來抵抗世界上的種種威脅，保護自己免於恐懼、焦慮。這是忠誠型人總是搖擺不定的根本原因，因為他們的智力和能力不足以應付千變萬幻的世界。豐富型的人熱衷於多彩多姿的生活，對於許多事情都不願意深入，具有天真、樂觀、不願深思的特點。這種看似膚淺的行為，其實並非表示他們沒有腦筋，反之，他們這麼做是為了逃避想太多的煩惱、焦慮，所以一旦遇到不如意的事，他們便逃脫到愉快的幻想中。「心」所指的是我們的情緒、感受。心中心的人是感情最強烈，最情緒化的人。他們通常非常在乎與人的相處，關心別人，容易跟人親密，也比較喜歡黏人。而他們生命中共同的問題是認同與敵視（包括嫉妒）。

心中心的人一輩子都生活在感覺中。他們有很高的敏感度、感情細膩，

對細節和局部相當在意。當然有時甚至吹毛求疵。他們希望了解別人。他們也是以感情為重的人。他們一生都在追求愛，唯有活在愛裡，他們才能感覺到自己存在的價值與意義，而且以愛作為一切的評估標準。只要是出於愛的行動，才是對的；只要是所愛的人做的一切，也都是對的，或是可以原諒的。

心中心的人是屬於聽覺型的人，他們喜歡傾聽與訴說。他們喜歡聽所愛的人說：「我愛你。」也比較喜歡聽音樂、話劇。他們通常不需要影像，只需要聲音，就能夠全心全意地感受事物。

心中心又分為三種類型：助人型（The Helper）、成就型（The Achiever），以及浪漫型（The Individualist）。

助人型的人是最樂於把愛撒播給別人的人。他們關懷他人、樂於助人、慷慨大方，但卻也有強烈的占有欲、喜歡介入別人的生活。雖然他們常覺得自己只求付出，不問回報；但事實上他們要的回報是別人對他們的愛與依賴，希望自己是別人一生中最重要的人，希望自己能夠影響甚至是掌控別人的生活。有些傳統的母親不正符合這樣的形象嗎？

成就型雖是心中心的一員，一樣渴望愛的滋潤，卻是最不知道如何付出愛的人。他們認為表現傑出，才會得到別人的稱讚與愛戴，所以他們顯得喜歡競爭、自戀、對會威脅到他們優勢地位的人充滿敵意。通常他們是那種很求上進，但也可能會為追求目的不擇手段的人。

浪漫型是最懂得愛自己的人，感情最豐富、最敏銳。但由於人性弱點過重，所以那些在他們身上洶湧澎湃的情緒，往往呈現出來的是憂鬱、多愁善感。浪漫型是最能夠看清自己的內在、最有自省能力，並具有創造力的人，在好的情況下他們能夠將其敏銳的直覺、豐富的情感與他人分享，甚至將它轉化成藝術作品。但在精神不健康的情況下，他們可能憂鬱、自

憐、自怨自艾，甚至走上自我毀滅的道路。

腹中心的人是最在乎生存問題的人，生命中最主要的共同問題是壓抑與攻擊。不像腦中心的人重思想，心中心的人重感情，腹中心關切的是那些實實在在摸得到、用得到、吃得到的東西，也就是衣食住行生活上最實際的事情。他們相信優勝劣敗、適者生存的道理，所以兢兢業業地找出自己的定位點，並且不斷努力地去站穩自己的生存位置，不畏艱難地去解決生存的問題。

腹中心的人是屬於感覺型的人，而感覺指的是觸覺、味覺以及直覺。所以他們的智慧主要來自於經驗，但也來自於身體裡自然存在的深度，只是他們並不是很快就能看到這些深層的東西。因此我們看到腹中心的人通常很膚淺。他們通常只能理解自己經驗過的事，沒有過多的推理、想像以及創造能力。但是一旦真正觸碰到他們內在直覺，他們可能會頓悟一切。不管是根據外在經驗還是內在直覺，腹中心的人發出行動是很快的，他們往往不必思考、分析，就可以下定決心、勇往直前。

相對於腦中心者必須再三思考才能付諸行動、心中心者本能性地無力，腹中心者的力量、氣勢顯得要強多了。一般情況下，腦中心的人通常是對知識最能夠普遍吸收、理解的一群人；心中心的人則往往只對自己關心的人，有特別深刻、超出常人的體會。而腹中心的人除非有豐富的生活經驗，否則領悟力往往是最差的。因為只要是他們不曾經驗過的，他們幾乎都無法理解、感受。但是若一棒敲開了他們難解的關卡，他們往往會痛哭、顫抖，是感受力最強的人。

腹中心一樣有三種類型：挑戰型（The Challenger）、和平型（The Peacemaker），以及完美型（The Reformer）。

挑戰型的人最有行動力，他們擁有無比的自信、勇氣，說做就做，不畏艱難，但是也因此顯得極具魯莽氣息。而過強的攻擊性及意志力，也常常使他們成為別人眼中的危險人物。

為了壓抑攻擊的慾望，和平型是一種截然不同於挑戰型的人：他們因為害怕衝突，而變得不敢或不願行動。他們非常和氣，很能夠認同別人、順應別人，跟他們在一起往往有一種自在祥和的感覺。可惜他們順應別人的另一面卻常常是看輕自己，覺得自己不重要，而顯得消極、怠惰。他們很可能真的會毫無作為地度過一生。

而完美型的人則是那種不停地念，也不停地做的人。他們渴望公平、正義，要求事事完美，而他們也的確付出行動，要求自己的同時，也嚴格要求別人。可是也正因為過度追求完美、在乎細節，導致事必躬親，浪費了許多精力，而且在過度克制自己情緒，責難別人的情況下，他們的情緒也往往失去了平衡。其實，透視人性弱點還有其他一些方法。諸如從行為方式（替代、模仿、逃避，甚至無意識行為等）、生活習慣、小細節小動作等等都可以。

在 20 世紀，人性弱點問題成了哲學、法學、社會學、倫理學、心理學、人類學等學科研究的重要課題，出現了多種人性弱點理論。直到目前，關於人性弱點的研究範圍越來越寬，研究的內容也越來越精細深入。

所有研究結果都顯示，一個能夠掌握住人性弱點的人，才能度過一個又一個的艱難險阻，才能擺脫個人心理和精神上的枷鎖及困惑，才能從一個平庸的人變成一個自我實現的人，才能在自己有限的一生中，充分地發揮個人的潛在能力，展現自己的聰明才華，實現自己的理想抱負，為社會做出應有貢獻。

替代行為，這一人性弱點是怎樣形成的

我們耐得住習以為常的惡習，我們非難新發現的惡習。

—— 賽勒斯・哈利・布魯克斯（Cyrus Harry Brooks）

幾乎社會中的每一個普通人，都會有極普通的替代行為，為自己的小失落、小失敗、小挫折尋找一些使內心自我平衡的藉口和行為。這就是生活中經常見到的，也是最為普遍的替代行為。我們可以從替代行為中看到某些人性的弱點。

但最可怕的替代行為，則是讓別人替自己承擔過錯。這已不是無意識的行為，而純粹是有目的的一種舉動，這是人類社會化和本身弱點相混雜的產物。

面對不能滿足自己的事物、無力承擔的錯誤，或難以逃避的罪行而又無法正視現實時，就將責任與罪行轉嫁在替代物上，這是人性弱點近乎邪惡化的行為模式，也可以說是人類獨有的醜陋行為。從某種意義上來說，人類是最可怕的。因為只有人擁有嫁禍於他人的這種可怕的行為，而且這種事也幾乎貫穿了人類的整個歷史，甚至構成了文明的一部分。比如，在古希臘時期，雅典人很早就有了救濟金制度，他們用公費養著一批貧困潦倒，且對社會無用的人。然而每當一有災難時，例如瘟疫、乾旱或饑荒，他們（這群替罪羔羊）就會被作為祭神用的祭品而成為犧牲品。

利用替罪羔羊的習俗和人類文明本身一樣古老，在全世界不同的文化中，這樣的例子俯拾皆是。這些犧牲儀式背後的理念，就是用物體、動物或是人替代罪行與罪惡，然後將它驅逐或消滅。據說最早是希伯來人習慣用一隻活羊，將雙手放在羊的頭上進行懺悔，這樣罪惡就轉移到羊身上。然後將這頭羊帶走棄置在荒郊野外，人類也就無罪了。而後的雅典人和阿茲特克人，他們的替罪羔羊則是人類，通常是特意豢養來充當犧牲品的人。他們認為饑荒與瘟疫是神祇所降，以懲罰人類的罪行，因此人們不僅身受饑荒與瘟疫之苦，也飽受罪惡感與內疚的折磨，他們透過將罪惡轉移到無辜者身上以求獲得解脫，替罪羔羊的犧牲是為了讓天神滿意，同時驅

逐自己內心的邪惡。

　　有些人犯下錯誤，為了推卸責任、掩蓋真相也會不惜代價尋找替罪羊，這種事罄竹難書，自然也就無法用偶然來解釋，只能是人性深處的某種東西在作祟，那也只能是人性的「弱點」了。

　　替代行為在古今中外都不勝枚舉，而且有些行為手段陰險狡詐，動機深不可測，結局往往也慘不忍睹，這幾乎是人性弱點惡性發作的頂尖代表作了。我們能不清醒地記住這些歷史嗎？翻開歷史，一股血腥氣在故事中展開，人性的弱點也在其中爆發。西元前 206 年冬，秦始皇第二次巡行天下。李斯、趙高和他同行。不料始皇暴病而亡，臨終前讓趙高代為起草詔書給長子扶蘇。始皇一死，趙高便與胡亥一起密謀殺掉扶蘇。但趙高又想拉上李斯，就去找李斯，運用三寸不爛之舌，挑撥離間李斯與扶蘇的關係。李斯竟然上了賊船，一失足成千古恨了。於是，二人合謀偽造遺詔，立胡亥為太子，並篡改扶蘇的信，陷害扶蘇誹謗皇上，連同蒙恬失職，一併賜死。

　　於是，悲劇發生了。陰謀得逞後，趙高依仗二世的寵信，肆無忌憚，任意妄為，為報私仇，大開殺戒，李斯對此卻視若無睹。而當趙高串通二世欲加害於他時，他已無利用價值，而作為罪行的替代者將被奉上祭壇宰殺時，李斯竟然愚蠢到與虎謀皮的地步，去向二世指控趙高之罪，勸二世除之。而二世反而把李斯的話告訴趙高。趙高先下手為強，把李斯拘捕入獄，將李斯全家滿門抄斬於咸陽市上。

　　東漢末年，漢王朝已分崩離析，群雄逐鹿，爭殺中原。有一次，曹操在圍攻對手時，把運送的軍糧抵達的時間計算錯誤，結果食物越來越少，被迫令糧官減少口糧供給。很快就有士兵在發牢騷，抱怨吃不飽。如果怨言蔓延開來，就要兵變。這時，曹操的人性中的陰險部分就被啟動。他將

糧官召到帳中，竟要糧官替代他的過錯，要殺糧官。就這樣，糧官別無選擇，當天就被斬首示眾，於是士兵停止抱怨。

從替代行為透視人性弱點怎樣發作

在歷史上和現實生活中，常常會碰到這種現象，人一旦有了挫折的自卑感時，立即會想以其他的東西來替代欲求的對象。

有些人會故意一面肯定別人，又一面批評說：「科長雖然人很好，但穿著卻一點品味也沒有。」這句話表面上的肯定是偽裝的，其真正的含意卻是在於指責對方的形象。雖然主觀意識上不喜歡對方，卻又無法為其上司的事實做掩飾，於是產生了「替代的心理」。生怕別人知道他的不滿行為，而以其所穿著的服飾來醜化其形象，而非直接的人身攻擊，此可謂為「遷怒式替代」的方式。

歷史上，我們不難發現許多有名的人物，他們的言行和隱藏在內心中真正的意識，表裡並不一致。甚至有些人雖然看似開朗，但事實上，卻充滿著自卑心理，並對世事抱著內疚或欲求不滿。

拿破崙（Napoléon Bonaparte）是科西嘉島的沒落貴族出身，到巴黎後從一名普通軍官努力爬升至法國皇帝的地位。在他成為法國皇帝時，與貴族遺孀約瑟芬（Joséphine de Beauharnais）結婚，多少有出身的自卑心理作祟。此外，拿破崙是個盡人皆知的矮子，也有著身材上的自卑。所以，與約瑟芬的婚姻，可以用來彌補他的卑微出身和矮小身材造成的心理缺憾。又如，18 世紀批判現實主義小說《紅與黑》（*Le Rouge et le Noir*）中的主角，貧民出身的於朱利安・索海爾（Julien Sorel）和貴族德雷納夫人（Mme de Rênal）的情史，同樣也是與身分家世相關的彌補心理。

　　事實上，在當代企業家中也有不少白手起家的類似例子，有財富和權力已無法滿足，於是，堅持著要與門當戶對的富家女結婚的執著心態，與其自身的卑微家世不無關係，欲藉此彌補其內心中的自卑心理。此類的替代彌補方式，不只局限於對出身的關注，甚至會發生在一切的需求或慾望上。換言之，人在無法滿足自己慾望時，會轉而追求別的東西，以消除其對欲求的不滿足。也就是將原來難以達到的目的，改變為較容易達到的目的。此種心理現象，可稱之為「替代」。這種替代心理，是人性弱點中最普遍、最常見的一種現象。

　　前面所說的科西嘉島沒落貴族出身的軍官拿破崙和出身貧民的朱利安，因對自己的身世背景感到自卑，因此便以和貴族通婚或戀愛的做法來代替原來的願望，就是典型的以其他優勢替代自身弱勢的人性心理活動。諸如此類替代行為的例子，古今中外不勝枚舉。許多人為了獲得替代的合理合法性，而全力以赴努力爭取，以證明自己。當然，這種人性弱點很多時候是無可指責的，也沒必要去指責它，因為它本身就具有一定的合理合法性。

　　通常代替的對象大約有以下幾種類型。首先，是將對象替換為原來相似的對象。例如，一個羨慕著同學有哥哥可以一起玩的男孩，往往將他的家教老師視為哥哥看待，而替代自己「沒有哥哥」的事實，以家教老師為替代對象，來彌補自己的缺憾；又如，母親去世且有戀母情結的男人，往往會娶比自己年長的女人為妻。而此類男性也往往易罹患性無能，原因是此類男性在潛意識中，將妻子作為代替「母親」的角色的需求。

　　此外，如沒有伴侶，缺乏愛情滋潤的女人，往往也因愛的欲求得不到

滿足，轉而飼養貓狗等寵物。或許有人會生疑惑，貓狗與男性根本毫無關係，但對於此類女性而言，這些成天被她抱著、睡在一起的小寵物，等於扮演了「被愛」的男性角色的替代對象。

一些工作能力無法受到肯定的人，會在聚會、旅行、社團活動中極力表現出領導、帶動能力，以此來掩飾其在工作上的自卑感，並藉以肯定自己的才能。但是，一旦無法以其他方式來彌補自己的自卑感時，則易變得暴躁易怒及怨天尤人，甚至用其他的方式報復，以發洩其因自卑而不滿的情緒。例如，用釘子扎布偶，將人偶當做仇人，以發洩其攻擊報復的情緒。在一些習俗或宗教中，就有一些婦女將仇恨的人製成布偶，反覆用錐子或針扎它，以此消除壓抑的情緒。此即利用對象的轉移，而改變為象徵性的玩偶替代，以達到平衡情緒的目的。

另有一種模式，不針對人而以其周圍的事物進行替代，如所穿的衣服或相關的東西等為對象。有句諺語說「厭惡和尚，恨及袈裟」，即是這個意思。

換言之，只要是存在於替代需求對象身邊的事物，都可成為出氣的代替品。乍看之下，某些人背後的作為是不可理解的，但這卻是人類的真實行為，因為產生這種行為的原因，就是我們人性中的弱點。有一個朋友非常珍視一條女用手帕，據說，是病逝的戀人的遺物，類似情形，可視為因失去戀人的打擊，而將失落的愛情寄託於她的遺物上，以此來減輕其所受的打擊。一般所謂的「故人的遺物」，正是以睹物思人來轉移失落的感情。有親人去世時，通常會將遺物分送給家屬，家屬不僅會珍視遺物。甚至有人會隨身攜帶，這種情形可能是離不開故人影子的關係。例如，有些上了年紀的人卻珍視父母的遺物，與其說是懷念，不如說是受戀母或戀父情緒的影響。

替代需求對象的另一模式 —— 既非對象本身，亦非其所有物，而是以對象所具有的特徵為需求對象。例如，想獲得較高的地位，或想成為上流社會的一員，卻無法如願。於是，便憧憬上流社會的生活，如使用名牌或出入於上流社會的交際場所，以及與富家子女談情說愛等。拋開剛才拿破崙的例子不提，眼前便有許多現實的例子。例如，學歷低的人想娶學歷高的配偶等；相反地，歷史上曾有若與某國處於敵對狀態時，甚至其國家的語言亦會被敵視排斥。諸如此類的例子多不勝數。

有位知名的學者，他父親是位有錢人。他最喜歡不斷地賣弄名牌或關於名牌的專業知識。例如，某品牌的葡萄酒是什麼口味的、咖啡的品牌中有什麼典故，甚至固執己見到異常的程度。何以他會如此的在意名牌？又因何以自己懂得如此多的名牌為榮呢？其實他對身為一個學者並不滿足，同時也一直眷戀著過去的美好回憶，且無法釋懷。結果，只好訴諸此類做法來提高自己的地位，並沉浸於過去的幻夢中。另一方面，他也因過去常把山珍海味當家常便飯，而在現實社會中，其高貴身分卻被完全抹煞。於是，他鬱悶不樂而形成內在的自卑，因此，其自我表現的慾望，最後只得用莫名其妙的言行來表現。

此外，尚有一種類型最值得回味，那就是某些人常會不分對象莫名其妙地亂發脾氣。例如，被上司訓斥過的男人，回到家裡會因一些家常瑣事，而對妻子大發雷霆；受委屈的妻子也會遷怒到孩子身上；受到不明不白責備的孩子只好拿小狗出氣。這種方式不同於前述的例子，既非以特定的對象作發洩，也不是以類似的相關事物為對象，而是以任何不定的目標及自己所屬的事物為對象，以尋求自我情緒上的發洩。當某人內心有毫不客氣地反抗上司的慾望，但礙於現實卻又不得不忍氣吞聲，於是怒氣沖沖地回家。此時，妻子既非上司的替代，也非上司的所有事物，但卻和上司

同樣有象徵著權威地位的性質，於是，便以此毫不相關的理由，與原來的需求對象交替，胡亂地發洩心中的怨氣。

又如，在家中和父母關係不睦的孩子，常會熱衷於盆栽及塑膠玩具。雖然二者並不可能成為家庭的一分子，但在他的內心世界，卻將盆中花或玩具作為交談的替代角色。即將二者依其心裡的意識形態，作為生活中消除寂寞的發洩對象。

需求對象的替換模式，除可歸納為前述幾種類型外；尚有主體的替換和行動方式的替換兩種。

主體的替換往往發生在自己無法實現的夢想上，轉而寄託於自己的子女身上。例如，自己夢想擁有一流大學的學位，但卻事與願違，於是，便自然地將自己未能實現的夢想，寄託在孩子身上，讓孩子代替主體的「自己」繼續追求自己的夢想。此種替代的角色，並非任何人都可扮演，必須是與自己類似或關係親密的人才可以，因此，最親近的莫過於與自己最類似的孩子．事實上，極力堅持讓孩子上一流學校，或希望孩子成為音樂家的父母，有不少例子足以顯示他們大都因為自己曾有無法實現的夢想，而將希望寄託於孩子身上。

當然，此類主體的替代，並非只限定於未實現願望的替代角色上，例如對長相或身材有自卑感的父母，經常會誇張地讚美自己的孩子是如何的可愛，或是多麼的聰明美麗，此亦可說是主體的替代。另如，任教於偏遠地區的學校老師，希望以各種比賽的優異成績，讓他人認同自己教出優秀學生的能力，也是同為此一形式的主體替代。

另一種是行為方式的替代。在此類模式中，是以方式替代為目的，進而獲得滿足的例子，最典型的例子即是守財奴。這類人將錢財的儲存作為

達到幸福的方式，所以他們便以儲蓄錢財為樂趣。通常此種類型的人，因無法獲得一般的幸福，便產生高度的需求不滿，企圖以金錢來購買幸福。

不可否認的，合理地運用錢財，可以謀得幸福的生活，但無論如何也只能說是一種方式，金錢絕非幸福的目的。因此，守財奴視財如命，只不過是將謀求幸福的方式，誤解為幸福的目的，以滿足自己需求的不滿罷了。法國藝術大師莫里哀（Molière）的喜劇《吝嗇鬼》（*L'Avare*）中的主角，從事高利貸的阿巴貢，一個貪婪無厭、讓人鄙視的老頭，居然愛上一個窮人家的女孩，且受盡窮女孩的冷落。故事結局，他為了取回被偷走的財物，而放棄了他的黃昏之戀。對守財奴而言，幸福只能以金錢購得，所以，對他們來說，存錢守財的目的是為了彌補所缺的幸福，並且以財富（工具）代替幸福（目的）。

除了錢財之外，其他例子亦不少。如有些高爾夫選手，其球技已臻於一流水準，但此時，卻往往會對球具的材質品味感興趣，轉而著迷於蒐集珍貴、有歷史價值的球具。於是，他逐漸地不再磨練球技，甚至不再打球了。這類選手將享受蒐集精緻的球具（工具），替代了球賽（目的）的原來目的；又如，忘記汽車是用來代步的原始目的，每天將車子仔細地擦拭清洗，將愛車保養得閃閃發亮、光可鑑人。通常沒有經濟能力到高級場所去的人更喜歡向他人炫耀自己的愛車，為了消除心中對不夠富有的現狀不滿，而將汽車的外觀美化，當做一種補償代替的心理作用。

替代行為尚有一種類型，那就是昇華（sublimation）模式。何謂昇華模式？即將受壓抑的情緒或攻擊傾向，替代為社會公眾所能接受的行為模式。所謂能被社會所接受的行為模式，並非指其違反社會習慣、道德，而是另一種受高度評價的方式。

　　例如，具攻擊傾向的人，會轉而著迷於運動、遊戲等耗盡體力的活動上。若一言不合就與人爭吵或直接施與暴力，社會道德必不認同，只好把精力替代為運動、遊戲；若其精力過人，原本只是個替代的角色，卻往往發展出優異的運動能力，甚至成為一流選手。除了運動之外，經常與政敵抗爭的政治家、競爭激烈的企業家、外科醫生等，時常也有某些由攻擊傾向替代轉變的例子。

　　當然，即使這些人具攻擊傾向而透過替代轉變成目前的行為模式，他們在社會上的評價並不致因此而遭貶低，反而因為他們能將這些攻擊傾向昇華，並引導至公眾認可的方向而有卓越的發展，因此備受好評。昇華模式的替代行為，不僅限於出現在攻擊傾向上。例如，性慾等也往往會昇華為舞蹈、握手、散步等，此類與性愛無直接關係的行為中，作為短暫的替代行為，以發洩受壓抑的事物。其他如義工活動、宗教活動等，若解釋為人欲昇華的一種運用也不為過。熱衷於義工或宗教活動，對異性完全不感興趣的人，此類傾向的可能如果愈強烈，這樣的需求也愈高，只不過害怕將此需求直接表達出來罷了。總之，這是普通的人性弱點。這是一種人們在生活中自覺或不自覺地出現的人性弱點。其實，在我們的生活中，不是缺乏真實的苗芽，而是我們透視世界的眼睛不夠明亮而已。

自暴其短者的目的是什麼

　　每一種缺點都或多或少地假扮成美德，並都從這種偽裝的相似中得到好處。

　　　　　　　　　　── 讓‧德‧拉布呂耶爾（Jean de La Bruyère）

其實，人與人的相處貴在相知的真正意義，即是聽得懂彼此的語言，而且聽進心坎裡，同時了解彼此的優缺點，懂得相互欣賞、相互包容、相互激勵等。

透視人性的弱點，是為了讓某些人擺脫人性弱點，並與他們真正遭遇的困境相結合，為他們脫困解惑。不論是夫妻的相處、親子的溝通，還是部屬與上司的接觸，或是朋友間的情誼，甚至個人潛能的發揮……在了解了人性弱點之後，我們都會坦然積極地面對一切。當人性弱點發生時，我們不會驚愕，不會張皇失措，懂得用大腦思考，分析對方的性格及應對的方式，純熟之後，甚至可防患未然。總之，透視人性弱點應該是自我成長和人際溝通的萬靈丹。

只有在深入透視人性的弱點之後，我們才會越來越發現人們的相似之處，就像把對方比作鏡子一樣，相互切磋激勵，而且更讓人們相知相惜。

在現實社會中，複雜的人際關係，看似如同一道無法解釋的難題。但了解了人性弱點之後，就和演算數學習題一樣，不僅能輕輕鬆鬆地解開，還有更讓人高興的是，因人性弱點的內涵，讓人對現實社會有了新的認知，它不只擴大了人的視野，也消除了踏入社會所將面臨的恐懼。或許，因為個性的不同，所以每個人對於人性弱點的詮釋方式也都不盡相同，有人喜歡用言語訴說自己的心事或弱點；有的人則喜歡用行動來證明自己沒有那些弱點。但是往往因為對方的表達方式和自己想的不一樣，就會漸漸產生了誤會乃至於疏離，以至於讓原本一段美好的感情，只為了一個簡單的理由就演變成無法挽回的局面。然而這一切都只不過是因為彼此的不了解而造成，其實只要能多花些時間了解對方的心理，又怎麼會產生誤解呢？因為人和人之間會出現問題，大都是因為不能互相了解的緣故，而當你開始懂得對方的想法，看清對方的人性弱點時，你對於他的言行不就心

知肚明了嗎？又怎麼會有誤會產生呢？其實，人不僅可以了解別人的人性弱點，更應了解自己的人性弱點。這也正是「認識自己」的真正含義。

你不妨問問自己──

你的能量在哪裡？你想更受別人歡迎嗎？你想了解朋友的心思嗎？透視人性弱點的概念，你也想一探人類心靈的奧祕？

你的情緒是什麼？你常受某一種情緒所控制，而感到苦惱和憂鬱嗎？你能根據這種情緒幫助你認清自己的問題嗎？

在日常生活中你是否常常遇到以下的狀況呢？

「我每天都覺得苦悶，提不起勁來，沒有辦法真正了解我的朋友，好無聊！」

「我總覺得樣樣不如別人，怎樣能克服我的自卑感呢？」

「我很喜歡那個女孩，看不到她，書也看不下去，整顆心空空蕩蕩的，怎麼辦呢？」

「真希望有人能喜歡我，了解我，不要誤會我。」

「有時候我覺得自己很害羞，想多交些朋友，卻不知如何開口，不知從哪裡能找到適當的話題來談。」

「其實我無心傷害別人，但有時表達能力笨拙，讓別人生氣，我自己也很難過。」

「表面上看起來，大家都說我人緣很好，但我常常有『心事不知該讓誰人知』的感覺。」

「家庭幸福難道只是個夢嗎？為什麼我家的夫妻關係及親子關係老是讓人傷心呢？」

讓自己活得不孤單，活得快樂這似乎是做人的基本需求，卻不見得人人可做得到。透視人性的弱點可以幫助人們的心靈走出迷宮，揭開心靈深處潛藏的智慧；它是人類留下來的奧祕，為使人們突破人生的困境；它幫助人們在人際關係中，學習看清自己及了解別人。用透視人性弱點的方法，人們可以知道自己為何有內向或外向的性格，知道父母為何生氣，朋友為什麼不喜歡自己，也知道哪一種朋友適合自己來往，自己屬於哪一類的人，更重要的是，它會為我們的生活創造幸福美滿的可能。

其實，問題的產生往往沒有哪一方有明顯的錯誤，而只在於彼此性格上的差異與相互的不了解。發現人性弱點的奧妙，確實可以涵蓋、分析出人性形態。

具有不同人性的人，在思考方式、情感表達及做事方法上當然是大不相同的。譬如說：好朋友突然之間不理我了……

有的人一開始會想，為什麼他會不理我？是我說錯了什麼話嗎？或是……。於是腦中心的人會從彼此之間的交往過程，一點 ── 滴的互動關係開始想起，把每一個可能的原因排除掉，然後把可能的原因歸類再分析，如此抽絲剝繭像偵探辦案一般，如果實在想不出結果，就會很焦慮，甚至於失眠……。（思考上的痛苦）

有的人一開始很傷心，全身發軟，自怨自艾，不知道自己說錯了什麼，做錯了什麼，對方怎麼會不喜歡自己呢？難道口口聲聲愛自己根本是假的，還是自己不可愛，使對方又喜歡了別人；情緒亂七八糟，做任何事都沒勁，甚至覺得十分討厭自己，整個人沉浸在多愁善感裡，痛苦得無法自拔……。（情緒上的痛苦）

有的人一開始會生氣，然後會衡量；對方如果是自己在乎的朋友，就

會想辦法，或請教別人，學一些高招來化解；如果是自己不在乎的朋友，那簡單，就表現出懶得理睬，不屑一顧的態度……。（尋求問題的解決方式）

從以上的例子我們可以看出，只要一件事發生時，具有不同人性弱點的人就有不同的反應。而你是屬於哪一種反應的人呢？具有哪些人性弱點？

了解人性弱點以後，當你自己或別人的想法或情緒捉摸不定的時候，你的內心就不會一下子沮喪，一下子高興，因為經過你對自身的認識和了解，你知道人性弱點有答案，因此你就不會再被人際關係的複雜性，或因為互動中情感流動的不順暢及被無數的疑問所困惑，你就很容易敞開心胸並從中得到喜悅和滿足。

溝通，有「溝」沒「通」，人際關係的問題出在哪裡？

「為什麼你總是不懂我的心？」

「我說的話你是聽不懂？還是聽不進去？」

「……你說的話，難道不是這個意思嗎？」

「我為了你做了這麼多，為什麼你還是不滿足？」

「你給我的都不是我要的！」

想一想，這些話在你的生活中出現過多少次？當我們企圖了解別人，想要愉快地與周圍的人相處時，為我們所關心的人付出了愛，帶給他快樂，但是我們真的都做到了嗎？常常是我們所付出的，卻不是對方想要的。直到在人際關係出了問題後，我們才突然領悟到，原來我們從未真正了解那個自己一直以為了解的人。

處理人際關係時強調「將心比心」，但問題往往就出在，每個人的想

法是否相同？同樣的一句話，出自不同人的口中，意思可能都不相同；同樣的一句話，不同的人聽到，也有不同的理解。然而人們卻總是以自己的想法來揣測別人的想法，以為自己要的就是別人要的，以自己的標準來評斷別人的作為。

同樣的，我們也渴望被了解，但是別人還是以他自己的認知來了解你，讓你大嘆：「心事誰人知？」而更糟的是，如果你連自己都不了解，老是「言不由衷」的話，又如何表達出自己真正的想法與需求？

其實也只有透視了人性弱點之後，你便可推知他的性格類型，預知他對事物可能的反應，進而使你可以運用有效的方法與之溝通。同時，也使你更加了解自己，進而超越自我，更加能夠掌握自己的命運。物極必反，事物發展到一定程度，或者在某些特別情況下會走向反面。而人有時也會把隱藏的弱點刻意暴露出來，竟也減輕了因他人指責所造成的心理負擔。有這麼一種情形，有些人特別喜歡以自己身體的某些缺陷或關係上的弱點作為話題，自我調侃一番。例如，禿頭者說：「別人看到我的頭頂，就像看到對向來車的車燈一樣，感到眩目耀眼。」低學歷者也會說：「我只有高中畢業，聽不懂深奧的道理。」事實上，在這些言詞背後，絕對隱藏了深刻的自卑感。因此如果上述弱點是由他人指出來的話，情況就截然不同了，甚至可能使感情決裂。但若是自己以透過半開玩笑的誇大其詞以美化其自卑感，顯然，這正是謊言裡暴露出真實的心理現象。

有一位電視節目主持人，他在觀眾的心目中有著不可思議的吸引力。如果細細研究，就會發現他並沒有特別優異的才藝，只是他臉上經常掛著充滿善意的笑容。他說話不太流暢，他的口才更是不敢恭維，甚至話說多了也會擦擦口水，並且，無論如何他都不擔任主角，他節目的主角就是觀眾，他對於觀眾總是那麼畢恭畢敬。總而言之，無論從哪一個角度來看，

他簡直是個一無可取的人物，令人懷疑這號人物怎會那麼受人歡迎？「跟他相比，我肯定有比他優秀的地方。」內心這樣想的人想必不在少數。若以這種想法來看他的話，他的確是令人產生好感的人。他具備一種讓觀眾覺得他最不起眼的本領，這就是他成功的地方。這類人以「最普通的男人」或「糊塗裝傻」自居，把自己的人格、才華徹底貶抑的手法，正是推銷自己的基本要領。

「刻意貶低自己」其實是自我吹噓的另一種形式，這位主持人顯然就是這種自我貶抑的典型。事實上，從這一心理現象上，我們可探討出許多的人性弱點。

把「刻意貶低自己」的這種心理現象，稱為「自我暴露」並不為過。有自卑感或非常介意自己弱點的人，故意將自己的弱點大肆宣揚，這種暴露行動就是自我坦白的表現，這也是企圖隱瞞弱點的反射行為。理論上，這是因為在其內心深處，為了解除自卑感所引起的挫折壓力而形成的心理反應。

一般而言，具有自卑感的人，對於自己的弱點必定是設法隱瞞；可是越加隱瞞，其內心壓抑越久所生的挫折感則越重。然而，如果刻意將弱點暴露出來，內心反而如釋重負，這就是造成自我暴露心理的第一個原因。

第二個原因則是來自對因果邏輯的考慮。事先把自己的弱點說出來，可避免受到他人指謫，將可減輕自尊所受到的傷害。無論何人，均不喜歡別人談論自己的短處，既然如此，不如索性自己先主動宣布「我這點不行」以避免壓力。

不管是多麼不介意的事，當他裝作不介意或用誇大其詞的話說出來，其內心仍難免深感煩惱，這就是暴露行為的特徵之一，說得明白些，一個

人蓄意表現出的弱點，其實就是他真正的弱點。我們常以反問法來試探對方的真正意思。如果對方說「是這樣的」，我們會反問「不是這樣吧」；對方說「沒有這回事」，則會說「不一定是這樣」。然而，這種反問法對於有暴露動機的人而言，並不管用。相反的，必須將其說話內容完全採納，才能掌握其真正的意思。暴露行為到底是如何具體表現出來的呢？為了方便起見，可分成幾方面來說明，即從身體、才能之弱點產生的暴露行為；從社會生活所產生的暴露行為；從家庭生活產生的暴露行為；以及從工作場所的人際關係中所產生的暴露行為。下面將依序探討，並希望從這些自我暴露的行為中，看出人性弱點之所在。

首先，對於身體、才能之弱點而表現出來之暴露行為。中年男性中，許多人為了頭髮日漸稀疏而頗感煩惱，其中又有一部分人特別在意。有時他們會說：「讓你感到目眩，實在對不起。」在照相場合，他們會提醒攝影師說：「要注意曝光！」藉以自我解嘲，這就是第一類型的暴露行為。他們的言行顯然是自我暴露心理所引起的，這一類的人在表面上對自己頭髮的稀疏並不介意，其實多半是在內心有著十分嚴重的自卑感。如果其他人對他們的玩笑話予以搭腔說「你的頭實在禿得好漂亮啊」，或說「像你這樣，理髮時多輕鬆」，將是很不合適的。雖然他這麼說，但並不是以輕鬆心情說出來。因此，我們可以認定，以自己的頭髮稀疏為話題的次數越多，口氣越明朗，他本人則越介意這一弱點，煩惱的程度也越大。因此，在人際交往中對於他人這一類的弱點，應避免直接提及，這不僅是基本的禮貌，也是彼此間的良好關係能維持長久的基本準則。

同理，有些女性經常說：「每次照鏡子，心裡就感到厭煩。」其實，是因她們對自己的容貌有自卑感。因此在與這類女性談話時，關於相貌的話題絕對是禁忌，與帥哥、美女等相關的事物也是禁忌，一定要牢記這點。

當然，如果想與她斷絕關係、徹底分手的話，只要儘量講些與容貌有關的話題，就應該是最有效果的了。

在意自己腿短的人常說：「我的屁股下來就是腳跟。」圓桶身材、胸平臀大的女性也常會悲嘆：「我穿什麼都不適合！」關於身體弱點的自我暴露言行經常可見，我們可由其如何自我描述，就可知道她對這一弱點的煩惱達到了什麼樣的程度。

「我討厭人多的場合」、「我個性容易緊張，在眾人面前會發抖」，常說這類話的人，在其下意識裡也許真的討厭人群或在眾人面前會發抖。但是，如果進一步探討其深層心理，多半可發現在其下意識裡，會認為自己缺少社交性格，換言之，就是將潛在的自卑感與不安，以另一種方式暴露於講話中。

有些人由於社會關係、社會性格方面的弱點而產生的暴露行為，通常不是直接暴露自己的弱點，而採用間接暴露。遇到這類情形時，首先要把對方真正的弱點找出來。

例如，強調「與別人一起吃飯實在吃不下」的人，可能因其在公眾場合的餐桌禮儀不夠好，而且他自己也承認有這一弱點。又如，與同事一起出差，卻不願共宿同一房間的員工，可能是非常介意自己有嚴重打呼的毛病。有人不斷地說：「我是傻瓜。」也有人強調；「我是不學無術的，複雜的事我總搞不懂，但是……」這類一味強調自己腦筋不好的人，與其說他腦筋不好，不如說他在學歷上有自卑感。當然也有人直接把對學歷的自卑感表露出來，他可能會說：「我是三流大學畢業的傻瓜……」或說「我是個只有高中畢業的人……」總之，這些人所以強調自己腦筋不好、學歷不高，主要是因為他們自認為「腦筋不好有什麼關係？學歷有什麼用？這些東西與人的價值無關，少了它們也沒有什麼大不了的，因此我就正正當當

地表露出來吧！」不僅他們自己這樣想，同時也希望獲得別人的認同。

事實上，在其內心仍然會十分介意腦筋不好、沒有學歷這些弱點。在用自我貶低的言詞表達出來之後，形成了深層意識的直接顯示，這就是這一類型的暴露行為的心理反應。有不少人，別人對他的評語並不是那麼吝嗇，可是他卻總是向別人說「人家都說我是守財奴」，主要是因為他期望對方回應說：「沒有這回事。」事實上，他的確相當慳吝於金錢，也承認自己有這一弱點。

有些人為家庭而煩惱的弱點，往往日積月累埋藏於內心深處，從其外部行為很難看得出來。但是，如果能善用暴露心理現象的原理，仍能輕易地發現他們一再想要隱瞞的弱點。例如，某人到處宣傳說：「我家超級亂，像大地震過一般。」可能是因為他家有過分頑皮的小孩使他深感自卑；或者，經常以太太十分冷淡的態度為話題，或是以「我是怕太太的，你們覺得好玩吧」及「反正我是入贅的」這些話做結尾。這些話絕不只是一般閒聊題材或玩笑用語，而是深為懼內而感到自卑所生成的心理反應。工作遲緩的人，會以「我這個慢郎中，簡直像烏龜走路一樣」特別強調自己的無能。升遷較慢並為此感到自卑的人，勢必經常埋怨：「反正我一輩子都是做基層員工的。」

在與人交往當中，發現對方說了自貶的話時，最好先弄清楚是否有自我暴露的心理障礙，如果有此徵兆，不妨認為對方說話的內容本身，就是他（她）的弱點。像這一類的人，顯然是「弄假成真」了。

這多麼值得人們深思，我們難道就是完人嗎？人同此心，心同此理，只要這樣就能看透人性弱點，並也能知道如何恰當地處理這一切。

對於弱點，每個人其實都應明白，不論對自己還是對於別人，慈悲寬

厚就是學習理解一切。

　　一天下午，一位父親看著四歲的孩子正在愉快地玩火車玩具。突然間，孩子開始拆除火車的軌道，然後放在客廳椅子的座椅上，他興奮地從擺放火車的桌子到椅子間來回地跑，還把他的火車和其他鐵路玩具的裝備堆在一節節的火車軌道上面。

　　接著，孩子又在軌道上加入了幾隻填充動物玩偶，再放上一些木頭積木，最後再加入玩具櫃裡的一些零星雜物。當達到目的後，孩子便高興地哈哈笑了起來。

　　當時這位父親正坐在沙發上看著，起初是懷著好奇心，接著產生了一大堆懷疑的想法。他非常想知道，他的孩子到底在做什麼，他的計畫是什麼？他似乎對孩子所做的事情非常專注。他正在創作一件藝術品還是某種雕刻品嗎？或者是在向父親展示自己才能的某種東西嗎？不管怎麼說，這位父親確信這專注的活動，證明了自己孩子具有超凡的能力。「寶貝……」他憂慮地問孩子：「你在做什麼？」「爸爸，」他相當滿意地回答說：「我正在製造混亂。」如果孩子再年長幾歲，可能還會加上一句：「哎唷，你怎麼這麼笨？連這個都看不懂。」然而，這位父親真的那麼笨？這很容易解釋，就像任何因愛而不知所以的人那樣，他跌入了紛亂的心靈設下的圈套。這位父親並沒有單純地享受和欣賞兒子的狂歡，並且讓他製造混亂，反而期望他現在所做的事情，能達到自己所預期的結果。這位父親希望兒子讓他驕傲，要兒子證明父親對他的幻想是合理的。正確地說，這位父親正是想要把自己的構想加諸在孩子的身上。不過，在旁人看來，孩子不過是按著自己的願望在玩。當父親的不過是太「望子成龍」了，以至於把最「普通」看成了「超凡」。這就是人性弱點，我們往往把自己的幻想強加給別人，我們對於別人的弱點缺乏真正的深入的理解，太自以為是了。

自暴其短者的目的是什麼

忠誠現象在人性底片上的陰影是什麼

行善者叩擊門環，仁愛者卻發現門已開啟。

—— 泰戈爾（Rabindranath Tagore）

惡習是會傳染的。

—— 塞內卡（Lucius Annaeus Seneca minor）

生活中確實存在這種現象，當一個人發現被他人疏遠而產生不安時，往往就會模仿他人的行為，以解除不安。

因此，我們也就不難理解，人有時為何要自嘲自暴。當然，凡事也不能一概而論，還是應實事求是、具體問題具體分析，才不致看見駱駝說馬駝背。除非一些人有其他特殊情況，就一般情形而言，人性弱點應該是可以了解和體察的。

比如模仿上司的言行是社會裡很普遍的現象。模仿者並不一定從心底尊敬上司，也不一定想要成為他那種人。這種模仿行為不過是針對自己反射行為，也就是說，一個人在被其所處的環境，或是被個人或團體疏遠，而感到不安時，會以對方的想法、言行為對象，進行模仿以解除不安。對他而言，其模仿的想法和言行絕對沒有錯，只要設法使自己的想法和言行產生不會被疏遠的效果就可以了。這是可以理解的。

我們在這裡所說的「忠誠」，並不是指某人忠於什麼事業，忠誠於某人或某種組織，而是指某些人因為缺乏自主意識，更缺乏自信，而對別人提出的觀點、觀念等等進行模仿、給予承認，以至全面接受採納。這種行為實際上也是一種人性弱點。這種人性弱點的本質，是忽視了，或者說是自己主動地湮滅了自己的人性，無原則地去接受自己本不願意接受的一切。概括地說，就是「言不由衷」和「身不由己」。

在心理學上，把自己以外的他人或團隊對自己的期望，轉變成為自己的態度，並使之成為一致的心理作用，稱為投射作用（Projection）。

小孩子為避免父母或老師的處罰，總會把父母或老師對於自己的調教，變成自己言行的準則，自覺自發地去遵守。也就是將自己所依靠的人的想法採納為自己的想法，作為自己行動的依據，這就是投射作用的基本原理。

然而，過了幼兒期逐漸成為大人的過程中，投射對象就會由父母或老師等特定人轉移到組織、社團、學校、公司等大團體及社會的道德習慣。此時，由於有著害怕被所屬團體遺棄或疏遠的不安，故將會忠實地遵守其所屬團體所要求於個人的「像……一樣」的期望。

　　顯然，在某些人具備類似忠誠言行的背後，內心肯定會存在著某種自卑感或弱點。這種不知何時會被排斥的不安，時常會在他們心底盤旋著。

　　有一次，一位心理學家看到三、四位營業部員工邊走邊聊天，正準備要吃飯的樣子。無意間，他發現了一件奇怪的事。

　　那三、四位職員走路的姿勢、挺胸的模樣以及手腳動作彷彿同一個人，套用現在流行的科技用語，簡直像複製人一般，非常相像。後來，當他看到營業部經理與他們擦肩而過時，才恍然大悟。

　　這事情好壞另當別論，但是這足以作為投射作用的實例。所謂企業風氣、校風及團體色彩等等。對這一點，每一個人大概都會有難以忘懷的經驗。另外的例子，一個學生在某銀行實習，他年紀尚輕，雖然他已通過了銀行入職的考試。可是，根據他學生時代讓人留下的印象，他能否愉快勝任現在的工作令人懷疑，因為他具有活潑浪漫的性格，當個攝影師、自由作家倒是相當適合。但是，數年過後，他的改變令人驚訝。他的容貌，他的氣質，已是十足的銀行行員。不僅如此，連思想觀念亦全然改變，簡直令人難以置信。他在短短數年間的改變，是投射作用所造成的結果，這是毋庸置疑的。一個人成為團體中之一員，自然受到該團體特有的價值觀所影響。從其意識上來說，也許有反駁抗拒的心理。可是，在其內心深處，基於投射的作用，在本人還沒有發現之前，其性格已在不知不覺中被改變了。

　　企業風氣，這一無形的力量，足以改變一個人對事物的看法或價值

觀。在親身體會之後，人們不得不接受這一個事實。

職棒大聯盟的球隊，那麼多個球隊中的任何一隊均具有其獨特的團隊色彩。這就是為何即使換了球員、教練，球迷的支持態度亦毫不受影響的原因。

如果仔細觀察，任何一個如公司、學校的組織都有其獨特的風氣，平時較難顯現出來。然而，就像比賽一樣，無論公司或學校，在與勁敵相爭之時，最能表現及發揮團隊的色彩。

關於這一點，有人做了有趣的實驗，他把學生分為二組，測驗其對痛苦的忍耐度。第一次測驗時，事先未做任何提示；第二次測驗前，告訴一組學生說：「你們的耐力比另一組差。」同樣地，他對另一組學生也說了同一句話，只是他是分別對這兩組學生說的。測驗結果顯示，全體人員在第二次測驗時，均表現出比第一次具有更大的耐力。這個實驗證明了一個事實，即對團隊加上壓力的話，投射心理更能發揮作用。

這個實驗同時也證明「投射作用之大小，與對所屬團隊或個人的依靠強度成正比」。投射之根本動機，在害怕被所屬團隊遺棄，或被所依靠之對象討厭。也就是說投射越大，則對方依靠度越強，避免被遺棄的慾望就越大。有此認知之後，人性的許多弱點就有了比較合理的解釋了。

譬如，無論任何工作場所，都有人擅長於模仿主管的言行，如果是開玩笑或表演餘興節目，那倒沒有什麼。然而，如果一個人在不知不覺中，其言行舉動均與主管一模一樣的話，就顯得有點病態。為什麼呢？因為在極端投射的背後，必定存在著使這種心理現象發生作用的極端挫折感與自卑感。也有時候，或許是因為無意中壓抑了無法發洩的敵意與憎恨等感情所致。

無論是誰，其價值觀不可能一開始就與其所歸屬的團隊相同。起初，

或是抗拒，或是不得不從，久而久之，因此而吃大虧者亦大有人在。當敵意日漸累積，且又無法表露時，可能在無意識中轉化為過度的投射行為，以求根本的解除挫折感。

簡而言之，那些被上司敵視的部屬，反而會與上司在言行上一模一樣，成為所謂的「複製人」，這就是投射的負面作用，與前面所提的正面作用不同，兩者雖然外表雷同，內涵卻剛好相反。

同樣，對他人，懷恨又害怕被對方發現的人，常會把自己的興趣、服裝、言行模仿或是裝扮成與對方一模一樣。或者在戀愛中，因感覺自己條件比交往中的女性遜色，又害怕自己的弱點暴露出來，於是在不知不覺中追求與女友同樣的興趣。這些均是負面的投射作用，長此下去，終將無法避免衝突，可以說是極其危險的投射行為。

投射行為者與投射對象間的關係也是如此。但是假如投射完成後，當所投射之對象更進一步受到有力的他人激烈的攻擊時，結果將如何呢？行為者可能對於他人重新開始新的投射作用。然而更有可能的是，由於自己已投射到被攻擊者，而與之合而為一，於是對於上述攻擊也會身臨其境。

例如，某人上個月業績退步，自己的投射對象 —— 經理，被比他權力更大的總經理責罵，會覺得像是自己被責罵一樣。又如，自己所投射的公司因遭競爭對手打擊而業績滑落，會覺得責任在自己。甚至掉入「這一切通通是我不好」的不斷自責、無法自拔的失落情緒之中。

這樣的自責，就是由於自己與投射的團隊或個人已合為一體，本來應攻擊自己以外的敵人轉而攻擊自己本身。尤其是在大企業任職的員工中，經常為自責而離職者不在少數，或許這與公司組織龐大及上司要求嚴厲有密切關係。

　　然而，自責是造成神經衰弱的原因之一，是相當危險的心理現象。自責到達極限，可能會結束自己的生命，演變成自殺的悲劇。每當發生衝突或事件時，有些人會覺得愧對父母或其他什麼人的照顧而自責不已，結果自殺事故層出不窮。這就是「投射→自責→自殺」此一負面心理機能發生作用而引起的。

　　自責意念強的人，表面看起來他好像很有責任感，彷彿組織或團隊是他的恩人一般。其實不然，這種人的內心多半是懦弱的，而且隱瞞了他許多的人性弱點。

　　由此可見，投射作用的對象，或許是特定的團體或個人，或許還是社會流行的觀念。最典型的例子應屬流行時裝跟髮型了。最讓趕時髦的人失落的原因，經常是為沒有趕上流行的時裝或髮型，內心就懊惱不已。這類人的內心深處，多半隱藏著對服裝或髮型沒有自信的弱點。

　　不僅時裝或車子等有形之物會造成流行，觀念或思想等知識性的東西也會引起流行。而這些追求流行的人，也會藉著追求流行的行為，以解除本身沒有自信所帶來的不安或挫折感，進而保護自己。

　　例如，當某一電視劇成為熱門話題時，大家就會爭相閱讀原作；聽說某作家有新作品，大家也搶著去看；圖書排行榜公布誰排行第一，大家立即讀遍他所有的小說，想成為另一個這樣的人。令人意外的是，這些「文青」對這些作家的作品內涵並不了解，更不用說去了解真正有品味、有見解的作品了。這主要因為他們閱讀這些作品，並非發自內心的興趣。而最常見的則是在一個團體中，出現忠誠型的人，他們正是投射作用下的產物。他們相信權威、跟隨權威的引導行事，然而另一方面又容易反權威，其性格充滿矛盾。其實他們有如青少年，想當大人，又對自己沒信心，所

以跟隨權威、加入團體，成為他們安全感的來源。又因為怕犯錯，怕被人輕視、利用，他們做事小心謹慎。然而一旦察覺到遭人利用時又極端衝動。這就是忠誠型的人的特徵，單純卻又多疑，有時順從，有時又叛逆，忠誠型的人總在矛盾中搖擺。

他們不會盲目地與人建立密切的關係，也不會輕易相信別人。雖然他們的內心深處也喜歡有人欣賞自己，但他們總是處處防著他人，這樣一來也就很難放鬆自己，而別人也常覺得他們不易親近。當然有時候，這種孤立的滋味會使他們感到苦惱，但基本上他們還是喜歡把自己隔離，與別人保持著一段安全、有尊嚴的距離。他們早已學會了以旁觀者的眼光觀察，並用抽離的方式來判斷事情，這是一種很舒服的感覺。

他們是嚴肅正統的人，他們不喜歡不正經的人。所以在某些場合，其他人的笑話很容易激怒他們；尤其在辦公室中，看到了這些言不及義的人，他們就會十分氣憤。而這種怨恨的心情更深深地提醒他們，讓他們在潛在敵人面前保持警惕。怨恨也時常提醒他們，不要忘記過去受過的傷害，這樣就不會再上當。這種人總是處於神經高度緊張的狀態中，其實有時他們活得很累。

而當他們過分地敏感或過分提心吊膽時，嚴重的多疑侵蝕著他們的內心，他們會覺得表面上的解釋很難讓他們信服，並會花很多的精力去尋找根本就不存在的東西。而當找不到的時候，他們就會感到不自在，因為這樣似乎侮辱了他們的智慧，而且讓他們有極大的不安全感。如果別人很喜歡他們，並表現得熱情友好積極的時候，他們也常會充滿懷疑。他們總是不停地提醒自己，這有可能是一個陷阱。切記，一失足成千古恨，再回頭可能已是百年身。

　　他們的確十分多疑，他們也一再告訴自己：他們可不是那種天真的傻瓜，可以讓別人利用的。他們的內心囤積著許多怨恨，他們的憤怒像是永不會消失似的，甚至覺得這個世界到處都充滿著不公平，使他們生活在一種痛苦的妒忌之中，而他們也認為其他人的運氣比他們好。

　　忠誠型的人都有極強的防禦心理。因為他們沒有面對自己的雅量，他們將自己的錯，老是怪罪到別人頭上。「我才沒有生氣，生氣的人是你。」「都是他害的，我才會出錯。」這些是他們最常使用的語言。他們很難做到原諒別人，或是忘記過去。他們會將過去一件件被傷害的事，全部存入記憶裡，然後一輩子抱著傷痛。他們覺得自己很倒楣，在生命中他們扮演的角色大多是受害者，但別人可能並不會這樣看待他們。因為別人認為他們是心胸狹窄而且好戰的，而他們卻覺得自己之所以好戰，全因為有人激怒了他們，他們只是為這一不公平而生氣。他們也同樣認為自己並不愛生氣，也不是一個計較的人，是別人的傷害煽起了他們的怒火，使得他們整天心理不平衡，甚至憤憤不平。

　　這些人有一個最大的優點，那就是他們絕對願意努力地工作。因為他們打從心裡覺得這麼做是對的，自己是有責任感的。但如果有人催他們或命令他們，甚至指揮他們，他們會覺得被別人支來使去，有種被人利用的感覺，這傷了他們的自尊。這時他們除了會採取不合作態度外，他們也會相當地憤怒，因為他們不能忍受那種感覺；同時他們總覺得別人這樣做是為了貶低他們，而不是為了把工作做好。在自己的工作職位上，他們可能是出色的，但是說到權力鬥爭，即使他們不被人打得一敗塗地，至少他們的手腕也是笨拙的，他們天生就不是一個政治家，倒有些性情中人的特徵。

　　大概由於他們更渴望獨立、要求公平，所以他們總是提心吊膽，擔心

別人利用他們，占他們便宜。因此他們顯得易怒、斤斤計較，但其實他們只是要求最起碼的平等，期望所得與所付出是相等的。而花太多錢也會讓他們有心痛的感覺。他們的討價還價讓別人認為很小氣、愛占小便宜，但事實上在他們的內心深處，對其所愛的人，是願意付出一切的；只是在生活細節上，他們還是難改要求公平、斤斤計較的態度。與配偶之間的家庭生活，理財方法從來都是他們生活的主題。他們會要求做出對自己有利的金錢分配與管理方式。為了得到心理上的安全感，即使他們的做法對婚姻不利，而他們也渾然不知。例如：他們可能嚴格限制配偶的開銷，卻心安理得地在自己的愛好、精神生活上充分投資；而在為配偶花錢時，讓對方有一些奢侈的享受時，他們就猶豫不決了。不願意花錢的習慣是因為他們內心常有種被剝奪的感覺。他們對金錢所採取的謹慎的態度，有可能是一種仇恨世界的做法。因為他們覺得世界對他們是不公平的，所以所有的利益一定要自己去爭取，才有機會得到。

他們會在別人沒有來得及拒絕他們之前就先拒絕別人。這是他們經常使用的一招，以使得自己不受傷害。獨處使他們感到安全、不受人利用，但他們因而也必然得承受孤獨的煎熬。別人可能把他們描述成很難相處，因為別人看到的是在他們的人際關係中，最後所有人可能都成為他們的洩憤工具，尤其是那些與他們日常生活關係最緊密的人。他們對這些人生氣好像是順理成章的。在他們面前，他們往往是最脆弱的，哪怕一句不中聽的話、一次失望，都會深深刺痛他們的心。不管外面的風景多麼嫵媚，由於他們內心的不滿與疼痛，所以永遠也不能察覺到外界的美麗，有事沒事就跌入自己可怕的夢境中。而每次的鬧情緒的結果，只是一次又一次地感到生命的不公平。

他們的多疑與憤怒，往往連他們最親近的人也難以理解。他們常常強

迫別人表明立場，只要他們有怒氣，他們總是對最親近的人施加壓力，要別人也一起來對抗他們的敵人。憤怒侵蝕著他們的肉體、靈魂和思想，因此他們為自己帶來的傷害，往往比他們的敵人想像得多。因為愛發怒，所以他們付出的代價是極其昂貴的，它不僅帶給他們身體和精神上出病痛，也會減少其獲得愛和寧靜的可能性，而且還會威脅到他們的每一個新關係，因為每一種關係都會成為他們洩憤的目標。

對這樣的人，首先要弄清楚自己到底害怕什麼，找出真正的原因，然後再進行處理。如果他們的憤怒是因為小時候的某些願望曾被剝奪，那麼他們自然會渴望得到補償，於是他們害怕原諒別人之後，他們也會喪失追求補償的力量。其實這是一個錯誤的想法，如果他們的能量不再局限在憤怒上，那麼它將為其生命開啟嶄新的一頁。

忠誠型的人的性格形成，是他們的個性和環境長期相互適應的產物。他們的行為和思想有著自己的邏輯和方式。他們的表現有著以下類別特徵：

他們的動機、目的：他們的團隊意識很強，需要親密感，需要被喜愛、被接納並得到安全的保障，所以他們的動機和目的，是希望團隊中彼此是支持的、忠誠的、相處和諧的、遵守規律的。

他們的能力、力量的來源：忠誠型人物的心中需要有權威者，一旦沒有權威者的指導，他們往往會不知何去何從，迷失了方向。一旦有了專家、權威指引他們人生的方向，他們會忠心耿耿、全力以赴，這時他們全身充滿幹勁，不再被焦慮、困擾阻礙前進的方向。他們做起事來盡善盡美，可以絕對放心交付給他們。這是忠誠型的人之所以為世人喜歡的原因。

他們的理想目標：他們想要尋找一個可以安身立命、完全信服並且依

賴的理念，可是他們不相信自己，而相信外在權威，這或許是一種本性所致。不過，一旦外在權威顯露出弱點，他們不再感到佩服時，他們會立刻反對權威。這讓忠誠型的人活得很辛苦，如果有一天他們能自我肯定，使自己的內在權威感能指引自己正確的路，不必依賴別人，這將是他們的理想目標。

他們逃避的情緒：忠誠型的人很希望生活是有規律的，而自己的情緒是穩定的，不被任何突發狀況擾亂。偏偏忠誠型的人物很少遵守自己所定的規則和秩序。當他們掌握不了狀況時，害怕的情緒升起，焦慮使他們憤怒，腦中秩序大亂，這時會將他們推向無助及恐懼的痛苦情緒中，為躲避這些亂七八糟的情緒，他們希望有權威指導，出了事不用自己負責，由權威者負責，那麼就不用害怕了，因為有權威者負責任，權威者將會保護他們。

他們的日常生活所呈現出來的特質：他們一會欣賞自己充滿權威，一會又優柔寡斷，依賴別人；他們有時可愛善良，有時又粗野暴躁，很難捉摸；有時非常順從，有時又公開地反抗，性格極端矛盾；他們想得太多又無法決定，因此在採取行動時充滿困擾，回答問題更是緩慢；他們相當情緒化，因為受到焦慮的影響，無法自行做出重大的決策，而感到不安；別人不努力時，他們會一面做一面罵；他們是很注重傳統的人，遵守傳統規則才心安理得，情緒穩定；他們討厭被利用、被輕視；他們常常不知道自己真正的感覺，所以會不斷地考驗別人，從別人的眼中，來了解自己；他們做決定時喜歡聽取別人的意見，一有差錯，立即怪罪別人；他們常常因為衝動而產生攻擊行為，事後也很自責，不但不道歉，還要別人道歉；他們的幽默通常不是幽默而是諷刺；沒有明顯的敵人存在時，他們的情緒就無從發洩，不舒服就找一個代罪羔羊，以發洩自己的攻擊性；他們對事物

時常反應過度，愛亂猜疑；他們會激怒對方，引來莫名其妙的吵架，其實是在試探對方愛不愛自己。

他們常常出現的情緒感受：忠誠型的人需要有目標、有對象讓他們表達自己的忠誠。他們不喜歡自己的軟弱，也討厭自己不夠自立自強，但每當碰到事情一定要他們自己拿主意時，害怕自己能否做出正確的決定、是否能處理問題，所帶來的焦慮與不安全感，完全淹沒了他們，而結果也的確錯誤百出。因為為了避免焦慮，他們總急著找權威，一有權威，他們就放了心，跟隨其腳步前進。

他們常掉入的陷阱：他們知道自己容易焦慮，也知道自己焦慮時，一切事情都做不好。而他們也曉得如果有人引導自己，心情會安定平穩許多。權威是提供他們安全感的來源。所以為了讓事情進行順利，他們總是執著於尋找權威。

他們防衛自己的面具：他們害怕犯錯，也怕被權威者責怪，因此很容易將自己錯誤的決定和行為投射到別人身上，以推卸責任。

他們的兩性關係：既追求信任，又不斷考驗對方。不管是友情還是愛情，忠誠型的人都是在尋求可以信任的人，和他們攜手連心，一起對抗這個充滿威脅的環境。一旦他們尋找到可以信任的對象，他們也會盡力的支持對方，以表達自己的忠誠。然而另一方面，他們可能也會不斷地考驗對方，以證明伴侶對自己的愛，即使兩人已牽手多年也是如此。或許我們可以說：「一個人之所以多疑，正因為他渴望信任他人。」因此忠誠型之所以喜歡不斷考驗他的另一半，也正是他表達愛意與忠誠的方式。

他們的精力浪費之處：忠誠型是腳踏實地、努力工作的人，但焦慮、不安全感卻老是困擾著他們。他們總是把精力浪費在怕犯錯、怕得罪人、

怕被責罰、猜疑別人上。

他們的兒時經歷是性格形成的因素：幼年時他們比較認同父親，或是像父親一樣有權威的人。因為他們崇拜權威人士，被權威人士稱讚及喜愛是他們最大的願望，所以他們總是忠心耿耿，而這份忠心也使他們得到權威的愛護。因此他們學會取悅權威，而獲得穩定感與安全。

通常忠誠型的人總是追尋一個值得令他們崇拜、跟隨的權威。依循著權威的引導，將帶給他們安全、踏實的感覺。他們樂於做一個傳統的人，樂於作為一個團隊中的一分子。他們並不覺得在團隊中受到剝削、壓抑，他們承認自己只是其中的一個「螺絲」，相反地，他們認為依附在團隊中，使他們不再覺得自己勢單力薄、缺乏方向感，隸屬於特定團隊使他們更強壯、更有安全感，更能夠完成許多一個人無法達到的成就。

一般情況下，忠誠型的人不太會去質疑權威，因為這樣做會使他們失去可信任的目標，失去了安全感。然而一旦他們吃虧、上當，遭遇一次嚴重的錯誤或失敗時，他們的信心動搖了，他們覺得自己受到欺騙，這時就可能起身反抗權威。所以他們往往是既崇拜權威，又常常高喊打倒權威的人。

由於他們是如此尊崇權威，所以他們給人的印象是古板、謹守教條的。他們常會說：「以前的傳統就是如此，所以我們也應該遵循。」「某某大師說，這樣是對的！」

事實上，忠誠型的人的性格比較單純，他們純真可愛，但是比較缺乏做決定的能力，總是要徵詢別人的意見。他們渴望安全感，但自己卻常常感到不安全。

健康的忠誠型的人與人的關係很平和，因為願意信任別人，所以容易

與人親近，能夠與人相互支持、相親相愛。能夠獨立完成工作，也能與人平等分工，有充分的團隊合作精神。健康的忠誠型的人能夠感受到真正的安全感，因為他們信任值得信任的人，也信任自己。

由於願意信任別人、渴望被人接受，健康的忠誠型的人表現出一種與其他類型的人難以相比的友善、親切及誠懇的特質。這種特質也使得他們顯得特別迷人。忠誠型的迷人是一種憨厚、可愛、親切的魅力，就像是一個天真的孩子，對父母、長輩表現出一種信任、期望與愛。於是，親和力就自然而然很強了。這也是他們的長處之一。

當然另一方面，忠誠型的人會保護他親近、認同的人，跟他們在一起會有種一家人的感覺。他們如此忠實、可靠，可以讓人放心將工作交付給他。他們也十分尊敬那些真正的權威者、領導者。

一般情況下，健康的忠誠型的人是人們最忠實的朋友，不管面臨什麼挑戰，他們都能與你並肩而行，而他們也是很好的父母，他們負責任、有耐心、不溺愛小孩，而且懂得教育引導孩子健康成長。

而不健康的忠誠型人由於強烈地信奉教條，會極端地保護自己的團隊，對意見不同的團隊有很強的敵視感，並且對自己的團隊之外的人都深具戒心，懷疑他們是潛藏的敵人。他們不僅會奮力抵抗外侮，也會聲討團隊內的不忠的分子。

然而其實忠誠型的人是缺乏主見的，也因此他們常常反應過度，生怕別人挑戰他們外強中乾的信念，造成他們的疑惑、焦慮。這是他們生命中最大的性格弱點。

他們渴望思想獨立、自立自強，卻常常還是發現自己不獨立、太軟弱。他們一遇到事情，若沒有人指引，腦子便一片混亂，不知如何是好。

於是他們總是不斷地自我譴責，覺得自己矮人一截，沒有什麼價值。而他們的焦慮使其在工作中戰戰兢兢。然而越是擔心，就越是沒辦法專心工作，最後往往是錯誤百出。

不健康的忠誠型的人常常不理性，並一直生活在恐懼和焦慮中。當他們犯錯時，總是會尋找代罪羔羊，而且幻想自己遭受迫害，而這時他們也充滿了攻擊性。

忠誠型的人一向是衝鋒在前，藉著一片忠心，替他們心目中的權威打天下，但若不是在半途就犧牲，也很難在功成之後享受成果。所以我們看到忠誠型人物命運最高潮的時刻，往往就在為國、為民、為朋友而犧牲奉獻的那一刻。

這就是忠誠型的人的真面目，而他們表面下潛藏的人性弱點也是複雜的，但也是可以解釋的。

忠誠現象在人性底片上的陰影是什麼

嫉妒是人類心靈的毒瘤

妒忌、惡意和仇恨是魔鬼的特質，像魔鬼本人一樣封閉和黑暗。而妒忌、惡意和仇恨冒煙的地方，靈魂有可能是潔白的。

—— 托馬斯・布朗（Sir Thomas Browne）

誰是強者？能克服惡習的人就是強者。

—— 佚名

在人性中既然有天然向善的傾向，也有天然向惡的傾向。那種虛榮、急躁、固執的性格還不是最壞的，最惡的乃是嫉妒以致禍害他人。有一種人專以落井下石，為別人製造災禍謀生 —— 他們簡直還不如《聖經》裡那隻以舐瘡為生的惡狗，而更像那種吸吮死屍汁液的蒼蠅。

—— 法蘭西斯・培根（Francis Bacon）

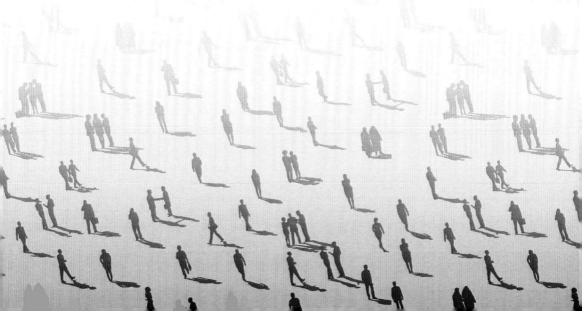

　　無論如何，人是一種社會性高於生物性的高等動物。同時，人類的一切思維和行為也無不烙下社會的印記。透過社會作用，人於是就有了模式行為，並形成了某種性格類型的人。而人性弱點就不同程度地展現在這一類人身上。我們也可以透過這一類型的人的共通點中去挖掘他們的弱點，看透他們的本性。雖然一切並不能一概而論，但我們還是能夠了解並掌握的。於是，生活把一切的人生哲理用教訓的方式告訴人們。

　　比如，在現實生活中，我們會看到許多人往往為了隱藏自己的弱點，逃避眾人的耳目，於是製造了巧妙的辯解。這樣可悲的行為其實在生活中很普遍。不僅自欺，而且欺人。

　　最常見的例子就是，熱戀後遭女友遺棄的男性經常會這樣說：「反正再交往下去也不會有結果。」不得已和公婆同住的媳婦也會說：「這樣也好，可以替我帶小孩嘛！」這些都是運用巧妙辯解以減緩心理壓力的情形。

　　生活中有好多例子的共同之處在於，人們不願承認錯誤或弱點時，便會巧妙地為自己辯解。換言之，就是把會使自己自卑、不安、挫折、暴露弱點的行為動機隱藏起來，並予以正當化。

　　《伊索寓言》(*Aesop's Fables*) 裡，有一篇著名的諷喻小故事，雖然已家喻戶曉，但卻極為典型。

　　一隻飢餓的狐狸從葡萄棚下走過，看到一串串結實纍纍的甜葡萄垂掛在棚架上，飢餓的狐狸忍不住垂涎三尺，但無論如何縱身躍起，都無法從高高的棚架上抓下一顆葡萄。於是，狐狸只好無奈地看著葡萄，並安慰自己說：「這些葡萄一定很酸。」然後悻悻的走開。

　　雖然巧妙地自我安慰了，但卻無損於葡萄的甜美。這就是真相。狐狸

自我安慰的言語，背後存在著不使自己落入憂鬱狀態的一種心理安慰。換言之，若能注意對方巧妙的行為或藉口，即可觀察出隱藏在對方內心的弱點。

一位男性與相戀已久的女友剛分手。朋友詢問他分手的理由，於是，他滔滔不絕地開始批評自己的前任女友：「我開始覺得她膚淺」、「每次約會都遲到 30 分鐘」……甚至找出了「她的胸部太小」、「年紀輕輕就長黑斑」……諸如此類的藉口。他將此類不足為外人知道的事情也毫不留情地大肆宣揚，只能說是一種十足的酸葡萄心理。

和酸葡萄心理相對的情形是甜檸檬心理。像是被開除的人，寄出寫滿當地美景或工作如何愉快的信給友人；或如因相親結婚娶回並不滿意的妻子，但他逢人即吹噓道：「娶妻不娶美而貴於賢」，可謂最典型的例子。又如，被迫嫁給好逸惡勞的男人，與公婆同住的女性，往往會對她的朋友說：「重要的是，自己不必照顧嬰兒，同時家裡不像小家庭般冷清，我過得相當輕鬆愜意。」這些例子中，這些人離期待的願望越遠，越容易形成巧妙的辯解；但若能真正地知足惜福，則苦澀亦能化為甘甜。總之，即使與原來的期望不相符，但若能給予其正面的評價，即可平衡內心的情緒，防止矛盾的掙扎，這樣也不失為一種積極的活法。

酸葡萄和甜檸檬心理的典型模式是有規律可循的，我們可以從這些模式裡，看出日常生活中可能出現的事情，及隱藏於這些行為背後的人性弱點。

就酸葡萄的邏輯而言，沒有趕上公車的人會告訴自己，「我喜歡走路」；又如，以高價買到劣質商品的人，亦會強加辯解說「我討厭廉價品」；如重考數次皆未上榜的學生，最後會無理地批評：「考上那所學校會被感

染不正確的思想，甚至連畢業後也沒有出路。」又如，把男友贈送的昂貴手錶遺失的女人會自我安慰的說：「反正也該換錶了，不必太在乎。」然後，又刻意去忘記這只錶所代表的紀念價值。這些論點無疑是藉口，但對本人來說，卻是為了平衡心理的安定所不可或缺的藉口。如想從中讀出對方的弱點，只須將此邏輯逆轉即可。例如，有人不分大小地四處宣揚：「我不願和無聊的人來往。」那麼，那人的弱點必在於朋友太少；又如，一些學非所用的高學歷者，大多對自己的學歷有強烈的自卑感。此外，那些無法考進更好的大學就讀的人，亦常會以合理化的邏輯為自己辯解，諸如「此處環境幽靜，也可以好好地學習」或「學校女生多，應該能有段愉快的大學生活」等等。

任何一家公司，無論其規模大小，幾乎都有所謂「評論家」（Critic）的存在。這類評論家會不斷地抨擊公司上司或同事們待人處事的態度，甚至挑起其他人的不滿情緒。例如：「這家公司無法讓我發揮能力……」、「部長目光短淺，不會培養人才……」或「那傢伙經常掛著『我是某大畢業』的招牌到處招搖顯擺，令人討厭……」就這些「評論家」而言，凡此種種皆為藉口，被用以消除自己的挫折。因此，若信以為真並附和認同，將會不自覺地陷入同樣的不滿情緒中，甚至因此遭受無妄之災。這是辦公室文化中最畸形的一種。人本來是來解決問題的，這些人卻在製造問題。

因此，在聆聽他們的意見時，應該了解他們真正的心態，採取客觀的態度來加以判斷。例如，有些人在批評公司時，可能是因為他對部長的位置覬覦已久，但卻沒有升遷的條件或能力。此種心態，可用評論家的心理結構加以解釋。

有些人表面的不滿與內心真正的意願間存在何種關係呢？據某公司以200名女性員工為對象做面談調查，結果發現對薪水表示越不滿的員工，

對工作也越不熱衷。這些女性員工只要有人提起薪酬不公，就會抱怨連連：「薪水低微，工作自然提不起勁。」但進一步探討後卻發現，其實是不喜歡工作的因素在先，再以薪資低為藉口，而導致抱怨的心理，與調查結果一樣。根據巧妙辯解的趨勢分析，這類人的人性弱點，在於自己能力不足，無法熱衷於工作，以至於產生自卑感。因此對工作產生似是而非的抱怨，提供了觀察人性弱點的最佳題材。例如，有些人說：「光鮮亮麗的經理不是支撐公司的棟梁；無名英雄的踏實工作者，才是公司的基礎。」而實際上這些人大多因其在公司擔任的職位並不重要，而對自己有自卑感。又如，抱怨不斷的業務，實際上是因無法順利地爭取到訂單。另外，部長措詞嚴厲地指責報告上微不足道的小錯誤，或嘮嘮叨叨地教訓下屬，大多因為自己無法迅速地完成工作，或沒有升遷機會所致。對於下屬的這種嚴厲苛刻，只能反映了這種上級的虛弱和無能。

　　如果我們對人了解越多，則會看透被言行外表所隱蔽的真相，並可輕易地揭去其神祕的面紗，窺得人性的弱點。但是，切記，我們透視人性弱點，只是為了防止人性弱點害了自己。比如，酸葡萄心理者一旦惡性發作，後果往往不堪設想。嫉妒之火不僅能燒毀一個人的心境，更能令人瘋狂。這不是危言聳聽，歷史上這樣的故事比比皆是。戰國初期，齊人孫臏和魏人龐涓是同學。爭強好勝的龐涓學了三年，自以為學成了，前往魏國尋求功名利祿。孫臏則仍留在老師身邊繼續學習。龐涓後來在魏國受到重用，被授予元帥兼軍師之職。隨後他又立了些功勞，自以為天下第一。

　　後來孫臏也到了魏國，見到魏王，魏王想考驗一下孫臏的才能，讓孫、龐二人各演陣法。龐涓之陣，孫臏一看便知；孫臏排陣，龐涓卻感到茫然。龐涓這才得知孫臏已得到老師真傳，勝過自己百倍，嫉妒之心油然而生。他一向自視天下第一，如今呢？終於，喪心病狂的龐涓設計謀害孫

臏。孫臏也因此被誣陷入獄受刑，打成了殘廢。孫臏成了殘廢後，龐涓卻假仁假義地三餐供養。龐涓見時機一到，要孫臏把老師傳授給他的孫子兵法快寫出來。孫臏很痛快地答應了。當他寫了十分之一時，一名兵士見孫臏無辜受害又被人欺騙，暗地裡向孫臏透露了龐涓將在他把兵書寫完之後殺掉他的計謀。這一下驚醒了孫臏，他左思右想，便裝瘋賣傻自保。於是孫臏口水滿面，趴在地上哈哈大笑，又忽然大哭，整個人似乎瘋了。龐涓起初不信，三番兩次試探他。他更是發瘋得更厲害，甚至連屎尿都分不清了。這樣，龐涓才放鬆了警惕。也只有在這時，他的妒火才稍微平息。

後來，齊威王派人設法找到孫臏，把他用車祕密地運回齊國，並拜為軍師，讓他圍魏救韓。龐涓多次擊敗韓國軍隊，眼看要攻下韓國首都，忽然得知齊軍奔向魏國大梁，只好急忙傳令撤兵，迅速回師。孫臏故意麻痺魏軍誘敵深入，龐涓中計，只帶少數精銳部隊兼程趕路，企圖在天黑的時候追上齊軍，這時正好進入齊軍設下的包圍圈套。龐涓命令士兵點火照路前進，忽然看到路旁一棵大樹上掛著一塊樹皮，上面寫著七個大字：「龐涓死於此樹下」，才知中計，結果魏軍被全部殲滅，最後龐涓自殺。

這就是酸葡萄的心理惡性發作的可怕情景，它使人完全喪失理智。人們難道不應該透視一下人性弱點嗎？ 在我們的生活中只有少數人能夠成功。幸運的雨水滴落在地球上。而這些少數人必然會引起人們的嫉妒且已無藥可救。他們可能是你身邊的人、你的朋友和熟人。這一切多麼可悲，然而，這就是人性的弱點。嫉妒幾乎是一種普遍的人性弱點，不論是誰，都難以倖免。在人類的歷史上，某些偉人也是如此。奧斯特（Christian Oersted）發現了電流可以使磁針偏轉的現象。於是安培（Andre-Marie Ampere）、戴維（Humphry Davy）、渥拉斯頓（William Hyde Wollaston）、法拉第（Michael Faraday）等都對此發生了興趣，並著手進行研究。

威廉・渥拉斯頓是由於發現了元素鈀和鈮，發明了使用鉑的新方法而聞名於世的。西元 1820 年 6 月皇家學會會長約瑟夫・班克斯（Joseph Banks）爵士逝世，渥拉斯頓和戴維成為了繼任這一職位的兩個候選人。但渥拉斯頓謝絕提名，戴維由此當上了會長。自從得知奧斯特的實驗結果 —— 電對磁的影響後，渥拉斯頓就根據牛頓第三運動定律，試圖進一步實驗，找出磁對電的影響。然而，實驗幾次也未能如願。什麼原因呢？大科學家展開了研究，但毫無結果。法拉第這時年方三十，雖早已具備了獨立研究的能力，然而，他仍然是戴維的實驗助手。

法拉第很早就對電學抱有濃厚興趣，奧斯特的發現激起了他研究電和磁的熱情，現在他準備獨立進行研究了。然而，就他的地位來講，要闖入像渥拉斯頓和戴維那樣已經備受注目的著名人物的領域中，是需要極大勇氣的。儘管如此，法拉第也不管那麼多了，因為電和磁的實驗對他來說實在是愛不釋手了，況且渥拉斯頓和戴維遇到了難解的困惑，已經不能繼續實驗下去了。

法拉第敏銳地看出了奧斯特的發現的重要意義，於是，他花了三個月時間查閱了關於這個問題的所有文獻，重複了一系列的實驗，認真地分析了奧斯特發現電流使磁針偏轉的實驗結果，不斷思索渥拉斯頓使磁致導線自轉試驗失敗的原因。經過多少次反反覆覆試驗和思考，法拉第終於實現了通電導線繞磁鐵公轉這一偉大的夢想。這是一個相當重大、相當了不起的成功，奧斯特只是發現了旋轉力的存在，而法拉第則實現了長久的旋轉運動。

在朋友們的建議下，法拉第將自己的實驗及其結果發表了。

出人意料的是，法拉第的成功不但沒有得到讚賞，反而遭到了人們的

指責。皇家學會的會員議論紛紛，還有人在報上發表文章，指責法拉第剽竊渥拉斯頓的研究成果。法拉第得知這些後十分痛苦。這是有生以來第一次，他的榮譽、他的人格受到了懷疑和玷汙。這是一種多麼痛苦的事。這在一個愛惜名譽如同生命的人更是難以忍受的。人生多麼令人無奈！於是，他立刻去找渥拉斯頓解釋，渥拉斯頓完全沒有參與這件事，他到實驗室觀看了法拉第的演示，並對法拉第的成功表示祝賀。他坦率地承認他是在從事電和磁的工作，但那是從不同的角度進行研究的；因此他承認，法拉第並不能從他那裡借用什麼。其實，法拉第的實驗與渥拉斯頓的實驗是根本不同的，不但方法、技巧、儀器不同，連理論解釋也不一樣，這一點身為皇家學會會長的戴維是最清楚的。法拉第起初想指望他的老師能夠站出來替他說句公道話。戴維爵士作為第三者、知情人，又是科學界的權威，只要他說句公道話，這樁案子將立刻真相大白。然而，法拉第等來的卻是戴維的沉默。可怕的沉默，有時候這比惡毒的語言更惡毒。究其原因，他終於發現，是嫉妒，可怕的嫉妒使這位偉人做出了小人行徑。這樣的做法實在太可悲了！

多少年來，法拉第對戴維無限崇敬。那是一種複雜而又豐富的感情，既有對恩人的感激，對老師的敬愛，也有對天才的崇拜。然而，當戴維得知法拉第在他失敗的領域獲得了成功，他的虛榮心受到了嚴重挫折。他看到學生超越了老師，區區一個小實驗員超越了堂堂大科學家，因而他產生了嫉妒。

嫉妒蒙蔽了戴維的眼睛，使他看不見法拉第實驗與渥拉斯頓實驗的基本區別，看不到法拉第一向為人誠實、謙虛好學的事實。他更擔心的卻是學生的聲譽超越老師。

在戴維看來，法拉第只是一個助手，是一個領導者的順從者。除此之

外，要想尊重他什麼的，那是難以做到的。因此，法拉第表現出的獨立從事研究的才華，使戴維明顯地懊惱，滋生了不適當的嫉妒心理。

於是，戴維在不知不覺中做出極端行為，詆毀和誹謗了法拉第。這種不恰當的酸葡萄心理簡直已不是酸，而是腐臭了。

法拉第的朋友們清楚地看到，法拉第雖然做出了許多成績，但他依然只是一個年薪 100 英鎊的實驗助手。明明是他發現的電磁感應（Electro-magnetic induction）現象，卻被人指成剽竊者……他們決意要為法拉第伸張正義，於是聯絡了 249 位皇家學會會員，聯名提議法拉第為皇家學會會員候選人，渥拉斯頓教授帶頭簽了名。

戴維聽到這個消息勃然大怒，與別人爭論說法拉第資歷太淺，沒有受過什麼教育，不誠實……甚至怒氣沖沖地衝到皇家學院實驗室，命令法拉第：「撤回你的皇家學會會員候選人資格證書！」由此可見，酸葡萄的人性弱點一旦惡性發作多麼可怕。後來，徵得渥拉斯頓的同意，法拉第發表了一篇回顧關於電磁轉動問題研究的全部歷史的文章。從此，關於所謂剽竊的疑雲就煙消雲散了。原來反對法拉第進入皇家學會的渥拉斯頓的朋友們，全部改變了態度。戴維成了孤家寡人，沒能成功取消法拉第的候選人資格。被嫉妒徹底扭曲了的他竟又採取拖延的辦法，拖了半年，直到西元 1824 年 1 月 8 日才進行選舉。終於，法拉第在只有一張反對票的情況下當選了。不言而喻，這張反對票就是由法拉第的老師、皇家學會會長戴維投下的。這時，戴維的嫉妒已達到了極點。他的人格也被自己的嫉妒摧毀了。他的一切因此而蒙塵。這是多麼的愚蠢，又是多麼的可悲。

但偉人就是偉人，他也是能明白事理的。西元 1829 年，渥拉斯頓和戴維這兩位電磁權威相繼去世。戴維臨終前在醫院養病期間，一位朋友去

看他，問他一生中最偉大的發現是什麼；他絕口未提自己發現的眾多化學元素中的任何一個，卻說：「我最大的發現是一個人 —— 法拉第！」人之將死，其言也善。但是一切為何來得如此之遲。沒有別的原因，只因嫉妒者無法正視產生嫉妒原因罷了。這就是人性弱點，可怕的人性弱點。

嫉妒，是人的自尊心受到的創傷，傷口越大，嫉妒就越蠻橫。嫉妒造成的屈辱感使人顯得比實際上更渺小，使人喪失信心，把遭受的挫折當做滅頂之災。

其實，戴維仍是一位偉大的科學家。雖然他僅僅活了 50 歲，但他生命的節奏非常快，他發現了鈉、鉀、氯、氟、碘等許多化學元素，發明了燈泡以及製取電弧的方法。他所做過的事，一個平凡的人活上 100 歲也做不完。但他爭強好勝，凡事都要爭第一。在科學上一旦有了突破，新的問題擺在面前，他就又一次地不顧一切地拚命做，向前衝。然而，他是個不甘寂寞的人，凡是貴族社會階層的時髦享受和交際應酬，他一樣也不能少。在他當了皇家學會會長以後，就更是成了貴族階層的活躍人物，封建的等級思想開始加深，個人意識也開始膨脹。正是由於這些原因，當他看到他的學生在他失敗的領域獲得成功的時候，當他看到他的學生將超越自己的時候，妒火中燒，甚至喪失理智而做出了與他的身分、地位極不相稱的事。

的確，是舉世聞名的偉大化學家漢弗里‧戴維發現了麥可‧法拉第的才能，並將這位鐵匠之子、小書店的裝訂工招收到大型研究機關 —— 皇家科學院做他的助手。戴維具有伯樂的慧眼，這是科學史上的光輝範例，人們爭相傳頌。戴維自己也為發現了法拉第這位科學巨匠而自豪。然而，這位偉大的人物留給我們的，不僅有經驗，還有他的教訓，這就是嫉妒的惡果。

由於戴維的百般阻撓，法拉第的自尊心受到了極大的挫傷，他從事科學研究的積極性受到極大的壓抑，他不得不放棄了他的電磁學實驗，轉向研究其他問題。法拉第竟在這種既無特長又無興趣的領域裡做了近 10 年之久。

　　戴維去世後，法拉第重新進入電磁學領域，再也不用擔心有人攻擊他侵入別人的地盤而避嫌了。那時已是西元 1831 年，他才又回到最感興趣並已做出了開創性工作的電磁學領域。他這時已 40 歲了，才開始他真正偉大的工作。就在這一年的 10 月 17 日，他實現了 9 年前萌發的變磁為電的理想，發現了具有劃時代意義的電磁感應，並從此開始撰寫他那凝聚著畢生心血的巨著《電的實驗研究》(Experimental Researches in Electricity)。可以看出，如果不是戴維的嫉妒，法拉第緊接著他在西元 1821 年的發現繼續探索下去，電磁感應定律的誕生或許會提早許多年。

　　根據某些分析，人類很難面對不盡如人意的感受。在面對比自己優越的技術、才華或權力時，人們往往不舒服、不自在，這是因為大多數人的自我意識造成的。當人們遇見勝過自己的人，那讓人看清楚，自己事實上是庸才，或者至少不如人們自以為的那麼優秀時，這種自慚形穢的困擾，不可能長久存在而不激起醜惡的情緒。

　　一開始人們覺得嫉妒，只要人們能擁有這位優秀人才的特質或技術就會滿足。但是嫉妒不會帶來安慰，或是讓人們跟對方扯平。同時，人們也不願主動承認自己嫉妒，因為承認嫉妒等於承認感覺到不如人。人們可能會承認自己未曾實現的所謂夢想，但是永遠不會承認自己是在嫉妒。因此嫉妒心只能轉入地下，用許多方法來掩飾。例如尋找理由批評我們感覺嫉妒的人；例如我們會表示：他或許比我們聰明，但是沒有道德或良心，或者他可能比較有權力，但那是因為他耍詐。如果我們不用中傷他這招，或

許我們會過度地讚美他，這是嫉妒的另一項偽裝。當然，這也並不是絕對的。

其實，人應該懂得如何戰勝嫉妒心理。對此加以輕蔑，雖然你想要謹慎地去做，事實上卻無濟於事；最好是寬宏大量。為說你壞話的人說一句好話，再怎麼稱賞都不過分，沒有一種報復比得上如此豪爽的行徑；以你的功績和成就來挫敗和折磨那些愛嫉妒的人。你每一次的好運等於將套在壞心腸的人脖子上的繩子再繞一圈，被嫉妒的人的天堂就是嫉妒者的地獄。將你的好運轉變成敵人的末日，是你能夠施加在他們身上最嚴厲的懲罰。嫉妒的人不只死一次，而是死很多次，因為他所嫉妒的人在自己的榮耀中不死，被別人嫉妒的人在自己的悲慘境遇中總會獲得新生，因而也又會遭人嫉妒。

嫉妒雖然普遍存在，但人們一般不會嫉妒太遙遠的人、與自己差異太大的人或不同行的人。這是一個多麼奇特的現象。兩個朋友，一個人成功，另一個人未成功時，便會發生強烈的嫉妒。俗話說同行是冤家，明星嫉妒其他的明星，記者嫉妒其他的記者，作家嫉妒其他的作家，足球員嫉妒其他的足球員，女人嫉妒女人，男人嫉妒男人。嫉妒常發生於我們發覺原本與自己在同一層次的人，現在卻凌駕我們之上的時候。或當我們無法超越他，也無法與他競爭的時候，嫉妒便產生了。

那麼在嫉妒發生之後，怎麼做才是最明智最有效的方法呢？有幾種策略可以緩解具有破壞性的嫉妒情緒。

首先，要主動接受一定會有人在某方面勝過你的事實，同時接受你會嫉妒他們的事實，並勇於要讓這種感受成為推動你與他們並駕齊驅或勝過他們的力量。如果你任由嫉妒向心靈深處發展，它會毒害靈魂；因此要下

決心把嫉妒趕出你的腦海，它就會推動你不斷向上努力。

　　其次，要清醒地認知到，在你獲得成功時便會有人嫉妒你，他們或許不會表現出來，但嫉妒是難免的，只要細心一點你就能看出他們展現給你看的外表，只要細心一點你就能聽出他們批評的弦外之音，他們小小的嘲諷，背後中傷的比喻，言不由衷的過度讚美，痛恨的眼神⋯⋯這一切嫉妒的問題，來自於我們沒有察覺，直到問題出現之後已為時已晚。在人們嫉妒你的時候，他們一定會暗中搞鬼，設下你未曾預見，或者無法追查來源的路障。如果等到了解別人對你的感受是因為嫉妒時，往往已經太遲 —— 你的抱歉、你虛偽的謙卑以及防禦行為只會使問題更加嚴重。如果從一開始就能避免引起嫉妒，比起嫉妒已經發生後再想將它消除容易得多，所以你應該想好策略，防患於未然。

　　通常都是在你不留神的時候，你自己的行動惹起嫉妒。人如此不習慣接受別人比自己強，先意識到哪些行動和特質會引起嫉妒，你就可以事先拔去毒草之根，免得它們任意滋生、泛濫成災。

　　有些類型的人會製造嫉妒，在嫉妒升起時，他們和感覺到嫉妒的人一樣有罪。最明顯的類型我們經常會看到：什麼好事一發生在他們身上，無論是由於運氣或是計畫，他們就到處張揚，讓別人感覺不如他們開心的失落感。這種類型的人很明顯，而且無可救藥。然而還有一些人，他們會以比較微妙、難以察覺的方式激起嫉妒，他們對惹上的麻煩也應該負部分責任。或許，炫耀者本身也是虛弱之輩，他們自己的人生價值只在口頭上。當然，這也是一種不成功的人生。對於天生才華洋溢的人，嫉妒往往是個難題。因為天賦、才華與魅力激起的嫉妒是最常見的。優越的才智、好看的外表與魅力，並不是人人都可以靠努力獲得的。天生完美的人有時甚至想盡最大努力掩飾他們的聰明才智，或者展現一、兩項短處，在嫉妒生根

之前予以化解。那些認為自己會以天賦、才華令眾人傾倒者，恰恰犯了普遍而天真的錯誤，其實別人只會嫉妒你痛恨你，但絕不會傾倒於你。

如果你故意表現自己多才多藝，以為這樣可以讓別人印象深刻而贏得朋友，那也就大錯特錯了。事實上這些行為使你製造出眾多的敵人。這只會令別人覺得不如你，於是他們會盡一切努力在你失足或是犯下最輕微的過錯時群起而攻之。這真的很可怕，有一項建議對我們頗有益處，那就是可以稍微犯一些無關緊要的小錯，極力展現一項弱點、一個不重要的疏忽，或無傷大雅的錯誤，丟給那些嫉妒你的人一根骨頭，引開他們伸向你的毒手。生活是需要一些技巧的，或許只能如此。

嫉妒是有偽裝的。例如過度的讚美就是其徵兆。讚美你的人嫉妒你，他們或許是故意要讓你出醜，因為你不可能達到他們讚美的程度；或者他們會在你前後磨尖利刃。同時，那些對你過分挑剔的人、公開中傷你的人可能也是在嫉妒你。看穿他們的行為是否是偽裝的嫉妒，你就可以躲開互相攻擊的陷阱，不再對他們的批評耿耿於懷。不理會他們微不足道的存在就是最好的報復。

另一種情況就是你要努力學會一些化解的策略，也就是說，在成功面前做出一些小小的犧牲，或者不時地遮掩自己的聰明才智，故意露出短處、弱點或焦慮；也可謙虛地將自己的成功歸於運氣。

面對嫉妒者要小心謹慎的理由是，他們經常會找出無數方法暗中破壞你，在他們身邊步步為營，往往只會加深他們的嫉妒。如果他們察覺出來你在小心防範，等於更進一步擺明你比他們優越，這就是為什麼你必須在嫉妒生根之前採取行動。

嫉妒者總是喜歡在卓越者身上挑毛病，這是他們唯一的慰藉，也是他

們失落心理唯一的支柱。偉人原來也長著蝨子，而且讓我發現了。這就是他們的心理。

千萬不要讓嫉妒的毒液爆發出來，以勇氣或才智偽裝一些過失，必要時還須裝瘋賣傻，這樣就能預先化解嫉妒。這樣，你才能在嫉妒的尖角之前，像孫臏挽救自己一樣化解面前的危機。記住，智慧有時是用來裝傻的。如果嫉妒已經存在，無論是不是你的過失，有時候對那些嫉妒你的人，展現出全然的輕蔑，不隱藏你的完美，讓它更加顯眼，利用每一次新的勝利，讓嫉妒者坐立不安，你的成功將成為他們活生生的地獄。這雖然也是個好辦法，但並不妥當，表現得寬宏大量往往是最好的辦法。

你若事業有成，不妨巧妙地強調你一向是多麼幸運，讓你的幸福看起來別人也有可能獲得，因此就沒有必要那麼嫉妒。但是要小心，不要讓別人一眼便可看穿自己刻意表現出的謙卑，這只會令他們更加嫉妒。此外，行為舉止必須適宜，你的謙虛、你對不如你的人的坦誠，必須看起來真摯可信。任何不真誠的暗示只會讓你的成功為別人造成壓力。記住：如果你地位向上高升後，疏遠先前與你同等地位的人，對你沒有任何好處。權力需要寬廣而充實的群眾基礎的支持，嫉妒可能悄然無聲地把它摧毀了。

不要試著幫助那些嫉妒你的人或者施予恩惠，他們會認為你是擺高姿態逼人領情。一旦嫉妒露出真面目，唯一的解決辦法往往是躲開嫉妒者，讓他們留在自己製造出來的地獄裡飽受煎熬。

最後，小心在同事和同級別的人之間產生的嫉妒，這種嫉妒所造成的後果往往最為嚴重。因為在這種環境裡，平等的假象掩飾了一切。因而嫉妒的破壞力更強，所以你要格外注意防範。這可是讓人心痛的一種方式。有句諺語說：「一個人一條龍，三個人就成了三條蟲。」就是這種局面下，

可能大好的人脈資源就這樣被內耗光了。

　　酸葡萄心理幾乎是人類最為普遍的一種人性弱點，但很多人一直以來並不能正視它。人們更習慣以種種藉口來為自己的弱點尋找莫名的依靠，這與人類自譽為萬物靈長的心理幾乎如出一轍，這一切也貫穿了人類文明。

　　現在我們終於明白了，生活中我們的火眼金睛，將能根據人性弱點的藉口來判明人性的另一面，事物的另一種真實。

豐富型的人的人性真相是透明的

衡量人的真正品德，是看他在知道沒有人會發覺的時候做些什麼。

—— 孟德斯鳩（Montesquieu）

　　人對人性弱點的關注是合情合理的。要想具有識透他人的能力，就要加強對人內心的動機、影響到表面所呈現的特徵進行觀察，並加以細心的揣摩，然後進行分析總結，有針對性地各個突破，才能有所成效。看透人心的藝術，不能只靠理論來解決，因為人不是傀儡，不會按照他人所制定的計畫去行動，必須結合實際生活中人與人之間微妙的關係來進行研究。目光如炬的穿透力，洞燭機先的觀察力，見微知著的感受力，舉一反三的想像力，這些是瞬間看破人心的內在活動的關鍵。

　　透過察言觀色來揣摩對方的行為，你可以仔細觀察對方的舉止言談，捕捉其內心活動的蛛絲馬跡；也可以揣摩對方的狀態神情，探索引發這類行為的心理因素。

　　西元 1642 年，明朝大將洪承疇在松山戰敗被俘。皇太極力勸他投降，但洪承疇誓死不從，只求速死。皇太極無可奈何，只能煩勞范文程前往勸降。范文程是清王朝著名的謀略家。原是明朝落榜的秀才，滿腹經綸，有智謀，有遠見。努爾哈赤興起後，范文程在撫順謁見他，談策論學，縱橫古今，受到努爾哈赤的重視。

　　范文程去探望洪承疇，卻絕口不不提勸降之事，只是隨便閒聊，從中察言觀色，旁敲側擊中見真實。言談當中，風吹落梁上的積塵掉在洪承疇衣襟上。洪承疇這個決意將死之人，卻幾次輕輕將落塵拂去。這個下意識的動作，他人不會留意，卻逃不過明察秋毫的范文程的目光。他由此判定洪承疇必可說降。他向皇太極滿有把握地報告說：「我看洪承疇是不會死的。他連自己的衣服都那麼愛惜，更何況自己的性命呢！」皇太極聽了之後大喜，若是能將洪承疇這名大將歸順，對他統一中原是十分有利的。

　　果然事情不出范文程的意料之外，皇太極於是對洪承疇進行了一系列

的勸降行動，而一向自視為明朝最後一位忠臣的洪承疇，最終還是俯首投降了。范文程這種由外到內，透過仔細觀察外部特徵，推測其心理活動，觀察入微的識人之術，達到神奇絕妙的地步，這也為他作為清朝的謀略家奠定了基礎。與孫子齊名的古代軍事家吳起曾這樣說過：凡是戰爭開始，首先必須了解對方將領的個性，然後才研究他的才能。換句話說，面臨戰爭的時候，應先調查敵將個性，透過個性看清他的弱點，然後再觀察他的能力，依對方的狀況來運用適當的手段。

　　如果敵將是一個沒有主見，並且隨便聽信別人的人，我們可以用各種方法引誘他，使他暴露意圖。對於貪婪而不知恥的人，可以用財富收買他。面對單調而不重視變化的人，我們可用策略來使他疲於奔命。敵將如果奢侈浮華，不顧部下的貧困，我們可以利用他部下的內訌，使他們內部分化。敵將如果是猶豫不定、毫無主見，並使部下無所依靠的人，則可用恐嚇的手段使他們驚逃。諸如此類都是一些怎樣看透人性弱點的竅門。這些無論在古代戰場，還是今天的商戰、個人生活都發揮著不可忽視的作用。一般情況下，如果能看透對方，並運用適當的策略，就能勝券在握。同樣的道理，把它運用到人與人的關係中，效果也是一樣的。

　　人的個性千變萬化。如果你在生活中仔細觀察，就一定會發現不同個性的種種表現。一個識人高手，能夠透過對方微不足道的表象，來了解一個人的內心世界。

　　美國大財閥之一的洛克斐勒（John Davison Rockefeller），就是觀察人心的高手。他能透過一些微小的細節看透一個人。他根據對方的居住環境，也能發現他真實的面貌。譬如，利用假日出其不意地到同事家裡拜訪，隨意看看其書櫃上所擺放的書籍，即可了解對方的興趣以及個性等等，並為自己的經商提供依據。

　　要看透別人，首先要注意從什麼位置去透視他，這是一個很重要的問題。無論多麼敏銳的眼光，只要與物體距離不當，便不容易將焦距調到合適的位置。不能保持適當的角度和距離，觀察人就無法發揮它的功效。所以人還是應該從各種角度來觀察事物比較恰當。

　　想看透別人的人，其實，別人同時也在觀察你。如果你忽略了這一點，只顧觀察對方，那你一定會招致種種失敗。喜好談論別人的人，在他的言談舉止中，同時也在接受別人對他的觀察。人們從他批評別人的言詞中，就可以大致看出他的性格及人格。透視別人往往更像一把雙面刃，用得不好，自己也會受傷。

　　還有一點要補充，如果情況特殊的話，也不必太注意別人的反透視。古時有一個人，涉嫌犯罪，雖然宰相調查了三年，可是一直都不能判他的罪。他很想知道宰相的意思，但是身為嫌疑犯，又不好直接去問宰相。他忐忑不安，心想：「我到底有沒有罪呢？如果我有罪，我的房產一定會被沒收，為什麼宰相一直沒有採取行動呢？」

　　他想了很久，最後終於想到了一個辦法去試探宰相的心意。他拜託一位跟宰相很有交情的人去處理這件事。那個人見了宰相脫口就說：「那嫌疑犯的房子能不能讓給我住呢？」他想如果宰相答應了，就表示這個人有罪，但是宰相搖搖頭說：「不！這個人沒有罪，這棟房子不能讓給你。」當那個人要離開的時候，宰相一下醒悟是否是那個人讓他來試探虛實的。那個人佯裝不知情。但實際上，宰相已經輸了，終於讓那個嫌疑犯摸清事情的真相了。

　　大多數觀察人的高手，他們將對方的外表、服裝及細微的動作做為線索，巧妙地掌握對方的性格或生活狀況。譬如，從對方的右手中指上有老

繭，指頭上沾有墨水，衣服的手肘部位磨得油光，可推測該人從事文職工作；又如看對方的背影，右肩下垂而且身上發出消毒藥水的臭味，則揣測此人是牙醫……透過對一個人的氣質、個性、品格、學識、修養、閱歷和生活等方面的綜合分析，可以從一個人的情緒活動特徵上，看出一個人內心深處的潛意識舉動。

在歷史上，齊桓公就碰到了幾個能看透人心的高手。齊桓公上朝與管仲商討攻打衛國之事，退朝後回後宮，衛姬一望見齊桓公，立刻跪拜替衛君請罪。桓公問她什麼緣故，她說：「妾看見君王進來時，步伐高邁，神氣豪強，有討伐他國的心志。君王看見妾後，臉色即刻改變。這是一定要討伐衛國了。」第二天，齊桓公上朝，謙讓地引見管仲。管仲說：「君王取消伐衛的計畫了嗎？」桓公說：「仲公怎麼知道的？」管仲說：「君王上朝時，態度謙讓，語氣緩慢，看見微臣時面露慚愧。微臣因此知道。」

還有一次，齊桓公與管仲商討伐莒，計畫尚未公布卻已舉國皆知。齊桓公覺得奇怪，就去問管仲。管仲說：「國內必定有聖人。」齊桓公嘆息說：「白天來王宮的雜工中，有位拿著木杵而向上看的人，想必就是這個人了。」於是命令雜工再回來做工，而且不可找人頂替。不久，拿木杵的人被找來。管仲問：「是你說我國要伐莒的嗎？」他回答：「是的。」管仲說：「我不曾和你說要伐莒，你為什麼說我國要伐莒呢？」他回答：「君子善於策謀，小人善於臆測。而小民私自猜測。我看君王你站高臺之上，精神飽滿，舉止興奮，這是準備打仗的表現，手指的方向又是莒國的位置，不服齊國的只有莒國了，所以這麼想。」如何？這種識人之術真是準確、嚴密而又合理。

潛藏在人內心的衝動、慾望等，會透過言行表露出來，所以要了解對方意圖可藉由觀察言行，來讀懂他的心思。雖然事實上，他的心意可能與

你想像的迥然不同。有些甚至還認為人世間沒有人能了解他呢！因此只要你能準確地抓住他的心，相信一定能獲得他的認同。作為一個成功的人，最需要的本領就是能看透別人內心的意圖，這種本領對於人事工作者來說是非常重要的。

能準確分析出對方心思的本領，也是可以透過學習鍛鍊獲得的。第一就是特別能活用以前的經驗。屬於這類型的人，多半是在社會上工作了多年，累積了不少經驗。第二是有較強的自我控制能力。所謂自我控制，絕不是在與人相處的場合，有意識地抑制自己；而是無論處在什麼狀況下，都能不依靠別人的力量，主動地控制自己的心態，同時不摻雜任何感情的因素。唯有在如此自我控制的心態下，才不會太過於主觀地觀察事物，而以敏銳的眼光了解對方的心思。這也正是為什麼心性修養較高的人能自我控制、能登悟道之境界的原因。

第三個條件就是必須學習心理學方面的知識。俗話說，成功人士是半個心理學家。人的言行代表個人的意志，因此要了解對方的心，只要觀察他們的言行，就可以看出端倪。人在做事、說話之前，是因為先有意志，才會表露於言行，但事實上在他尚未表現言行之前，必然會先受某種意志的支配。

如果能運用此高明方法，首先就要讓對方感受到自己的誠實。但所謂誠實，並不是指在人面前擺出一張哭喪的臉，或玩弄佯裝熱衷於事業之類的花招，而是首先脫掉自己心中的盔甲，也就是將自己未曾武裝的心，展現在別人面前，這樣做才能讓別人安心，拆除內心的籬笆，這是成功人士的必備特質。在各種場合中，人都會無意之間暴露出自己的性格、願望或生活狀況。訓練自己從一些生活瑣事中掌握對方心理，可以說是促使自己圓滿處理人際關係的重要條件。認識這些，觀察人的言行，就可了解一種

言行是其內心的真實展現，還是他改變、掩飾自己意志後的產物；反過來說，要看穿被扭曲、粉飾過的言行，才能辨認別人心中的真意。因此唯有利用從現實生活中學到的知識來觀察，才能更準確地分析人心並看透人的本質，看清人性的弱點。

最典型的就是生活中有一種豐富型性格的人，這種人真心得你一望便知。這種人的內心世界沒有經過任何修改。

豐富型的人的最佳代表就是小孩子。他們是超級的樂觀派。凡事喜歡看美好的一面，天真、熱情，而且耳聰目明。但另一方面，他們同時也是任性、以自我為中心、沒有耐力、不能吃苦的。當他們覺得幸福時，就天真地覺得他身邊的人也是幸福的。

對他們而言，人生的目的在於追求快樂，快樂也是他們做事的動力。他們心中有個想法就是要比別人好，比別人優秀；而事實上因為他們天生顯得出眾，所以經常可以享受特別的事物，在很多地方他們很有天賦，他們喜歡參加多樣性的活動，並從外在的活動中尋找生活的刺激及創造生命的動力。他們是那種只要用心就會有成就的人，因此在別人的眼中他們是多才多藝的人物。他們的天分是製造快樂、享受快樂，也可以成為別人快樂的來源。但是當他們及時行樂的慾望太強時，有時會因為貪玩而沒有任何忍耐力，或眼高手低而放縱自己。當他們的行為過分時，也很討厭別人批評他們。他們找別人的缺點很容易，所以別人說他們善辯，但真正的原因是他們有特殊的天分，可以很清楚地察覺一些小地方、小問題。他們通常很難認錯，因為他們非常自戀。他們幾乎都是自我的崇拜者。

豐富型性格的人通常喜歡最好的，這給他們的是一種優越感。他們內心強烈地認為自己應該屬於上流，他們懂得品味並知道如何去過動人高雅

的生活。當然他們不認為自己挑剔，只因為他們懂得品味，而且看重完美。他們也一樣會對自己提出更高的要求，如果他們自己表現平平時，內心就會感到恐懼。如果他們跟別人一樣平凡，他們也會認為自己就不值得被看重，那時他們也會討厭自己。

他們善於表達，反應機智。當他們說話時腦中有許多有趣的畫面出現，並會把這些畫面生動地描述出來，但別人卻覺得他們很會說甜言蜜語，並且言不由衷。事實上，他們當時真的很熱情，所說的話也確實是代表當時的心聲。

有時候他們會對自己最親近的人批評得最狠，因為他們不喜歡自己平凡、拙劣，自然也不喜歡看到自己親近的人也有拙劣的部分，這就彷彿看到自己的拙劣一樣，會讓他們感到極不舒服。他們會自動反省自己，以自我批判擋住別人的批判。他們的優越感有時把自己氣得像隻鼓脹肚子的大青蛙一般，別人小小的一句批評，常常讓他們覺得十分刺耳、難受。

他們可能一直很優秀，更厭惡沒有發揮才華的機會和不被人欣賞，這時他們會自暴自棄，甘於墮落，還會認為這完全是環境對不起他們。他們知道自己是有能力的，只要有好的環境，而且也願意的話，什麼事情都可以做得很好。他們的性格加上獨特的想像力及創造力，這些都是成功的條件，也是他們自信的泉源。

他們只喜歡與志同道合，也可以說是品味相同的人打交道。原因是他們對一些自己不感興趣的人缺乏耐性，維持普通交情倒沒有什麼問題，但深交就做不到了。 他們有看人的慧根，往往憑第一眼印象，就可以決定是否與之交往。而面對感興趣的人，他們會表現出天真及充滿熱情而迷人的神態。他們愛的人也會是高級品味的愛好者，同時他們的願望也很容易

由別人來完成。他們不是喜歡利用別人，而是具有領導人的特質。

他們喜歡高談闊論，尤其喜歡談論自己的成就和財富。他們有評論及鑒賞的天分，他們也喜歡耍花樣，不為欺騙他人，只覺得別人太笨。好玩是他們做事的動力，加上害怕失利，他們避免在他們不熟悉的領域中競爭，因為那可能太辛苦而且不好玩。他們對伴侶的選擇更證明他們的特別。只有在伴侶也是高價值、高品味的人時，他們才能真正享受愛人的快樂，否則會認為是對自我形象的傷害，所以他們也害怕過快地決定他們的婚姻。

如果他們努力在社會上爭取到了一些地位，往往不願意為不長進的配偶的幸福做出犧牲，他們會不忠。因為他們覺得每個人都有選擇快樂的權力，所以常常不太贊同一些傳統的道德與約束。而當他們的配偶因他們的背叛而痛心疾首時，他們也不會同情。但是如果是配偶做出了背叛行為，他們卻很難原諒對方，不是因為道德問題，而是因為這傷害了他們的優越感。

他們有時候自卑，有時候太自大，為了對抗心中飄忽不定的感覺，只好把注意力集中在比其他人特別、出色、優越的特質上面，讓自己活在美麗的幻夢中。

如果豐富型的人不只是追求豐富的經驗，還能夠深入體驗每一件事，那麼他們的聰明才智才能夠發揮出更多的光與熱，帶給人們更多的歡樂與他們內心真正的滿足。

對於豐富型性格的人，只要細加研究，就不難看透他們的人性特點。

他們的動機、目的：想過愉快的生活，想創新、自娛自樂，渴望過比較享受的生活，把人間的一切不美好化為烏有。

他們能力、力量的來源：他們喜歡投入經歷快樂及情緒高昂的世界，所以他們總是不斷地找尋快樂、體驗快樂。他們喜歡尋求刺激，喜歡感官知覺，喜歡縱情於歡樂中，喜歡物質的生活，喜歡享受，喜歡財富。他們會利用自己的耳聰目明去尋找捷徑來滿足自己，他們是會用最少的力量去達到自己目的的人。

他們的理想目標：希望生命中不會碰上任何焦慮、威脅、生老病死的痛苦，每天能活得愉快，並享受生命中每一次的盛宴、每一分熱情及多彩多姿。生命除了甜美和幸福，沒有一件事是痛苦或失望的，他們每天的活動被排得滿滿的，絕不會有無聊和寂寞的時候。

他們逃避的情緒：其實豐富型的人並不是不知道人世間的萬物並不完美，他們也知道喜怒哀樂如白天和夜晚一樣是自然的循環。他們越是告訴別人明天會更好，事實上他們越是恐懼失敗，所以總是告訴別人沒有任何事會不好。他們知道如果經歷沮喪，他們會比任何人都過不了關，他們忍受痛苦的能力幾乎等於零，所以他們會用豐富的生活及高亢的情緒將沮喪掩蓋住。

他們日常生活呈現出來的特質：喜歡戲劇性、多變化及多彩多姿的生活；他們對感官的需求特別強，如喜歡美食、服飾，喜歡身體的觸覺刺激，並縱情於娛樂；如果不停地感受各種活動與刺激，他們就覺得生命有意義；他們是活得樂觀，並相信明天會更好的人；他們相信及時行樂是絕對重要的，至於未來的事不必過於庸人自擾；他們喜歡自由，不給自己任何限制，當他們需要時沒有耐心等待，要立刻滿足；這些人比較懶，只要躲得過，都讓別人去處理，所以容易與人起衝突；當他們的慾望不能達到，或別人限制其自由時會非常憤怒；有天分、多才多藝、敏感度高，學什麼都比別人快；欲求太多，眼高手低，常因吹牛過頭而惹上麻煩；只要

有錢，也頗大方，會為自己、家人、朋友製造富貴和奢華的氣氛；生命最大的樂趣是與朋友相聚，把酒言歡，不停地感覺每件事都太好玩、太有趣了，真是快樂；他們常會為了自己高興而忽視別人的感受，直接坦誠地表達自己的看法；他們很少用心去傾聽別人的心情，只喜歡說俏皮話、說笑話自娛娛人。同時，他們需要別人的喝采；他們自認人緣很好，口齒伶俐，讓人覺得很甜蜜；很注意身體的健康，注重自己是否年輕，充滿活力，因為那是玩樂的本錢；他們很怕受到傷害，為了害怕重蹈覆轍，總是不願再嘗試經歷過的傷痛；他們只喜歡與有趣的人成為朋友，對無聊的人卻懶得交往。

他們常出現的情緒感受：為了使自己快樂，立即滿足自己的需求，他們不喜歡接受規範，總是放任自己，我行我素，認為「只要我喜歡，有什麼不可以」。

他們常掉入的陷阱：他們討厭別人提起生、老、病、死等等不愉快的事，討厭別人將他們從美麗的夢幻拉回到現實生活之中。遇到困難的最好方法就是不直接去面對，繞道而行，換個方式或想辦法再活下去。他們不相信生活的難題會擊倒他們，認為只要爭取到快樂的空間，所有的問題都不用擔心，總會自然解決，所以他們是標準的理想主義者。

他們防衛世界的面具：他們自認為是熱情及充滿陽光的人。他們認為自己無論到哪裡，快樂的種子必定散布到哪裡。他們會把平淡的生活點綴得五彩繽紛，充滿樂趣。他們善於用抽象的方式提升生活情趣，也就是說，他們光憑想像就可以創造快樂。他們製造浪漫生活的能力是一流的。他們能將情緒昇華，使別人在他們的帶動下，可以活在明天會更好的幻境中。

他們的兩性關係：他們很容易被新人物所吸引，幻想著新關係發展的可能性，甚至馬上採取行動。他們受誘惑或是魅惑別人的興致是如此強烈，所以經常被認定是標準的花花公子或花蝴蝶，他們的出發點總是出於新奇、好玩。對他們而言，一輩子只愛一個人根本是荒謬、自欺欺人的想法。只是他們這樣的個性往往讓伴侶受不了。不過若伴侶以吵鬧、威脅的方式來對付他們的背叛，有時會讓他們更加地逃避、厭煩，使雙方的關係更加惡化。只要他們認為你是最好的、跟你在一起最快樂、自在，那麼他們這個孫悟空會千方百計地鑽入你的手掌心。

他們精力的浪費處：他們只要有人邀約，提供快樂、口福及享樂的事，往往是來者不拒的。有時甚至已經筋疲力盡時，他們居然能立刻重燃熱情。所以他們的時間、體力和精力就這樣做出了無聊的浪費。以致他們沒有時間和精力去做有目標、有計畫的行動，為社會造福。這是他們失敗的原因。

兒時經歷是性格形成的因素：他們可能在小時候就擁有非常快樂、安逸的生活，享受過甜美愉悅的日子，卻因為某種變故，敲碎他們原本幸福的美夢，而覺得挫折、沮喪，所以他們害怕再失去快樂，只要抓住快樂就不肯輕易放過，而變成了最會享受擁有的人。豐富型的人根據其程度的不同，也可分為一般的豐富型、健康的豐富型和不健康的豐富型。

一般的豐富型的人不斷地經歷不同的事物，並能帶給他們豐富的快樂。所以他們喜歡參與各式各樣的活動，想要一次做好幾件事。由於他們的感官知覺特別敏銳，可能是一個見多識廣的鑒賞家，但同時也可能是欲求太多、喜愛奢華物質生活的人。

他們的興趣廣泛，但有時也可能都不是太深入、太精通，所以給人多

才多藝，但博而不精的印象。

他們的反應很快，說話幽默，總是能用生動的語言來描述事情，讓人覺得他們很有趣。雖然他們愛說話而且熱衷於社交，但是他們卻不是最受歡迎的談天對象，因為他們總喜歡談論自己，以自我為中心，很少傾心聽別人說話。他們缺乏耐性、缺乏深思，對於自己及他人的經驗都欠缺深刻的認識，對任何事物都是蜻蜓點水，只碰觸到表面，給人一種膚淺的感覺。

健康的豐富型的人永遠充滿著喜悅，因為他們總是能察覺生命中的美好事物，能真正對萬物懷抱讚賞與尊敬之心。他們如此熱愛生命，充滿喜樂，使他們發出動人的光彩，而且能將這份光彩與喜悅感染到周圍每個人身上。 他們覺得生命是美好的，不僅是因為他們只肯去看美好的一面，而是不管圓滿還是殘缺，不管山珍海味還是粗茶淡飯，他們都能咀嚼出甜美的滋味。他們覺得一切都是上天的恩賜，所以能夠知足、感恩。

他們有時也能夠慢下腳步，不再走馬看花，而是仔細端詳這一路上的景色，甚至是停下來看一棵樹、賞一朵花。於是他們能夠對事物產生深刻的感受，也能從周圍無窮的事物上，得到永無止境的歡樂。健康的豐富型能夠充分展現他們過人的才華，因為他們是那種只要專注，就能有所成就的人。而他們越是在新事物上投注精力，越是能發展出更多的潛能，成為多才多藝的人，並帶給人們更多的歡樂。

所以當豐富型的人能夠積極的向前發展，他們不僅是追求體驗生活，還能進一步深思其中的奧妙，那麼這些新鮮而深刻的體驗，就能帶給他們真正的滿足，進入一個快樂美麗的新世界。

不健康的豐富型的人對生理或是心理上的痛苦，絲毫沒有忍耐力。一

且意識到某件事可能帶來痛苦，便馬上逃避，逃到一個充滿聲色歡樂、紙醉金迷的花花世界。他們會藉著吃、喝、玩、樂、嫖、賭來刺激自己，帶來快樂，終日過著毫無目標、放縱沉淪的生活。

他們無法控制衝動，經常一下子很高興，一下子又突然發脾氣。而這種易怒、衝動的性格表現，只會帶給他們更多的挫折與焦慮。

不健康的豐富型的人總是處於一種失控的痛苦境界。為了控制自己，他們可能會向消極的方向發展，變得更加嚴厲批評別人、苛求別人，甚至以殘暴手法懲罰他人。

在那些傳統文化的故事裡，不健康型的人很少被描述成英雄，卻多會成為梟雄。

但是無論是哪種豐富型的人，一般情況下，他們都天性豁達，比較看得開；此外，他們熱愛自由，不愛被人管也不愛管別人，所以他們的壞，通常是為了自我防衛，或是好玩，算不上是罪大惡極；他們的聰明機智經常讓人不得不佩服；他們比一般人更真實、自然，不那麼矯情。他們不完美，但是還算是可愛。而且他們往往多才多藝，天生就具備一些過人的天分與品味。他們懂得如何創造財富，很會享受人生，而且有股遊戲人間、玩世不恭的味道。此外，他們的興趣十分廣泛，對任何事甚至任何人都很難專一。其實，這些優良成分是與他們的人性弱點共生的，彼此依存，一體兩面而已。

透視不同血型與和平型的人的人性弱點

　　人在很多情況下不僅不同於別人，而且在各時期中的自我也是各異的。

—— 佚名

　　人畢竟是一種生物，生物屬性也是人類的第一屬性；同時人的社會性特徵也就在此基礎之上衍生。而一個民族和一個國家的特徵，是由其每個人的性格集合而成的。這與人的血型和人性的關係是無法分離的。人類學的研究不僅限於血型，但血型解決了人類科學過去遺漏的關於人性的一些問題。血型的研究成果引起了千百萬大眾的強烈關注，血型知識正幫助人們非常順利和坦率地進行自我分析和互相檢核，也正幫著人們對人性進行研究和探討。

　　其實，血型不僅是認識每個人的性格、行為和思考特徵的一個途徑，更是左右人生和人類歷史的強大能動因素之一。人們都知道，人的血液是紅色的；同時，人們還知道，血型不僅有色，還有型。一說到血型，人們馬上會想到 ABO 血型分類法，這就是一般人所了解和掌握的 ABO 型血型。而血型的分類法，不僅有 ABO 系統，還包括分泌型和非分泌型式，還有 Rh 系統、Q 系統、MN 系統、E 系統等 10 種以上的分類法。現在，我們完全可以根據一滴血來識別這血是屬於哪個人的。

　　血型不只是反映血液情況，它還是關乎整個人的學問，是分布在人體細胞、臟器、體液以及毛髮、指甲、牙齒、骨骼等硬組織內的物質特徵。當然，人的中樞神經即大腦的神經細胞中，也有血型。從根本上說，血型表示人體內部血型物質的化學差異，也就是說，血型代表人體組織材料的不同性質，即人體組成的不同類型。在人類和其他生物體內，顯示體質或組成差異的物質，除血型外別無可尋。

　　生物體是由許多相同材料組成的，這在生物學上稱為相同性。目前，能夠清楚地區別這些材料具備的組成差異的，只有血型這一種物質。

　　因此，我們要給血型下個正確的定義，即血型是生物體內材料物質的差異。即不同體質類型的分類標準的總稱。所以，根據現在的血型研究報

告，沒有人的血型組成是完全相同的。即使是一滴血，也可以根據其所屬的類別而辨別這是誰的血。

自古以來，人們就知道「血脈相繼」、「一脈相承」的道理。他們認為，同樣的血是父母傳承給子女，又繼續傳到子子孫孫身上的。可以說，日常生活中很早就有血統一說，人們都確信血緣是代代相傳、基本不變的。血型的遺傳能力在遺傳的形式中，比較早、比較清楚地得到解釋。親子鑑定就是根據這個原理，按血型追查是不是親生子女，是能夠得到準確的證明的。

血型有遺傳，氣質的特徵也的確可代代相傳。而性格特徵則是按照父母的氣質性格所創造出的環境，子子孫孫傳下去的。但是許多同樣血型的孩子又會根據其父母血型的不同，而形成很不一樣的性格。血型的氣質不是絕對的，它因為與其他血型相關而變化。行動方式也有細微的變化，於是，個性也就天差地遠，但是其中卻孕育著人性。

性格的特徵和血型一樣是遺傳的，實際上也是由父母的習慣、思想、性格、氣質培養出來的。

血型是由生物化學決定的天生特質。這種特質有兩種：一種是與身體有關的體質，另一種是與精神有關的氣質。

體質和氣質並不是互不相干的兩種東西。體質不是單指身高、體重等數值的問題，也不是單指身材、長相等形體問題；而任何人都知道，氣質也並不是與身體毫無關係的、來歷不明的東西。氣質是人體本身的產物。

由於觀察角度的不同，特質有時也可稱為體質，有時則稱為氣質。實際上，有些問題，如人的飲食、睡眠習慣和特徵等，很難區分它是屬於體質還是屬於氣質。

　　所以，可以說血型包括了人類在內的所有生物的體質類型和氣質類型。這就為我們提供了一個透視人性弱點的好基點。我們也因之能為看透人性弱點找到更好的視角。正如服裝、家具、電器及所有物品等，不管其樣式和設計是否一樣，只要製作材料不同，其品質、功能和特點就會有所不同。那種認為只有人類的特質不受人體組成素材，即血型的影響的想法是沒有道理的。關於組成素材帶給人類的各種差別，社會各個領域中的影響都是十分明顯的，其差別程度之大也是驚人的。另外，血型的強大影響也透過各個方面的性格調查和行為調查得到了證實，因為血型是人的體質、氣質類型的唯一分類標準，所以通常又把血型作為觀察一個人的天生體質，並說明其人性內容的唯一科學標準。

　　血型與人的特殊關係，不僅在理論上毫無懷疑的餘地，事實也證明這種關係之密切是令人瞠目的。應該說這是一項人體科學的重大發現。

　　人的血型雖然會有相同的情形，但因為後天的影響不同，所培養出來的個性也會不一樣。以一個 O 型血的人為例，雖然在表面上所表現的性格各有不同，這是由於他們所受的後天的不同影響要素所造成的。而那種 O 型人特有的氣質，如充滿旺盛的生命力，強烈的現實性和面對目的強而有力的突破性等顯著的特徵，都處處展露在他們的言行之中。而這種共同的傾向，是其他血型的人所沒有的。而這種現象對 A 型、B 型、AB 型的人來說，也是一樣的。所以，在從血型方面研究人的性格形成時，我們必須牢記的是，一個人性格的形成，如果越是受到特殊環境所影響的話，其氣質特徵就越無法原原本本地表現出來。

　　據多方的統計調查，在某國出現石油危機前，經濟高度成長的時候，那些股票上漲、營業力爆發的企業公司的老闆或產業會長之類的人，絕大部分都是 O 型血型的人。據資料顯示，這些人的比例超過 40%。這是因

為當時的社會正適合 O 型人的那種執著於達到目標，和能夠抓準並活用社會趨勢的直覺力，以及做事能抓住重點的特性。這種傾向在石油危機以後，還持續了一陣子。

但是到了 1983 年 10 月重新調查統計時，O 型領導者的比例已有逐漸下降的趨勢，反而是 A 型血型的人比例突然增加到 39%。從這份資料顯示，社會進入了低成長的階段，對領導者的資質和領導方法都有不同的要求了。這時候企業的經營，再也不能像經濟高度成長那時只求一味的前進，而必須從各種角度來重新檢討企業自身；並且這時最重要的是要緊緊地守住既有的經營成果，在穩定中求發展。而這種要求正好是最適合 A 型血型的人了。因為 A 型血型的人，不管在做事或用人方面都會非常慎重，而且比較有強烈的守成觀念。

除此之外，一流企業經營者的血型分布在各種行業中也一樣，不同的職務，也會明確地顯示出血型的職業傾向。即什麼樣的職務中，什麼樣的血型的人最多。例如以政治人物為例，某國對全國的議員做了一項調查，結果發現，在國會議員中 O 型和 AB 型血型的人占了大多數，而各地方的首長，屬於 A 型血型的人卻占有 50% 以上的比例。像這樣，同樣都是政治人物，但偏向中央政治性和偏向地方行政機能的就有很明顯的差別。而這除了用血型所具有的特性來分析解釋外，則別無他法了。

這就說明，雖然性格形成的基礎是血型，但後天的各種因素依然會對性格的形成產生影響，只是它並不是一下子就可以塑造出來的。

性格是會改變的。一個人的個性確實會因為他生存所在的社會狀況、他的年齡、他的地位和他所接觸的對象而發生改變的。這個問題只要我們想一想自己的成長過程便會有所認同。

在英國舉行的溫布頓網球公開賽中，連續蟬聯五年冠軍寶座的選手柏格（Bjorn Borg），人們對他在比賽中的那種奮戰不懈的精神都是很清楚的。但據說，這位超級明星在他還未出名前，每次參加比賽若是輸了，就馬上當場做出發脾氣、摔球拍等過度火爆的舉動，並對裁判的判定提出強烈的抗議，那時，他是一位脾氣非常暴躁的選手。這要是從他的全盛時期所表現的態度來看的話，誰都想像不到的。性格是會因為自己的意志和周圍的環境而發生改變的。而如果不是這樣的話，那麼所謂那些自我控制、自我開發才能等之類的事，豈不就變成了毫無意義的事了？

性格是會改變的，但是，我們與生俱來的血型卻一生都一直地在影響著性格，並且其所具有的特性，也都或多或少的被表現出來。

那麼是什麼塑造或影響性格的呢？我們將從中窺探到人性弱點是怎樣形成的。其實這一切來自後天的環境，即包括來自父母的教養、社會的教育、人際關係以及來自朋友和教師的影響等等。而把這些因素再加上每個人與生俱來的血型，於是就形成了一個人的性格。也就是說，人的性格是要有先天的血型來做基礎，然後再加上後天的環境作用，經過這樣繁雜的過程才能構成的。

許多人對於性格的理解往往過於單純和簡單。雖然性格不是固定不變的，它隨著時間、場所、情況的變化而不斷變化，不能用一句話或一種現象來輕易地決定它的性質。但透過血型的關係，我們依然可以大致預測出人的性格變化，做到一些預測或先見之明。

首先談時間問題，主要指人的年齡和不同時期所造成的性格變化。

人的性格在幼兒期、少年期、青春期、成人期、中年期和老年期各有不同。一個人走向社會，從進入職場後，由新手成為主將和前輩，直到成

為領導階級，然後退休，在這一期間其性格也都在不斷地變化。在這種變化之中可以看到不同血型所形成的許多特徵。

　　一般來說，O 型人性格的時間變化差異最大。在剛進入職場的年輕人中，O 型人一般比較老實，對上司主管忠誠溫順，容易獲得上司好感。進入成人期後，當其工作上也有了一些經驗以後，他們便開始積極地發表主張，表現自己，有時顯得很強硬。

　　A 型人與 O 型人正好相反，年輕時性格剛毅，凡事好強，走入社會後，隨著年齡的成長，他們便開始克制自己，表現出穩重謙虛的態度，容易成為不願過分表現自己的謹慎派。不過，通常到了老年，又會更加固執。

　　B 型人的年齡變化對氣質影響不大，有時會小心謹慎變得心直口快，但這不是性格的變化，而是因為熟悉了周圍的人和環境。由於這種人的性格從小到老很少變化，相對來說會讓人感到越活越年輕。

　　AB 型的人，隨著年齡的變化，大都出現戲劇性的性格變化。幼兒和少年時期非常怕生，不願接觸人，而隨著年齡的成長，則變成另外一種人，積極發言，喜歡提出意見，交際廣泛，對人落落大方，擅長交往。但是，也許是過於自信的緣故，當他們對自己的成績和功勞自滿時，便變得傲慢起來。

　　不僅是年齡，早上、中午、晚上以及不同的季節也會引起性格的變化。例如，多數 A 型人開始工作 2 到 3 小時後才能進入最佳精神狀態；多數 B 型人則早上沒有精神，起床較晚，到了夜間卻幹勁十足。

　　性格也會隨著場所變化，這一現象時時處處可以見到。最常見的是有的人出了家門笑容滿面，進了家門則面無表情。不過，偶爾也能看到相反

的例子。順利時洋洋得意，不順利時顧慮重重；本來性格開朗，失戀後則情緒低沉，這些都是處境變化造成的性格變化。

O型氣質的人，在外面開朗活潑，能言善道，回到家裡則沉默寡言，一言不發，有時判若兩人。

A型人在外面謙虛和藹，與人團結，不固執己見，顯得性情溫和，人品出眾，一回到家則變得固執和任性，有典型的內外有別的性格傾向。

B型人也有O型人的這種兩面性，不同的是有的人在外面沉默寡言，在家裡變得開朗活潑。由於職業的關係，A型人中的一些人回到家裡顯得更加開朗活潑。

AB型人具有雙重性格，有時表現在家庭內外差異很大。在外面是冷靜的事務家，在家裡則是興趣廣泛的樂天派。有的AB型人在家裡或與親朋好友在一起時，精神飽滿，性格活潑，談笑風生，可是一到正式場合，卻變得一本正經，發言謹慎，缺乏風趣。雖然一般人多少都有這種傾向，但看來AB型人最典型，B型人則較少。

O型人有一種共同傾向，都有些怕生。他們一到陌生的地方或不熟悉的人家裡，就完全變成另外一個人，老實得一聲不響。但是，A型人則相反，在陌生的地方他們反而表現得性格活潑，有時甚至非常踰矩。

場所造成的性格變化，主要起因於對場所的熟悉程度。這種熟悉程度對A型人影響較大，對AB型人影響較小。其次起因於環境條件的變化，這種變化對A型人影響較大，對B型人影響較小。

B型人中有很多人平時喜怒無常，喜歡感情用事。儘管個人程度不同，但一般來說情緒起伏較大。不過，B型人在性格上的特點是一般不受外界情況和壓力的影響。從這個意義上講，似乎可以說B型人的情緒是最

穩定的。

AB 型人具有雙重性格。有時情緒比 O 型人還要沉著穩定，有時則突然變化，反覆無常，為所欲為。這種雙重性格在不同的時間和場合，變化較多且無規律。

人的性格的確是在不斷變化的，用情緒穩定或不穩定、堅強或懦弱、神經質或感覺遲鈍等單純意義的詞，是無法為性格下結論的。

各種血型的人都帶有一定的多重性格。例如 O 型人既是浪漫主義者，又是強烈的現實主義者；A 型人表面上嚴於律己，與人協調，內心則隱藏著非常火爆的脾氣；B 型人雖然多愁善感，愛流眼淚，人情味濃厚，但對事物的看法非常實際、科學和理智；AB 型人一方面具有合理冷靜的思考方式，另一方面又喜歡脫離現實的幻想和趣味。

這裡存在一個誤區，人們總是認為自己是一個完美的整體。所以，當看到別人身上存在著與他的性格特點相矛盾的地方時，就認為過去自己看錯了人，或認為對方就像川劇的變臉大師一樣，是在人生這一個舞臺上演戲。其實；這是一個很大的錯誤。如果稍加考慮，對多重性格與血型的關係多做些分析研究，就會明白多重性格是正常的。因為當一個人性格的某一部分過於發展時，他的生存條件便會失去平衡，為了進行調節，其相對部分的性格就會開始加強，從而形成了多重性格。

從根本上來說，每個人都具有多重性格。既然人是社會的組織成員，那麼個性與群體、個人與社會之間，必然會不斷地產生矛盾，發生衝突。這就是造成多重性格的直接原因和間接原因。這也是人性弱點互相撞擊的大舞臺。

總之，血型與性格的關係，如同使用相同材料可以做出各種不同的物

品一樣，相同氣質材料的人，由於後天因素的影響和本人努力的程度不同，其性格也就各不相同。

但是無論 O 型人的性格分為多少種類，其 O 型氣質的特點和感覺，都會以不同形式或多或少地在各方面表現出來，與其他血型的人相比，有其明顯的特徵和區別。A 型、B 型、AB 型都是如此。

社會是由不斷交際往來的人們組成的一張人際大網。在往來過程中，人們都會有喜歡與某人交往，而不願意與某人接觸的念頭。這也是某種人性弱點。之所以會出現這種感覺，其實是與人的血型氣質有著很大的關係。人的血型氣質是先天的，或者說是體質性的。就像獵取獅子和老虎的方法各有不同一樣，血型氣質在不同血型人之間也存在著差異。一般認為，人的氣質與自律神經（autonomic nerve system，ANS）即交感神經（sympathetic nervous system，SNS）和副交感神經（parasympathetic system，PSNS）也有關係，與荷爾蒙也互相關聯。在多數情況下，同一內臟器官承受著來自交感神經和副交感神經，這兩個神經系統的完全對立的相反的作用。比如，對於心臟的運動，交感神經好像在起刺激性作用，使心臟運動活躍起來；而副交感神經好像在起抑制性作用，使心臟運動平靜下來。對於消化器官的運動，交感神經在起抑制性作用，而副交感神經在起刺激性作用。由於人們所處的各種環境氣氛不同，與別人的關係不同，在兩個神經系統緊張程度的平衡方面，都會出現微妙的差異。同時，作為體質性氣質的表露及性格的表現也會出現差異。這樣，照理作為性格基礎而不變的氣質，在實際上也會發生相對變化，而不是絕對不變的。

在日常生活中，我們恐怕還有這樣的經驗，當我們一注意到某個人的行為時，自己心裡就感到極為不安，不由得擔心起來；然而只要找到任意一個人訴說自己的所見，又會馬上安下心來。有時又與此相反，對於某個

人的行動，我們幾乎毫不感到擔心和不安，對方的存在就好像周圍的空氣一樣自然。如果我們把這種人際關係歸納一下，就可分出某種血型氣質強的人和某種血型氣質弱的人，在他們之間存在著一種相關關係。

在人際關係中，血型氣質強的人無論什麼時候都是難以與人合作的，而某種血型氣質弱的人無論什麼時候又都是易於與人合作的，這種情況是很常見的。人們往往會意識到，某種血型氣質強的人，儘管他很可靠，往往難以與人合作，總會讓人覺得他是難以對付的人。

某種血型氣質強的人和某種血型氣質弱的人，也就是難以合作的人和易於合作的人。只要人們仔細研究一下，就會發現，某種血型氣質強的人的血型總是相同的，某種血型氣質弱的人的血型也總是沒有不同的。

不同血型氣質的相關關係是一種力的關係。由於這種力量性關係的影響，每一血型所具有的氣質、性格表現就會產生各種變化，從而把人們分成某種血型氣質強的人和某種血型氣質弱的人。

在自然界裡，在成群地生活在一起的動物中，往往也存在著嚴格的階級，那是一種金字塔式的擴展的上下階級關係。在動物的群體中，總有一個最強健的雄性，君臨於一個團隊的最高地位，牠就是這個集團的首領。以後能夠繼位為首領的，是要在實力上和現在首領不相上下的競爭對手，由牠們不斷地接替首領位置。就這樣，在牠們中間最終出現了不同的身分關係，有了不同的等級。當地位低下的動物在遇到地位高的動物時，即弱者遇到強者時，要立刻避開。尤其在吃東西的時候，必須按照一定的順序，弱者遇到強者就要讓出吃東西的那塊地方，任何反抗都是不允許的，這已經成為慣例。這也是人類社會的某種投射，但也是某種人性弱點的反映。如果有誰想打亂先後順序，搶吃食物，使傳統的階級顛倒過來的話，

那麼肯定就會挑起一場你死我活的戰鬥，而且勢必以強者獲勝告終。在團隊中最弱的個體始終都是地位最為低下的，牠們經常要受到地位高的強者的欺負，吃東西也只能偷偷地找些剩下的食物。

然而，自然界中的弱肉強食關係是相剋相生的，即使是在某個動物團隊的最底層的個體中，也還有作為相對於其他動物的強者而存在的動物，同樣，即使是團隊中的最高首領，也還有牠所不能戰勝的更強大的動物。

在所有生物世界中都存在著這種相剋相生的關係，人類也是一樣。這是人類世界發展史的一個總則。在這個規則之下，人性弱點在盡情地展現，如人類的殘酷的歷史。

不同血型的強弱關係與社會性力量關係無關，它是一種生理學意義上的人際關係。這種關係和我們在自然法則中所看到的相生相剋的關係是完全相同的。如同生物世界中哪一種生物都不能成為絕對的強者一樣，無論哪一種血型氣質都不可能成為絕對強者的血型氣質。而某種血型氣質相對於另一種血型氣質則會變成弱者，從而使由血型決定的氣質歸納出一種循環關係。

血型氣質的強弱關係和身體方面的強弱完全沒有關係，歸根到底是心理方面的力量關係，和人的優劣也沒有任何關係。

在人們對待別人的關係中，必定會產生一方是某種血型氣質強的人，另一方是某種血型氣質弱的人這樣一種氣質對比關係，這種關係又與他們的性別、年齡、社會地位、人種等全然無關。然而，所謂血型氣質強的人和血型氣質弱的人也並不是絕對的，由於對方血型的不同，這種強弱關係就會發生變化，有時甚至成為完全顛倒過來的狀態。

如果我們讓某一團隊中的每個人各舉出一個自己最喜歡的人和一個自

己最討厭的人，然後用一個指定的圖來表示這些成員之間的吸引和排斥的關係，我們就可以搞清楚不同血型間的每一組合的具體情況如何。它具體說明了在兩個人發生關係的情況下，他們的氣質接觸是怎樣的狀況，在各自的心理上有沒有什麼變化，他們的人性弱點又是怎樣充分暴露的。我們看到日常生活中的人際關係基本上都是三個人，而不是僅兩個人。可以說在工作場所或團體組織中，往往以三個人之間的關係最為重要。

其實，在一個團體中，最基本的組合是：「A‧O‧B」，「A‧O‧AB」，「A‧B‧AB」，「O‧B‧AB」四種類型。如果從血型氣質弱者的角度來看，血型氣質強者是有魅力的，吸引人的。而對強者來說，弱者是引不起他人注意的。

當三個人集中在一起的時候，弱者總是想避開強者，強者則想把弱者當做夥伴。也就是說，都想選擇易於合作的人，而避開不易合作的人。這種超乎各種感情而在人們氣質上表現出來的傾向，既不是出於感情上的好惡，也沒有計算什麼得失，只是這樣做就可減少相互間的牴觸感。

A 型‧O 型‧B 型組合是一種三人群體互相箝制的關係。在這個三人團隊中，舉個例子來說，當某一成員遇到什麼事情的時候，由於需要用錢，但自己手中又沒有，正處於困境的時候，如果是 O 型血的人有錢，那麼 B 型血的人就會首先提出借錢給他。假如這時 O 型血的人未分析結果，而去向 A 型血的人借錢，恐怕是要碰釘子的；如果是 A 型血的人缺錢，就會首先去找 O 型血的人借；如果 B 型血的人用錢，也一定要先向 A 型血的人商量。這種關係就是所謂迴避與選擇的關係。

如果這三個人是完全平等的，那麼在精神上處於領導地位的就是經濟狀況稍好一些的人，或是在學生時代成績最好的人；如果三個人不是平等

的，那麼社會地位高的或年齡大的人就成為領導的人。

A型·O型·AB型組合不同於前面那種三人群體的相互箝制的關係。在這種組合中，O型血的人被A型血的人和AB型血的人兩者所選擇，A型血的人選擇O型血的人和AB型血的人，AB型血的人選擇O型血的人，O型血的人沒有選擇對象。對O型血的人來說，當這一團體的意志和他的自我意志相一致的時候，他的心情就會很舒暢，處在一種悠然自得的心境之中。然而，當他是必須對團體的動向提出反對意見的時候，他就會感到非常苦惱。在這樣的團體中，畢竟O型血的人最是具有親和力和魅力，但是無論做什麼事，總會不知不覺地以A型血的人為中心。雖然實際上A型血的人的意見和行為並不那麼引人注目，但是卻可以認為心理方面的主導權總是在A型血的人那裡。如果三個人是平等的，在多數情況下，O型血的人和AB型血的人是不能成為團體中精神上的引領者的，特別是O型血的人。然而，A型血的人能當引領者，也能夠很乾脆地脫離這一群體。

A型·B型·AB型組合是和A型·O型·AB型組合成的社會關係一樣的表現形式。也就是，儘管組合人員的血型不同，性格表現也不同，但表示它們之間關係的形式是一樣的。

O型·B型·AB型組合也是和A型·O型·AB型組合成的社會關係一樣的表現形式。可以說在這一群體中，如果精神上的帶頭人是AB型血的人，這一群體的性格也就是AB型血的人的性格，群體的取向也就是AB型血的人的取向。沒有選擇和征服對象的B型血的人，在這一團體中總是站在第三者的立場，採取各種行動，並且總是甘願在暗地裡出力。

這只是通常性的認知，但生活卻是千人千面、豐富多彩、變化多端的。我們不能把複雜問題簡單化地一刀兩斷。但無論是哪種血型的人，畢

竟會受到社會性因素的約束，而逐漸改變了那些由於不太適應社會發展的血型所導致的某些人性弱點。其實，社會更要求一種和平型性格的人越多越好，這也是社會安定的要求之一，也是客觀規律的要求之一。這也就是人類為何總是把和平作為目標的一個深刻原因。人性的動盪、複雜和衝突，導致了人們更渴望平和的發展方向。而和平型的人也是所有血型中的人性發展的一個方面。

和平型的人性情顯得十分溫和，不喜歡與人起衝突，而且不自誇、不愛出風頭，個性淡然，是十足的大好人。但是卻因為太淡然、消極，也顯得懶散、缺乏活力。

他們喜歡平靜和諧，不讓自己的精力和能力消耗在爭執和衝突上，最主要是因為他們認為那樣做沒用，但並不表示他們就沒有生命的活力。其實在思想上，在感覺欲求上，他們一樣有深刻的感受，他們的心中也有攻擊衝動，但不喜歡傷害自己及別人，而且也知道有攻擊衝動，並不表示就會有攻擊行為。他們懂得自重，總是以隨和消極的面貌示人，他們常感到被爭執、衝突所羈絆，所以更渴望平靜，為此他們壓抑自己的優點和能力，因此他們總是去接納和認同別人，對別人的要求也不多，所以常顯得無精打采。他們欣賞超然，喜歡與大自然交心，不容易躁動，喜歡置身事外，凡事不強求，表現一種平平淡淡的生活態度。

他們很能享受起伏不大，甚至一成不變的生活，喜歡和相同的人接觸，而且對這些人都真誠以待，一視同仁。他們支持朋友，並願意成全他們，而不喜歡成全自己，他們樂於看到別人快樂、健康。他們的自我意識是建築在適應別人身上，於是他們與環境總是協調一致。在日常生活中，他們喜歡每天做相同的事，這樣生活比較安定。他們也喜歡平凡的消遣，如運動、手工藝、下棋、看電視等等。

其實他們很樂意配合其他人所做的決策，因為不想負責，他們通常是擔任中階主管或是專業技術人士（像工程師、醫師、教授等）。他們在專業領域上是很稱職的。因為中階主管的職務有其挑戰性，但也有尊重與保障，還能夠保持內心的安寧。如果選擇做高階主管的話，要面對的壓力、責任和爭執就太重了。

在群體中他們是非常友善的人，就像溫和的巨人，善良、高大和強壯，但從不傷害小動物。他們的和藹可親很容易得到別人的信任，但在人際關係上比較淡漠，在情感上習慣把自己隔離起來，保持低調的態度並且迴避別人視為理所當然的情緒起伏，因為他們害怕改變，在過去的人生經歷中，他們享受著和平和寧靜。所以他們不想有太大的改變，享受過去的美好經驗，也去想未來。

他們不是極力達到目的的人，野心不大。但他們也希望被尊重。他們因為遵循傳統，所以看起來乏味無趣、麻木不仁和白暴自棄。但是從另外一面來看，也可以說是仁慈善良、無憂無慮和風趣可愛。他們有健忘的毛病，譬如忘記約會、上了車忘了要去哪裡，到了目的地忘了來做什麼，而且也不介意遲到。

無論如何，他們總覺得其實任何事都沒什麼大不了，所以也沒有什麼罪惡感。由於很容易忘記別人，所以當別人記得他們時，他們會非常驚喜和興奮。雖然如此，這並不代表他們覺得人際關係非常重要。他們覺得別人不重要，自己也不怎麼重要，尤其不要對他們有太大的期望，也不要把他們當做焦點。由於喜歡淡淡的生活品味，不喜歡太刺激和狂喜的生活，所以他們比較喜歡找愛的替代品 —— 看電視、吃東西、看漫畫和隨意遐想等。

他們不太惹事，因為不想面對衝突與問題，更不想面對問題可能帶來的罪惡感。生氣時只是板著臉，因為板著臉是想抗拒可能發生的現實問題，所以有些人認為他們不好相處，其實他們是想把內心的大門關起來，只要親近的人無法接近，就可以保持內心平和的錯覺。

依賴他們的人會非常失望，因為他們為了自己的平和，總是不願採取行動，不但犧牲了他們自己的感受，也傷害或犧牲了他們的親人。因為他們的麻木，不採取行動，有可能連基本的責任都沒有盡到，跟這種人相處，可能會感到失望和沮喪。

如果他們能夠轉被動為主動，從自律變成積極地發展自我，不再順應別人，不用傳統的角色來尋求自己的定位，他們會有更好的發展。如果他們堅持自己的看法，而別人不會覺得他們不可理喻並願意認同時，他們會漸漸地不再會害怕失去祥和美好而對別人百依百順，並不再自貶身價和做一些自我挫敗的事了。

但僅僅有這樣的成長還是不夠的，他們最需要學習的是不怕衝突，或是把衝突當做是人生的高潮起伏，他們才能從消極和負面，轉換出一股積極和正面的強大力量，別人和他們相處才會覺得更有意義及多采多姿，而他們的人生也才不至於如此平淡和乏味。

他們將會是一個充滿赤子之心、充滿智慧能量的人，從此人們可以在他們眼中發現聰穎超群的光輝，並與他們一樣地滿足。

這就是和平型的人。他們是這個社會的穩定劑。他們與其他血型的人一樣，也都有著自己的人性特點。

他們的動機、目的：他們願意與人和諧相處，避開所有的衝突與緊張，希望事物能維持美好的現狀。他們會忽視讓自己不愉快的事物，並盡

可能讓自己保持安穩和平靜。

他們的能力和力量的來源：他們不喜歡衝突，所以當別人有衝突時，他們會為擺平衝突而盡心盡力。由於他們表現出心平氣和的神態，跟他們在一起，彷彿有股自然的安撫力量，再衝動的情緒也難激動起來，所以他們具有解決不愉快爭端的能力。

他們的理想目標：世界大同，這也是各種類型的人的內在要求，也是社會發展的一種深刻需求。人人都各展所長，不管是貴族或平民百姓，每個人都機會均等，大家也都不會有怨恨與糾紛。人活著能如同各種生物一樣自然生長。

他們逃避的情緒：他們相信黑夜過了，黎明自然會來臨，山窮水盡疑無路，柳暗花明又一村。所以不用焦慮和擔心，一切終將水到渠成，沒有什麼事值得大驚小怪。他們為避免衝突，寧可犧牲自己獨特的感受，活得平平淡淡，沒有起伏不定的情緒，並且很能粉飾太平。

他們日常生活所呈現出來的特質：溫和、平穩、冷靜、處世淡漠、不自誇、不邀功；不主動發表意見；罵他也不回應，頂多向對方打個招呼；願意傾聽別人的話，也很有同情心，能讓人很安心地吐露心聲；不會亂傳話，也不會撥弄是非；經常懶懶地看電視、睡覺，或吃東西，一副無所事事的樣子；對自己的要求不高，別人要求他時他也漫不經心，一副很不在乎的樣子；動作較慢，經常拖拖拉拉；喜歡運動、喜歡大自然；很容易溝通，沒什麼主見，無法幫別人做主張；很容易認同別人，所以很能適應環境，對一切都不太挑剔；不喜歡冒險；也依賴別人，不太給自己和別人訂定高標準；很有排解糾紛的能力，能替兩邊說好話，有了解雙方的情緒和委屈的能力。

他們常常出現的情緒感受：由於寬宏大量和不記仇，所以情緒常保持自然、平穩和淡然，並且能溫暖地體貼他人。但是他們常逃避不好的感受，對不好的感受根本不去觸碰，除非對方真的太過分，才會表現出一些含蓄的反應，否則不容易有太多的感受。

他們常掉入的陷阱：由於他們的生活期望不是自己制定的，而是依循文化、傳統、風俗和他人的期望去應對，所以他們不重視自己內心的需求，也不太發展自我，不覺得自己有獨特的個性，只是平凡人而已。

他們防衛自己的面具：因為生活在自以為滿足與自得其樂之中，所以他們不積極也不想察覺任何需求和感受。生命中沒有衝動，但他們卻非常滿意。

他們的兩性關係：和平型的人渴望找到一個能夠與他們心靈契合的伴侶，因為他們會覺得從對方身上可以找到自己。和平型的人也不喜歡爭吵。所以他們一遇到問題，便沉默或是逃避，然而這對他們的伴侶卻造成了極大的痛苦。因為伴侶們的渴望與憤怒彷彿像碰到一塊大海綿，全都吸住了，卻沒有消失，這只會讓他們對和平型人的淡漠感到更加怨恨。如果和平型的人能明白，爭吵能讓兩個人的感覺更真實，更能體會到彼此的存在與需求，這樣他們才能找到真正的和諧。

他們精力的浪費之處：他們將精力浪費在迎合別人、成全別人上，因此沒有發展自己的個性，變成一種懶惰的心態，顯得沒有活力。

他們兒時經歷導致了性格的形成：通常童年活得愉快而滿足，而且父母也對他們很好。他們覺得只要乖，日子是那麼恬靜和愉悅。所以他們非常喜歡享受這種無慮的生活，也不想做任何突破來打擾這個和平的環境，他們總是認同別人以獲得和諧、美滿。和平型的人根據程度的不同，也分

為一般的和平型和不健康的和平型三種。他們各有特點。

一般的和平型的人，他們害怕衝突，所以順應別人。表面上他們對自己和他人都保持良好的接觸，但實際上他們並非用真實的自我與人接觸，而是在屈就於他人的眼光標準下來看待自己、扮演自己的角色。他們覺得自己的存在是為了成全他人，而非成就自己，於是它們不敢堅持己見，變得沒有個性與情緒。他們越遷就他人，就越容易壓抑自己的想法，他們總是容忍、順從別人，輕易地認為對方是對的，或是毫不懷疑地相信某種價值觀。

健康的和平型的人，他們克服了對衝突的恐懼，不再一味地順從別人。他們已學會了肯定自己，而得到一種真正的、難以言喻的平靜、祥和與滿足。這種自我肯定是不自誇、不驕傲的，他們無須自吹自擂，就能證明自己存在的價值，他們顯得自重、自律，而且能真正保持與他人平等的心態。這樣能視萬物平等，自己與他人一樣重要的心態，自然能傾聽別人、認同別人，不過這種認同是出於真實的自我。他們真正能發揮愛別人、接納別人、察覺別人的感受的力量。這種愛人的能力，不同於其他的人只是渴望一味地付出，因為健康的和平型的人認為每一個人都屬於自己，也屬於別人，彼此都可以為對方做出奉獻。

健康的和平型認同別人也肯定自己，平靜、滿足、謙虛、樂觀且隨和，人人都可以從他們身上得到慰藉與安撫，他們從不會苛求別人。他們是值得信任，有能力穩定他人情緒的人。

所以和平型的人應當學習其他人的自信。不過當和平型學會了肯定自我，卻不會像其他人那樣自戀、自利、樂於掠奪。他們將有如天生的智者，天真而且心有如清澈的湖水，毫不費力就能反映一切感受。這種人是

所有人中的典範。

　　不健康的和平型的人，他們過度壓抑自己，把內心的衝突全部壓制著，好讓自己不受傷。他們也察覺不到自己存在的意義，經常自貶、自暴自棄。永遠把自己與外界的衝突隔開，以鴕鳥的心態來保持內心的平靜。他們會變得非常頑固，因為他們十分氣惱那些想強迫他們改變的人，而表達憤怒的唯一方式，便是抗拒他人，嚴加提防他人。他們已經將心扉緊閉，任何人都無法接近。為了抗拒衝突，這種不健康的和平型的人不再像是一般的和平型那樣能夠傾聽別人，容易認同別人，而是變得無法傾聽，對周圍的事也無法感受及領悟。這幾乎導致了他們麻木不仁。

　　他們對事物漠不關心，不僅對他人如此，連自己的責任也忽略了。這種人不僅令人沮喪，也讓人無法信賴。他們這種冷漠與麻木難免會傷害周圍的人，而爆發人際衝突。當別人的敵意與壓力大到他們無力承受時，最嚴重的情況下，他們乾脆切斷這一切人、事、物的關聯，逃離現實生活。他們將自己完全封閉起來，以求得平靜，而結果是，他們將過著麻木不仁，有如行屍走肉一般墮落的生活。

　　其實，整體來說，和平型的人心中的烏托邦，就是老子無為而治的大同世界。一切行動的最高指導原則便是以不變應萬變，生活是那麼的風淡雲清、平靜祥和。

　　清靜無為，能夠做到不須管理就是最好的管理，這是何等高玄妙的境界？

　　人類的發展要求和平型的人群逐漸成為主流，他們是人類的主體，更是社會發展的基礎和方向。

 透視不同血型與和平型的人的人性弱點

多角度、
全方位以及特殊化透視人性的內在

我知道的東西誰都可以知道，而我的心卻為我所獨有。

—— 歌德（Johann Wolfgang von Goethe）

真正的美德有如河流，越深越無聲。

—— 哈利法克斯（Edward Frederick Lindley Wood,
1st Earl of Halifax）

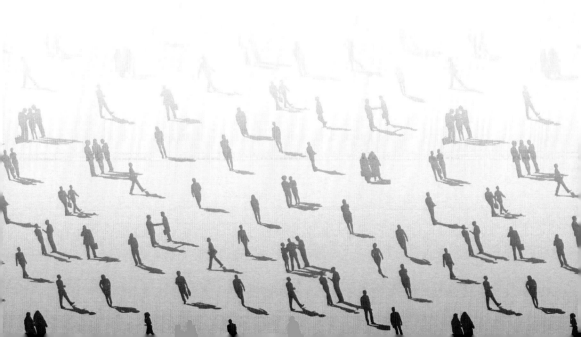

人性弱點是複雜的。要想直視人性弱點的核心,你就要從多角度、全方位以及特殊化地透視人性。你要知道,無論你多麼細心、多麼具有洞察力,你對真實的掌握也只是一部分的。當然一切不妨從細微之處開始。

從細微處看人就是能知微見著,並迅速做出反應和對策。要能看清事物的本質,不為表面虛幻的假象和情感的左右而看花了眼。人的思想、品格、個性及其追求的目標,決定了他的所作所為,也決定了他的發展方向和發展前途。

在美國有個婦女,一天她突然取出了自己存在某銀行多年的所有存款。幾天之後,這家銀行倒閉了。很多人都十分納悶她到底是怎樣知道的。原來,在不久前的一次聚會上,她見到這家銀行的總經理時,發現這位先生服飾講究,連指甲都經過高級美容店精心修整。她當即感到,自己的存款將有化為烏有的危險。因為一個事業心很強的男子是不會如此注重修飾打扮自己的。

人間許多的隱患,都是從微小的事物逐漸醞釀而成的。世間的好多變化,在剛剛萌芽之時,一般的人是很難察覺的,只有對事物有獨特目光的人,才會在事物剛嶄露苗頭時,就用敏銳的目光注視並發現問題。

扁鵲第一次見蔡桓公時,就發現蔡桓公的臉上呈現異樣,診斷出他有病。蔡桓公自恃身體強健,又認為醫生喜歡說人有病來顯得自己很有能力,就沒有把他的忠告放在心上。第二次,當扁鵲又見到蔡桓公時,發現他的病情加深,要求替他醫治,還是沒有引起蔡桓公的重視。而事實卻不出扁鵲所料,過了不久,蔡桓公病情加重,已是病入膏肓,病情已經被耽誤。最後蔡桓公痛苦而死。

扁鵲之所以一眼能看出蔡桓公的病情,是因為蔡桓公的病情跡象已經

顯露了，如果不能從初期跡象中去掌握即將發生的事情是非常危險的。而聰明的人只要見到一點事物發展跡象，就可以推斷出事物發展的未來趨勢，而及時採取適宜的手段。這是透視人性弱點的非常重要的特質。

春秋時，秦武王派甘茂攻打韓國的宜陽，甘茂擔心會遭人誣陷毀謗，於是對武王說：「以前，魯國有個叫曾參的殺了人，人家告訴曾參的母親說：『曾參殺人。』他的母親說：『我兒子才不會殺人。』繼續自在地織布。不久，另一個人又告訴她說：『曾參殺人。』他的母親依舊自在地織布。不久，又有第三個人向她說：『曾參殺人。』他的母親立刻丟下梭子，離開織布機逃走了。以曾參的賢明和他母親的信任，有三個人接連的造成疑惑，使他的母親都懷疑害怕了。我去攻打韓國，若眾多小人進讒言，則無處容身，請主公明察。」

甘茂能夠從小的跡象中覺察到事物發展的必然，可謂深謀遠慮、才智過人。

生活中，那些快言快語、舉止敏捷、眼神鋒利、情緒易衝動的人，往往是性格急躁的人；那些直率熱情、活潑好動、反應迅速、喜歡互動的人，往往是性格開朗的人；那些表情細膩、眼神穩定、說話慢條斯理、舉止注意分寸的人，往往是性格穩重的人；那些口出狂言、自吹自擂、好為人師的人，往往是驕傲自負的人；那些懂禮貌、講義氣、實事求是、心平氣和、尊重別人的人，往往是謙虛謹慎的人。一個人的性格特點往往透過自身的言談舉止、行為表情等流露出來。對於這些不同性格的人，一定要具體分析，從細微處來推測他的內心世界。

人是有理性的動物，人的行為多是有目的有計畫的。從一定意義上可以說人的行為是人的心理運作的結果。人的心理運作藏於內心深處，

如果本人不願流露，別人一般往往很難掌握。但心理總要透過一定的跡象外顯出來，這也是不以人的意志為轉移的。而人的行為就是心理跡象之 ——，人性弱點也就深潛其中。為此，從現象發現本質，從行為觀察心理，透視人性弱點，就成為一條重要途徑。

唐德宗時，潘炎為翰林學士，享受的恩寵非比尋常。有個京兆尹要拜會潘炎，但沒有見到潘炎，就賄賂給守門人 300 匹細絹。潘炎的妻子知道了這件事，對丈夫說：「同為臣子，而京兆尹為了見你一面，竟給守門人 300 匹細絹，可見你的處境很危險。」於是力勸丈夫辭職了。這樣，潘炎終於躲過了後來的危險。

在這個社會裡，人與人之間的智力差別是很微小的，而在品德方面的差別卻很大。在追求目標時，也許君子和小人的願望是相同等級的；喜歡榮譽而厭惡恥辱，喜歡利益而厭惡受傷害的這種心理，君子和小人是一樣的；可是，他們求榮求利的方法卻完全不同。小人想盡方法獲得他人的信任；想盡方法去欺瞞他人，使之親近自己，甚至為了取信於人，不惜使出下三濫的手段。

而君子，自己講信用，更希望別人信任自己；自己對別人忠誠老實，才希望別人親近自己；自己做事規矩而有條理，才希望別人認為自己做得對；他們的真實意圖易於為他人所理解，照他們的意見辦事，會形成安定的環境，必然能實現預想的目的，也必然會得到良好效果，不會有禍害的副作用。因此，君子不得志時，也不隱瞞自己的主張言行，得志以後便能弘揚自己的品德；他們死後，人們還會懷念他們的德行功業。小人們只能望塵莫及地說：「我們多麼希望能像君子那樣了解所有事物的作用呀！」其實，他們不知道，在對客觀事物作用的了解上，他們與君子是一樣的。

齊桓公在管仲臨終之際，向他討教治國安邦之策，問及他對朝中的幼小之輩的評價，管仲知無不言。只可惜齊桓公聽而不信，最終導致齊國大亂，自己竟也死於非命。這就是沒有看清小人所導致的悲劇。

　　齊桓公問：「您看易牙怎麼樣？」管仲答道：「君王您就是不問，我也是要說到他的。這易牙、豎刁、開方三個人，是一定不能親近的！」

　　齊桓公又說：「易牙曾烹煮自己的兒子，以迎合我的口味，這是愛戴我超過愛他兒子，難道還有什麼可以懷疑的嗎？」

　　管仲回答道：「人間之情沒有比愛憐兒女之情更深了。易牙連親生兒子都能捨棄，又哪裡會在乎捨棄君王您呢？」

　　齊桓公又說：「豎刁自願接受宮刑，侍奉於我。這是愛我勝過愛惜自己的身體，難道還有什麼可以懷疑的嗎？」

　　管仲說：「人與人之間的情誼不會比自己的軀體更重要吧，連自己的軀體都能割捨，又哪裡會在乎割捨一個國君呢？」

　　齊桓公又說：「衛國公子開方，拋棄他千乘之國的太子地位，甘願做我的臣子，把我對他的垂愛當做他最大的榮幸。這是對我虔誠地頂禮膜拜的緣故所致。就連他的父母去世也不去奔喪，開方愛戴我勝過愛他的父母，這是絲毫也沒有什麼可懷疑的了。」

　　管仲回答說：「人間恩情沒有比父母的養育之情更親的了。他對父母養育的恩情尚能捨棄，又哪裡在乎捨棄一個君王呢？再說，千乘之國的封地已是人們極為嚮往的了，而開方拋棄千乘之封的地位投奔歸附於您。這說明，他的慾望遠遠超過了擁有千乘之國。君王您千萬要除去此人，不可重用他。如重用他必然會導致國家大亂。」結果，最終的發展確實不出管仲所料。

觀察一個人的好惡，主要看他做人的習慣，看他人生的全部真相。

春秋時，輔佐齊桓公稱霸中原的能臣管仲與鮑叔牙是朋友。管仲之所以能被齊桓公破格任用，完全是由於鮑叔牙的推薦。所以管仲常對人說：「生我者父母，知我者鮑叔牙也。」可見，他對鮑叔牙是十分感謝的。當然，他們也更深深地理解彼此。但是在管仲臨死時，齊桓公問他：「你死之後，讓鮑叔牙來接替你的職務，你看怎麼樣？」管仲想了一會，終於說：「鮑叔牙是我的恩人和好朋友，又是一位至誠君子；但是，我認為他不適合執掌國政。」齊桓公問他為什麼？管仲回答說：「鮑叔牙什麼都好，就是對善惡看得過於分明，別人有一點過錯他都不能容忍。為人處事，對別人的優點不忘於懷是可以的，但對別人的任何錯誤和缺點都不能容忍，誰又受得了呢？鮑叔牙看見別人有一點不是，便一輩子不能忘記，這是他的短處啊！」齊桓公同意管仲的話，最後選用了隰朋。

不料這番話被齊桓公的幸臣易牙聽到了。由於管仲曾經勸告齊桓公不要親近易牙這樣的人，所以一直懷恨在心。現在終於有了這個機會，他就偷偷地煽動鮑叔牙說：「管仲之所以能當宰相，還不是全靠您的推薦。現在他病危，大王問他誰可接替為相，他卻說您不適宜，另外推薦了隰朋。您對他忠心赤膽，他卻不拿您當朋友。」鮑叔牙對易牙說：「管仲這麼做，才真正是我的朋友。他很有察人之能。要是我做宰相的話，像你這樣的人，我肯定是第一個開刀的。」易牙羞愧而退。所以，看人以及與什麼樣的人做朋友，一定要透過表面現象看到他的本質。

我們不妨以管仲和鮑叔牙為對象分析一下人性弱點，這很有代表性。鮑叔牙是一種理想主義的化身。這種人是幾乎所有性格類型中最受人景仰的。他們代表了我們立志以求的諸多美德，諸如誠實、自我犧牲、忠心、懇切和自律等。這些美好品德似乎是他們與生俱來的，所以他們便有了正

義和崇高的形象。他們就像「真」與「善」的燈塔 —— 那是我們全力以追求的卓越目標。這種人具有創造力、奉獻精神，和在嚴格訓練下的成就，由於這些綜合特質，一種堅強而重視生活意義的個性，就自然而然形成了。他們是無私奉獻、耿耿忠心，而且是行為優雅的人。面對其他任何性格的人，他們都是具有高度預見、難以戰勝的競爭對手。因為一般來說，他們所有的成見都是深植於情感和道德的原則。雖然這種人也能遵循邏輯，但他們更傾向於順應情感上的需求。

對於這種人，生命是一把情感的雙面刃。從正面看，他們可以是慷慨而敏銳的；從負面看，他們又可以是吝於饒恕和神經質的。事實上，他們有時甚至神經質到完全終止自己的付出。他們真正的弱點，就是情感主宰理性的時候過多。他們深深地渴望被愛，尋求別人的了解，但卻經常拒絕了解自己。這種人就像搭乘著劇烈起伏的感情飛車，敏感於所有瑣細的事件，因此他們也就常常暴露在感情的創傷下。

這種人常常會覺得沮喪，由於縱容自己的情感去主宰思考，所以經常會表現出不理性的思考和行動。生命對於這種人來說，就是一系列的承諾，對各種情誼關係的承諾，或許是他們最大的力量所在。他們樂於享受與同伴關係，而且甘願犧牲自己的利益，來分享親密的情愫。這種人會毫不保留地把自己奉獻給一個值得珍惜的情誼。

由於他們樂於承諾友情，這種人所深交的友情經常可以長達一輩子，他們是高度可靠的朋友，而且把口頭諾言視為任何白紙黑字的約定。他們對自己能維持長久的關係引以為自豪。這種可敬的特質，使得他們能長久地享受更豐富的情誼。

這種人對人忠心耿耿。這種人的信念：「如果一件事情值得去做，那

就要徹底把它做好。」自律是這種性格的核心特質。把他們自己置身於一個計畫，通常會激發出他們人性中最耀眼的一面。他們尋找能夠發展多方面才華的機會，這種永不間歇的自我訓練，為他們的生命帶來穩固和秩序，就是因為他們踏實的步履和可預測的天性，他們帶給人們一種很安全的感覺。在安全感受重視和被提倡的環境中，這種人最能得志；只要得到適度的支持和合作，他們就能發揮出頂尖的創造性才智。他們的才智，總是來自內心深處。

具有諷刺意味的是，這種人一直不能饒恕父母在童年時代給他的傷害。要在聽眾中分辨出這種人，是十分容易的事。只要問：誰還能清楚記得幼兒園老師怎樣教訓你們的，請舉手！這種人永遠會記得，因為他們曾經把大頭針放在老師的椅子上進行報復。

這種人最會自我摧殘的弱點之一，莫過於經常對他人懷恨在心。而他們良好的記憶力，則更加深了這種怨恨。

這種人好像老是憂心一切，太多的擔憂使他們終日寡歡，杞人憂天。老是為別人而煩惱，無法主動地投入自己的活動，這是這種人的嚴重毛病。

這種人擔憂和罪惡感的心態，經常會出現在他們生活中的任何事件上。這種人經常會認為他們做所有事的真正動機是出於罪惡感，為了反悔想像中做錯的事，他們好像永遠忙個不停地洗清自己。

這種人看重文化教養和合適的舉止，他們了解禮貌和儀式的社會價值，並視守護社會道德為己任，他們愉快地遵守法律和權威。這種人認為社會需要約束和倡導才能順利運轉，他們永遠以維護人類生活的尊嚴和提高生活品質為己任。

沒有什麼比誠懇更能獨特地表現出這種人的力量。人生的一大美事，就是贏得並且體驗到他們的信任。生命所能賜予人最好的報酬，莫過於贏得一位這種朋友、下屬或家人的衷心感激和託付。

　　這種人具有強烈的工作責任感，他們總是把生命置於必要的責任中，而難得有空閒享受悠閒自得的玩樂。玩樂總是被他們視為無聊無用的浪費光陰。

　　這種人的另一個特質，就是他們在情緒上經常陰晴不定。他們從不會一覺醒來，自我感覺到很快樂或者很沮喪。如果他們在某一天快樂或者沮喪時，那是因為他們隨意的選擇、而不是自然而然地接納這種情緒。

　　這種人是具備許多極端、高度錯綜複雜性格的個體。他們有如此強大的力量和不討人喜歡的缺陷，如他們同時集敏銳、緊張、關懷、批判、施捨和不饒人於一身，他們的焦點更集中在情緒化的而不是說理性的行為上。儘管如此，他們也經常為了情緒的彆扭而心懷愧疚。他們失去了洞察力，並且發現自己常遭別人誤解，由於無法有效傳遞自己的情感，這種人也會極力挽回被傷害的情誼，以企圖體驗親密，這是使他們感受生命有意義的要素。這種人的複雜心理擊垮了他自己，也同樣殃及與他們有關係的人。或許這就解釋了為什麼這種人反覆進行自責，有如經常責備別人。

　　雖然每一類性格都有其不安全感的一面，但是沒有人會像這種人那樣公開示眾。他們有一種強烈的個性，像是被迫要扛起生命的重負，他們有時也會大放厥詞，即便有時候只是在自己家裡。他們有著強烈的價值觀和信仰，然而他們也會被牽扯進無端的罪惡感、懷疑心態，以及完美主義所產生的高期望值之間。他們時常徘徊於既渴望投入，又害怕能力不足的兩難之間。

這種人是穩固、井井有條和耐久不竭的。他們織出了文化、美和情感的安全網。這種人的愛是強烈的，他們視親密的情誼和創造性的成就為人生標竿，勝過物質的擁有。他們最善於優遊在創造性和建設性的環境中。他們也渴望生命要有目的，並甘願犧牲個人的奢華，以追求更有意義的成就。

他們是極其注重誠信的個體。他們待人忠誠、情誼懇切。他們信仰任何能夠提升人類經驗的理念；他們會以同情悲憫地聆聽，以熱情熱烈地訴說。這種人真心珍惜人與人之間的緣分，也樂見他人的成就。他們以完美為目標，鞭策自己止於能力所盡的至善，他們也以相同的標準期望於同事。他們順從地接受權威的觀點，並且全力支持法律和秩序，他們是社會基本規範的捍衛者。這種人在構築他們的生活上，為我們提供了積極的典範，把情誼和有品味的成就置於優先地位。在與我們共享的生命歷程中，他們造福人群樂於做出無私的奉獻。

這種人的最大敵人就是他們自己。他們的命運全部操縱在對自身人性弱點的操縱之上。他們自鳴得意的心態只是為了掩飾極度的不安全感。這種不安全感，又被他們特有的自鳴得意的心態加倍地複雜化。或許下面這句歇後語，最能形容這種態度：「我們當中自以為什麼都懂的人，把真正什麼都懂的人給惹火了。」這裡頭摻雜著一些這種人的沾沾自喜，同時這種人也可能具有一種悲觀的個性，他們懷疑自己也懷疑別人。這種人期盼他人也能用心來認同自己的完美主義的境界，但是他們卻沮喪地發覺許多人寧可屈從於現狀，而不是去改造它。他們的自鳴得意並不能培養出親密的友誼，反而會造成情感的疏離。這是這種人最常在人群中遭遇的情景。這種類型的人在人生的路上奮勇直前。他們有高度的使命感，而且決心完成生命所賦予的任何任務。不只如此，他們還主動尋找挑戰，一旦採取實

際行動了，他們總是挺身而上。由於他們頑強的天性，也經常是成功者。這種類型的人追求行動與結果，他們渴望產生成效，簡單地說這種類型的人總是能做得腳踏實地。

人們一般都會甘心跟隨一位健康的這種類型的人，直到天涯海角。因為他們總是眺望遠方，並且在腦海裡不斷地做著各種幻想。人們也經常指責這種人不深思熟慮，就開始莽撞行事，事實上，正好相反。這種人最恨失敗，所以，他們永遠在問自己：「萬一失敗了，我該怎麼辦？」 在大部分其他人還在那徘徊不定甚至預見失敗時，這種人已經本能地籌劃出權宜之計，他們對自己說：「現在，如果原計畫泡湯了，我就這樣做或者那樣做。」當別人因恐懼而止步不前時，這種人以理性的變通來抵消恐懼，直接了當地去做他們認為該做的事。這是這種人較少會失敗的真正原因。因為一切都已認真地想過，並且也完全知道該怎麼去做。

大概很少有人相信，這種人卻不能即刻辨認出他們的性格本色。對這種人而言，妨礙他們認識自己的關鍵，就是耍賴。這種人是驕傲的，而且愛在所有的人面前炫耀自己的價值觀和高見，他們不時會顯露出冷酷和唐突的作風。只有這種人，才可能對別人的心情如此麻木不仁！

他們有著高工作效率和頑強的天性，這就不必詫異為何這種人總是充滿了自信，他們表現得強硬而不容辯駁。正因為如此，很少有人願意去惹他們。這種力量使他們在所有人當中處於最可畏的地位。

當人們尋求指點時，這種人最能夠助人一臂之力。他們有一種本事，就是辨別出什麼是對的，並且能說得頭頭是道，很少有人能在邏輯上辯得過他們。許多這種人以聰明著稱，又善於做出較優秀的決策，因此，別人只有選擇跟隨的份。當你找到了一位好醫生時，幹嘛沒事換一個？正由於

他們這種神祕又令人羨慕的能力，影響著別人甘願把他們推上領導地位。而這種人的天生才能和領導欲，也驅使他們在各個組織、公司和機構中，伺機攀上頂峰。

或許這種人性格的複雜性，就表現在這種顯而易見的自信和不尊重人的自傲中。這其實是深植在他們深深的不安全感裡，他們所要求的別人的接納和了解，正是他們最吝於付出的。這是一種很矛盾的結合體。但是這種需求被藏在巧妙防禦的內心深處。他們順從自己的邏輯，拒絕承認感情上的脆弱。在他們年幼時期，這種不安全感就已萌發出來。可惜隨著年紀和邏輯能力的成長，他們通常在別人面前把深藏的不安全感靈巧地偽裝起來。隨著時間的流逝，他們也就失去了敏銳的洞察力，真的相信自己不需要感情了。

具有諷刺意味的是，如果要讓這種人體驗美滿而且親密的生活，他們就必須把自己暴露在最大的恐懼面前，那就是他們不安的感情和被愛、被接納的需求。這種人對別人最會挑剔，大部分的這種人嘴巴都不饒人。有些則會對別人生活上的為人處事，保持沉默性的不滿。他們對人性的弱點十分不耐煩，並且感到任何無效率的事，都是不可原諒的。雖然這種人不像鮑叔牙那類人那樣完美，但他們的確希望一件工作要做得既正確又快速，他們對於神智遲鈍、敷衍了事和潦草，是不會容忍的。他們期待成果，並且時時刻刻要求別人不要忘記他們的期待。他們在論人斷事時，也會千方百計地在雞蛋裡挑骨頭，只是為反對而反對。

這種人能夠把私人的不安全感掩藏得很深。也因為這樣，他們往往會不加考慮地打擊到其他不願掩藏脆弱的人的神經。只要能為自己提高工作效率，又證明自己是對的，他們對別人是不會有惡意的；這種人對工作效率較低的絆腳石，則不論對方是工作效率低的員工、孩童、配偶或者朋

友，要求都十分嚴格，甚少具有同情。

由於他們一心要隱藏自己感情上的不安，所以他們自認為永遠是對的。他們從不會問別人的看法，只是簡單地宣稱，自己一向就是百分之百地正確。即使事實都擺在眼前，證明他有疏失，他們還是會拐一下彎，把那當做只是誤會或是曲解。

這種人之所以如此不能面對自己的過失，是因為他們不能容忍自己的缺憾。這種人具有膽大而妄為兩種特質，致使他們經常超出常規，去追求超越。如攀登高山、跳傘或者自己蓋房子等。不過，這種人也很能從理念創造的競爭中，品嘗到特別的刺激。他們的勇敢和好勝心，使得這種人在組織中和人際關係中，都顯得十分狂妄。無論在事業環境、親朋好友或家庭中，這種人總能占到他們的一些便宜。

簡單說，他們就是典型的自私。他們清楚自己要什麼，並且經常操縱別人，以達到自己的目的。他們不太在乎愧疚感或對他人的同情，諷刺的是，這種人具有強烈不安全感，卻老是要引人注意，而且認定一切折磨如疾病或意外等，都必須由他們生活中的其他人一起來承擔。

不管是好或壞，這種人有一種愛挑剔的性格。他們的固執和挑剔，沒多久就能讓你難以忍受。這種人的家長作風很突出，一切都要依著他們個人的想法來調整家庭規律，和這類霸道性格的人相處，實在是一種痛苦。

這種人當上司主管時也很盛氣凌人，他們時時期待下屬能謹記尊卑地位，並且行禮如儀。他們通常都是很難侍候的，也很難與之共同生活。因為他們喜歡指使人，又不肯認真遵守既定的作息規律、家庭承諾或職業關懷。如果他們遇到挑戰，會變得咄咄逼人，這是源於他們不服輸的天性和驕傲自負的個性。不論居於領導者或隨從的地位，這種人經常會對持不同

意見的人大發脾氣 —— 不論對方是什麼人。他們從不會因為自己苛刻的行為惹起公眾注目而感到羞恥，他們只逕自追逐自己生命中本能所想要的東西，或夢想之類的東西，而侵略性是造成這種人不尊重他人情緒的根本原因。

心理健康的這種人能積極思考和行動。他們思考敏捷，表達流暢。這種人在與對手的競爭中從不隱瞞自己的觀念，堅定地確立自己的地位。他們直接了當而且如實地表達他們的心思，從不計較它會對自己的人緣帶來什麼影響。這往往也為他們的際遇帶來了許多暗箭。他們意志堅強而且果斷，立場鮮明，並且希望別人能跟隨他們，通常別人也情願跟隨他們。只要這種人帶著單純的動機去實現自己的理念時，他們往往是一個成功的領頭者。不過，當他們顯得惹人討厭和好爭鬥時，這種意志力量，也會變成為他們的缺陷，成為他們被人反咬一口的原因或藉口。

分析這種人的缺憾時，惹人討厭是一個突出的毛病。不管是為了支持辯論時的論點，或者出於改造世界的使命感，這種人講話時總顯得十分武斷並且固執。

對於他們惹人討厭的天性和充滿邏輯頭腦的評價是，這種人享受口角的勝利，以及樂此不疲的這種語言表達的風格。使他們很容易和別人互相對立起來，而他們卻幾乎極少察覺自己製造出來的新衝突，以及他們人際關係中的緊張氛圍。

這種人不是天生的聊天者，而是天生的演說家。

由於他們自恃足智多謀，所以常常挑戰權威並能成功地掌握自己的命運。人們要是碰上什麼大災大難，其實最盼望伴隨在身邊的就是一位這種人。他們吃、睡、呼吸的全是行動，除非真正耗盡了最後一絲能量，否則

沒什麼難關真的能擊倒他們。他們從不輕言放棄，極少被生命的打擊嚇垮或嚇退。他們具有無比的戰鬥意志，經常能使其對手難以輕易得逞。

如果你需要一位經紀人、一位募款委員會主任或者一位政治盟友，最好拿這種人的特徵來做廣告。沒有人能比得上這種人的推銷工夫。除了他們的自傲、果斷和好勝的天性，他們更是腳踏實地的企業家，他們不會在邊緣問題上打轉，而會直指問題核心，以迅速尋求解決方案。

這種人把自己投身於各種目標中，如果他們覺得你有好的抱負；他們會樂意在力所能及的範圍內協助你。這種人對他們所信仰的正義，能夠不屈不撓地去追求。當他們獻身於一個理念時，他們會視如己出地去推銷它，並且很難被說服，然而一旦信服，他們也一樣地難以被動搖；例如，當他們發現孩子有舞蹈的天分時，做為父母們會不惜開很遠的車，並提供財源，期待著孩子的成功。

這種人對於他們所要的（不問是健康或不健康的），凡不達目的，就絕不善罷甘休。他們要每一個人都按照他們認定合適的時候和方式來回應他們，甚至等不及別人的成熟過程。這種人作為父母經常要求得到孩子的尊敬，而不考慮自己該如何贏得尊敬；這種人作為老闆最受不了的就是員工猶豫不決的態度和低工作效率。他們的管理風格中，最致命的失誤就是沒有耐性。他們對下屬員工的工作總是插手得太快，也太不講情面。

這種人經常處心積慮地操縱他人，習慣於控制別人的生活，並藉此獲取想要的報酬。毫無疑問，這種人要成功地體驗美好生活的最大障礙，就是他們沒有辦法與別人親密相處。他們過於主觀的意志和工作狂熱，使他們忽視自己對於人際關係的需求，或是他們會否認這對他們來說是一項重要的關係。這種心態終將把這種人造就成高高在上的角色，而不是成為置

身於團隊的一員。

身為生意人，他們可能會既耀眼又殘酷。但是這種人機關算盡，會把真正的朋友當做一枚算盤上的珠子。這種人爭強好勝的性格，加上一副精打細算的頭腦，通常不會把人際關係看做是一項有價值、可以投資的東西。

這種人可能比其他性格的人更愛看電視，也更經常超時間地工作，但是，正是這些也分散了他們的精力，使他們無緣面對人際關係的課題。他們很少有什麼嗜好或親密朋友，當他們離開事業或家庭時，就顯得悵然若失。

這種人會向你訴說，他們在 18 歲時就急於離家獨立，而他們也總是第一個回到家，並尋覓家的甜蜜和溫暖的人。他們當中的有些人會趁著生病的機會，向伴侶爭得一點同情，這些行為是很自私的。他們無法把人領向真正的親密關係，相反地，他們更常留給人疑心和寂寞。

這種空虛感經常造成非常偏激的個體，這種人會深深地感受到自己無力索求高品質的人際關係。這種遺憾，來源於這種人只想控制他人，而不是分享他們的命運。他們期盼一種親密的情誼，但又發覺自己無力控制那個過程。因此，許多人放棄他們內心所期望的，而去將就一個比較能操控的生活風格。

健康的這種人是人類的動脈，他們是社會的推動者。他們愛指使人的天性眾所周知，他們是強而有力的領導者和負責的代表人。正面的這種人可以是任何組織的一項無形資產，他們樂於面對競爭和挑戰，可以不費吹灰之力，就從內在核心中汲取自我鞭策的動機和方向。他們也能精確地抓住重點來設定目標，並且鍥而不捨地主張自己的權利，以及他們所贊助的

任何組織、個人或主義。他們珍視工作效率和成功，也願意為此付出代價。他們滿意於有組織的團體工作，也同樣樂於表現個人的才華。這種人自信理想主義的人生價值，並鍥而不捨地去追求。他們常會讓人想起從理性思考和正面溝通所演化出的權力。他們是我們用以衡量理性力量的標準，是我們藉以激勵領導才能的典範。這種人不停燃燒放射著光芒，有著強大的指引力量，不但溫暖了我們，也時時閃耀著他們具備多才多藝和保護者的天性。

在現實生活中，能夠載入史冊供後人分析評論的人，都是一些相當複雜的個體，但我們卻可以學習他們，借鑑他們，這就是歷史造就偉人的規律。

多角度、全方位以及特殊化透視人性的內在

智慧型人性的象牙塔

有些缺點比美德更能清楚地證明一個人的優秀品格。

—— 雷斯樞機主教（Cardinal de Retz）

你消滅的每一種缺點都存在著與它對應的長處，兩者相輔相成、生死與共。

—— 安那托爾·佛朗士（Anatole France）

　　其實，在現實生活中，太多的人之所以永遠無法認清自我，就是因為他們活在自己的幻影或迷霧中。

　　自由飛翔的心靈是人類精神殿堂的奠基石，而最令人心靈悸動、痛苦的，莫過於看到有些人遭到人性弱點的傷害。那些存在於每一個人內心深處的人性弱點，不但影響著個人的發展，並且也讓許多人都置身在他們的行為方式中。人們永遠是順著歷史發展潮流走。如果一個人總是受到某種社會價值和習慣制約，長期如此，他就會違背自己的天性。在適者生存的原則下，人們往往屈從能夠被群體所接受的價值。最可悲的是，有些人終其一生被迫嚴重地扭曲自己，而變得憤世嫉俗，或者再也無法恢復他們的天性。如果要談人的悲劇，這就是真正的人性悲劇 —— 一個人的天性被扭曲了。

　　若要說明每一種阻礙生命美滿的因素，那真是說也說不完，不過，問題更側重於人們的內在弱點，而非外力的影響。雖然外在因素必然會對人們產生衝擊，但它們並不是決定人生方向的基本力量。最能扭轉乾坤的東西，歸根到底是人們的內在動力，這就是為什麼正確了解人們的內在的人性弱點的原因所在。

　　據研究，當一個人的行為舉止是發自自己的內心時，人們總是比較容易認同。然而當一個人踰越出他的內在本性時，人們就會忐忑不安起來。尤其當一個人表現出他內在的人性弱點時，就更是如此。他們的行為就會變得乖張，超越了人們心中的忍耐界限，到那時衝突或迴避就是不可避免的了。

　　這種心理，也同樣會成為個人發展道路上的障礙。當一位個性自私、感情封閉的人，願意敞開心胸走向個性修練之路時，別人的反應通常會是

負面的。那時他們局限於對這個人的一貫印象，會拒絕接納他的改變。其實，人們總是喜歡別人乖乖地待在他們所理解的那個範圍裡；任何出軌的變化只要超出了人們可接納的範圍，都會令人們不舒服，而根本不管這種變化是正面的還是負面的。這就說明了為何改變個性是如此之困難，以致許多人在抵達個性修練的終點之前就半途而廢了。

當一種人性弱點與其他人性弱點遭遇時，會迸發出怎樣的火花？人性弱點在我們的事業與個人生活的每一個方面，都扮演了舉足輕重的角色。

無論何時，只要有嬰兒呱呱墜地，父母和爺爺奶奶們都會特意去檢查一下，小寶貝的十個小手指和十個小腳趾頭。他們只注意到眾所周知的特徵，卻不曾想到，與嬰兒內在的人性弱點比起來，那些形體上的特徵是微不足道的。快則數日，慢則數年，一個人的命運志向會說明一切問題。

但人性弱點也是極為複雜的，它顯現了人的這一方面，也給了一個人另一方面。也就是說，人性弱點在某種情況下，就可能成為人性的優點。這是一種辯證的轉化。比如，現實中有一種人做事唯唯諾諾，但卻見解深刻，這種人幾乎是人性互相轉化的教科書。如果我們用「思想的巨人，行動的侏儒」、「天才與白痴只在一線之隔」這兩句話描繪這種人是非常貼切的。他們的思想是如此活躍，行動卻顯得比一般人笨拙。他們總是埋首於書籍資料中，為了了解這個充滿疑惑的世界，而使他們掌握了知識，他們才不會焦慮怎樣去面對環境。

他們有一個自己的象牙塔，常將自己鎖在裡面，因為他們覺得外面的環境常是難以預測且潛藏著各種威脅的，只有在象牙塔這樣的安全世界裡，他們才可以慢慢地向外窺探這個世界。他們的內心有很深的空虛和焦慮感，他們也不信任人，為了不被人傷害，必須採取一些防衛措施來保護

自己。他們有能力把內心與外在的事物聯結起來。因為太過沉溺在自己的思想世界裡，因此他們不習慣於開放自己與他人溝通，只喜歡在孤獨中思考、觀察，並找尋生命的意義。他們與朋友保持適當的距離，不喜歡被朋友或情感所控制，也覺得交朋友太浪費時間。因為他們如果沒有足夠多的時間獨處思考的話，就會變得疑惑而且無精打采。他們非常不屑不合邏輯和不經分析的理解方式，更習慣穿越事物的表面看問題，而且很快就能進入比較深遠的層次。所以他們喜歡重新定義一些東西，以求將事物看得更清楚明白。由於他們總是不斷地對事物進行探索，因此也開鑿了自己的智慧的泉源，而能隨時發現有趣的事情，為平凡的生活中增添色彩。

當他們內心空虛的時候，知識就是填補他們內在的物品。所以他們收集了大量的資料，並加以研究，有條不紊地將資訊分門別類，從而得到一個合乎邏輯的結論。因此在特定的領域裡，他們往往是出色的專家。但是他們不認為自己是決策者，只是把觀察的結果陳述出來，並提出一個可以解決問題的途徑而已。雖然在處理的過程中，他們用了非常多的時間與精力，把所有可能的狀況都考慮進去，而且所有的細節都估算得很精確，以致別人不得不以他們的意見為準。這就是他們的工作風格，嚴謹有條理，甚至滴水不漏無可挑剔。

他們一向很喜歡嘗試新的東西，也鼓勵別人丟棄過去的陳舊觀念和做法，在處理工作時，他們對自己收集資訊、分析知識以及創造的能力有十足的信心。於是，一般情況下，他們也會有創造。

但他們最大的障礙是人際關係上的困境。因為他們通常只是閉門造車。在知識的領域中他們雖然對自己十分自傲，也因此他們的想法常跟別人感受不一樣，而別人的計畫與看法常被他們否定或批判，因此只是基於對真理的認定，及堅守自己的理念而已。但與他們共事的人常常會在爭論

時挫敗，為此別人總怪他們損傷了別人的自尊心、自主性及創造力。

　　他們的人際關係通常是保持一種若即若離的狀態，這樣就不會有情緒失控的時候。他們打從心底認為距離是一種美。所以在人際關係上他們顯得比較孤獨、漫不經心，甚至形單影隻，很少從事娛樂。他們與人保持關係的方式多半以討論一些主題，或從事一些寓教於樂的休閒活動為主。這幾乎是他們唯一的享受。他們對於愛情的感受比較遲鈍，通常必須有共同經驗才能使他們有所感受。

　　他們活在一個由理智、思考和靈感所統治的世界。他們不太愛開口，而且也覺得好話不要說第二遍，如果別人聽不懂或不欣賞，他們只有一個想法，認為人家太膚淺了。他們知道自己這種態度有點曲高和寡，會造成人緣不佳，所以最好的方法就是儘量避免加入人多的場合。而別人又總以為他們是故意製造一副清高孤傲的印象。別人跟他們在一起有如芒刺在背，但其實他們只想躲起來，儘量不讓他們的鋒芒刺傷了誰。

　　他們也有害怕被拒絕的情緒，他們請求別人的幫助是一項很奇怪的事，他們不想欠別人人情，一向都是靠自己的努力去掙脫困境。但是他們的家人及好友都可以感受到他們的忠誠及保護之心。當別人需要幫助時，他們是全心全意地付出所能，不過他們用的方式是理性分析，而不是靠感覺來處理。

　　他們不是很在乎物質環境，比較重視心靈感受，所以有時候在他們太專注於思考的樂趣時，往往會把自己搞得廢寢忘食、蓬頭垢面，甚至付出其他生活層面的代價。因為他們是這樣地努力追求學問，所以別人只要問起他們的專業知識，他們的回答可以是口若懸河、對答如流、非常具有魅力。

　　他們對知識的追求是不遺餘力的。他們知道知識就是力量，他們的安全感來自對知識的擁有，他們討厭被有權有勢的人控制。但如果他們的知識很豐富的話，當有權有勢的人欺壓他們時，他們知道如何來保護自己，並有能力揭發這些人的虛偽和腐敗。其實他們的內心是有股強烈的攻擊衝動的，尤其面對被汙染的人。但他們的敵意表現方式不是用暴力，而是用尖刻犀利的批判，有時候也用沉默的憤怒來發洩。

　　由於他們並不熱衷對物質的追求，所以物質生活上他們通常不太寬裕，也因此在金錢的處理上，別人常會看到他們小氣的一面。他們也不太關心一般的人，不習慣記住別人的名字，但是他們對於自己喜愛的人，則是一個很好的傾聽者，他們能開放胸襟並樂意讓人提出寶貴的意見。

　　這類人的內心世界相當豐富、思想相當深刻。他們有一套自己的行為方式。

　　他們的動機、目的：想透過掌握更多的知識，來了解環境和面對周圍的事物。他們想找出事情的脈絡與原理，以此作為行動的準則。有了知識，他們才敢行動，也才會有安全感。

　　他們能力、力量的來源：當智慧型的人對事物不了解時，就會產生莫名其妙的焦慮，不知如何行動、如何應付、如何使自己不受傷害，所以他們終其一生都把精力花在收集資訊、分析、求證、解釋，力求想出應變之道，以決定如何行動，如何將問題徹底解決。所以對任何事，他們都能有打破砂鍋問到底的精神。他們有很好的觀察力和分析力，許多偉大科學家和思想家都屬於這個類型。他們能將事物進行剖析，看到別人不曾懷疑的問題，正是這種與生俱來與眾不同的能力，使他們有所作為；但由於他們經常只專注於事物的某一部分，以至於失去對事情整體的了解，也正是他

們的缺憾所在。

他們的理想目標：想從思想中找出宇宙一切的脈絡，然後分析出一些非常有價值，並能幫助社會進步的觀念，以他們卓越的洞察力、分析力幫助每個人都能納入最完美的軌道。

他們逃避的情緒：由於智慧型的人總和冷冰冰的書籍、資料在一起，因此與社會隔離太久，智慧型的人並不是機器，也是有血有肉的人，他們也有七情六慾，可是因為自己不太會與人交往，不了解別人的情感，別人也不知如何與他們相處，如此惡性循環下，他們會更孤獨、更空虛，而為了逃避孤獨和空虛，他們又繼續用資料、學問來填補它。這就形成了他們一生的生活方式。

他們在日常生活中所呈現出來的特質：沉默、寡言、好像不會關心別人似的；很喜歡一個人獨處、思考很多問題，不喜歡與人討論；不太相信神，他們認為一個看不到、摸不著的神，居然會是全知者，覺得不太可思議，所以他們大部分是無神論者；喜歡獨自一個人工作，把自己投入完全屬於自己的世界裡，獨來獨往，朋友很少；非常地冷漠、害羞，外人想跟他們交朋友，卻好像打不進他們的世界裡；跟沒有思想深度的人交談會令他們厭煩，更別說是交朋友了；他們很喜歡研究宇宙中的萬物，常覺得生命很渺小荒謬；他們常跟別人意見不和，並執著堅持自己的看法一定是對的；這些人不太注重衣著，因為這些「身外之物」與生命本身沒什麼關係；為了閱讀及收集資料，會忙碌到無暇打理自己，覺得打理自己太浪費時間；當別人有事請教時，會仔細傾聽，並將事情鉅細靡遺地分析得非常清楚；他們對人彬彬有禮，也很有包容力，只是跟別人的感情互動不深。

他們常常出現的情緒感受：他們很怕自己有太多的情緒感受，也害怕

對人太深情，因為他們往往難於表達自己的情感，所以他們逃避人際關係、逃避介入感情太深，就算對自己的親人也常常如此。而最好的逃避方法就是將自己推入心靈思考及求知的世界裡，在專注思考及自己玩智力遊戲的時候，才會產生無窮的樂趣以轉移自己內心的空虛，並認為投入思想世界是非常安全的，所以他們便讓自己守著知識，忘掉各種情緒。

他們常掉入的陷阱：他們覺得沒有知識的人，是無能的人，他們窮其一生為了能安全地生活於世上，便不停地追求知識，然後以知識去印證一切，也以知識來指導自己的行動，他們是那種若不以知識為基礎，便無法行動的人。

他們防衛自己的面具：他們很怕情感的介入，會打擾自己的情緒及思想世界。其實他們的心底深處是一個多愁善感又熱情的人。但他們卻盡力地控制自己，使自己情緒冷漠、僵化，表面上他們對人很沒感情，對別人的事經常是無動於衷。但其實真正的原因是因為他們不知該如何表達自己的感情，所以把自己對別人的感覺隔離起來，才能使他們的內心得到安穩。

他們的兩性關係：這類人最缺乏的是安全感與信心。在夫妻關係中，如果彼此能夠分享祕密與信任，那麼他們便不再有被侵犯或是失落的恐懼。而對他們而言，肉體關係是一種分享祕密最極致的表現，那比口頭的表達更讓人有安全感。他們在兩性關係中更著迷於肉體的接觸，而非心靈的交流；所以當你看到他們迷戀的對象是一個美女，而非一個知識性女人時，也就不足為奇了。而身為一個這類人的伴侶應該了解到，撫摸他的肉體，其實要比交談更能撫慰他的心靈。這是因為他們的內心已經很充實，只欠缺感受的緣故。

他們精力的浪費處：他們將自己所有的精力投入思考，工程浩大地收集資料，到頭來卻可能將一切束之高閣，不付諸行動，浪費了自己的精力與才能。有時，他們在長期思索、研究之下，能夠發現足以影響世人的偉大創見。但更多的時候卻只是終日埋首於書籍中，疏離了人群。他們留給世界的總是孤單的身影。

　　他們兒時情景導致了性格的形成：早年就沒有從父母或長輩身上得到穩定的感情，他們渴望得到關愛及安全感，但是卻一直得不到。長期下來，在失望之餘，他們的心理開始害怕，為了求生存，他們努力收集資料，以了解環境，面對環境。

　　他們思考重於行動，是偉大的觀察者、資料收集者。他們像吸塵器一般，有多少知識就吸多少，而也應了那句老話，「知道得越多，就越覺得自己無知」。所以他們便不斷地將自己深埋於資料中，不敢發表自己的想法，不敢採取行動。面對浩瀚的世界，他們顯得如此地畏縮，外人看他們有如一位孤獨而高深莫測的智者，或是一個只會讀書但不會生活的書呆子。

　　一般這類人通常會成為知識分子、理論學者或是專業人士。由於對環境的無知，會讓智慧型的人產生不安全感，所以他們總是熱衷於觀察和思考，為事物尋求答案。而在追求知識的過程中，他們很容易深入某一個領域，成為某一門學科的專家。

　　另一方面，當他們越深入某一領域時，卻越可能看不見事物的全貌，只見樹木而不見森林，反而脫離了現實。而這時他們又以錯誤的見解，歸納出不成熟的理論，並硬將這些理論套用在其他事情上，從而以偏概全、牽強附會。然而這種智慧型人物還很以他們的思想為自豪，堅信他們的想法是正確的，甚至奮力地宣揚它們，並與那些思想相悖者做激烈的爭辯。

他們可能是那些倡導打破舊理論、打倒權威的學者，然而即使他們的理論偏頗狹隘，但由於智慧型的人飽讀詩書，說起話來引經據典，聽起來還是十分吸引人。

而究竟他們的思想是極端還是先驅，還是得靠我們仔細地判斷。不過值得肯定的是，智慧型的人確實提供了許多使真理越辯越明的機會。不管是謬論還是先知先覺的真理，他們都讓我們的思想世界更加豐富多彩，這就是他們的價值所在。

正是由於優秀的智慧型的人擁有敏銳的洞察力，能夠穿越事物的表面，發現別人所看不見的層次，讓真相一覽無遺。所以當別人只看到物體具體的部分，他們卻已進入抽象的領域。例如，一個紅色的蘋果，在一般人眼裡還是一個紅色的蘋果時，但是他們卻可能去思索蘋果為何存在？為何蘋果會從樹上掉下來，而不是飄浮在空中？它是什麼物質？又為何有顏色？

他們對一切事物都充滿好奇，並產生研究的興趣。而他們過人的洞察力，往往提出許多偉大的創見，如牛頓（Isaac Newton）提出的萬有引力的偉大學說。

這類人中的優秀者是樂於與人分享知識和見解的。因為他發現與人討論時往往可以激盪他的思考，而一方面他又能保持獨立思考的習慣，勇於提出許多別人尚未發現，甚至斥之為異端的創見。

而當這類人發展時，他們除了博學多聞，並且能將所擁有的知識轉化為行動的力量。這時他們不僅擁有扎實、前瞻的理論基礎，更是能引導別人前進的先驅。一個聰明健康的這類人是人類的寶藏，他們能探索許多人類未曾接觸的知識領域，打破傳統想法，提出劃時代的偉大創見。

不健康的這類人思想偏頗，脫離現實，為了維護自己的信念，往往對

和他們意見不同的人產生敵意或攻擊性。他們極端主觀地認定別人的觀念都是錯的、沒有價值的，十分藐視別人的意見。於是他們變得非常孤獨，而且憤世嫉俗。他們總是不斷駁斥別人的想法，並以揭發別人的醜陋面、腐敗面為樂。殊不知他們眼中別人的醜陋或者腐敗，多半只是因信念不同所產生的誤解而已，或許更是偏激之語罷了。他們狂妄自大，覺得這個世界是猙獰的，並想要揭發、破壞這一切的醜陋。而他們同時也有一種認為別人憎恨他們，想要迫害他們的想法。

有時，壓力下的這類人會變得有些異樣。他們往往會顯得魯莽、毛躁、行動慌亂、失控，像是一個神經質的豐富型人物或是躁鬱症病人。他們不想去面對腦中紛亂的思維，所以利用慌亂的行動來逃避，但是這種狂躁的方式，反而會更顯現他們的焦慮不安。

一個蘋果、一個人，任何一個我們看似平凡的物品，可以讓牛頓發現了地心引力，讓笛卡兒（Rene Descartes）思索出我思故我在的存在理論，讓愛因斯坦（Albert Einstein）提出動者恆動，靜者恆靜，物質不滅的相對論。這類人就是這麼有趣，別人看似理所當然，他們卻可能百思不解，並因此發現許多劃時代的創見。

另一個有趣的地方是，這類人通常是不修邊幅、邋邋遢遢，主要原因是他們太忙於心智的活動，無暇打理，又或者在他們心中，軀體只是心智寄居之所在，不必太在意。原本就不善於與人交際，再加上成天忙於思索又邋邋遢遢，也難怪他們和人群越來越疏離。

這類人中的代表人物在人類史上並不太多。他們的價值在於：智慧型的人一旦發揮了他們過人的觀察、分析能力，往往就會為人類寫下新的歷史而永垂不朽。

是什麼使得人被人性弱點困住

　　萬物本無所謂好壞，把事物分出好壞乃思想使然。從這個意義上說，除了人類，整個自然界沒有「思想」。人類及其道德觀獨立於天地之間。

　　　　　　　　　　　　── 查爾斯‧謝靈頓（Charles Scott Sherrington）

其實，現實生活中，人是一個矛盾的集合。許多人其實具有相互矛盾的雙重性格。他們一方面口頭上對榮華富貴表示厭惡，而又可能在榮華富貴面前眉開眼笑；一方面嚮往閒雲野鶴的閒淡日子，而又對無法置身於聚光燈下而心生寂寥。

人生在世，擁有成就讓自己出人頭地，幾乎是每個人內心的願望。一般的人通常會直接顯示出他們的目標和追求，而那些緊盯著目標的有識之士，卻常常閉口不談這方面的話題。這種奇特的現象在現實中比比皆是。

其實，大多數不滿現實，以狂放不羈、恃才傲物、旁若無人為個性特徵的人，一般為人耿直樸實，有高人之風，但寬容不足，靈巧圓潤不足，因此為人行事自成一格，既不為他人理解，也不肯屈尊去遷就他人。他們因孤獨而能沉浸於個人興趣之中，聰明、鑽研、發奮和持之以恆，終於有了自己的成就，歷史上不乏其人。不少才華過人的奇人異士，常有不同流俗之舉，這些反常習慣，常常讓他們不被世人所接受。這是何等可悲之事。那麼又是什麼使得這些人難在社會中一展身手？

自古到今，從表面現象中，分辨出一個人真正的內在，是件非常困難的事情。有的人貌似溫柔善良，實際上是虛偽奸詐；有的人外表恭敬謹慎，可是卻心懷欺詐；有的人表面上能幹，而實際上內心怯弱；有的人看上去盡心盡力，而實際上並不忠誠可靠。因此，有許多人為了看透別人而不惜絞盡腦汁。諸如以言辭論辯使他人困窘，觀看他是否有應變能力；向他詢謀問計，觀看他的見識如何；告訴他災禍困難，察看他的反應如何；用酒灌醉他，觀看他的本性如何；請他面對財物利誘，觀看他是否廉潔；要求他定期完成某事，觀看他是否具有能力。這些方法層出不窮，但最終也只有一個目的，那就是看透這個人的心地、這個人的本性以及弱點所在。所以辨識一個人，不能只看外表，還要觀其行動，察其習慣，才能從

本質上了解一個人，才能徹底掌握一個人的本質及其人性弱點。

　　現實生活中，有一種人總是讓人摸不透，他們有一種自求多福，而匠心獨具的能力。這種能力微妙得時常令人猜不透，究竟這種人是被操縱者還是操縱者？這種人動不動就會需要他人在生活上拯救、保護他們。限於其短，這種人總是在經歷成長的困難，他們總是成為受害者，經常隱忍著自己的憤怒，不肯老實招認自己的感覺。這種人有時會特別膽小羞怯，這使他們難以盡情地過生活。他們很有可能需要別人的幫助，去探尋生活的樂趣。

　　而同時，這種人也是令人莫測其內心的。他們對人生的態度，總顯得如此單純，所以你往往會錯誤地判斷他們，相信他們正在氣定神閒、了無心事；然而他們內在的真正情緒，可能正處於恐懼、畏怯、慵懶或者無力之中。他們天性如此善良，所以一般人總是不忍和他們唱反調或者造謠中傷。大家都慣於忽略這種人的缺陷，只注意他們的力量特質。特別是那些經常與這種人（父母、配偶、子女、老師、朋友）相處在一起的人尤其如此，經常會無視於這種人的缺點與不足，而產生保護他們的衝動，最後會破壞讓他們能夠自己站起來的契機。這讓他們一生幾乎都生活在別人的翅膀下。

　　這種人有時是非常被動性的，他們可以一輩子跟定你，而自己完全不負起做決定的責任。他們經常以別人為核心，而忽略了發展自己的人生目標和方向。這種人可以跟定某位個體，而拒絕向外發展其他的興趣，或者做出任何導致拆散他們這種關係的承諾。

　　這種人經常自我懷疑，時時希望自己受人肯定。如果一個人嘗試去接納、保護、拯救一位依賴性重的這種人，要付出極高的代價，就好像你握

住一隻落下懸崖的手一樣，你握得越久，他就變得越重，可是他卻感覺只要抓住了你的手，就比他自己爬回來更為安全。如果你也覺得這很有必要，那麼你會體驗到為了拯救他而握住他一輩子的辛苦，以至付出你自己的一生，也是義不容辭的；如果你鬆手，社會將會斥責你的品德不足以及你的自私心。這種兩難的困境，是與依賴性重的人相處的人最常體驗到的。

這種人不輕易相信別人，他們通常把自己的真情藏在心底，以免被拒絕或被人踐踏。不論他們信任人到了何種程度，這種人和善的天性永遠是陽光普照的。他們對碰到的任何人，都仁慈而和煦。這種人在所有人群中都能如魚得水，因為他們如雞尾酒般易於與別人調和。這種人的親和力是偉大的溶劑。

這種人經常沉溺於不切實際的夢幻中。他們不僅有異常宏偉的計畫，也有身臨其境的神遊能力，然而除非他們能夠全神貫注，否則他們的計畫僅止於夢幻而已。這種人的人性弱點足以令與他們相處的人忐忑不安並且大失所望。這種人是最不具有改變環境能力的人。也是被人性弱點徹底困住了的一種人。

這種人的性格中缺乏方向感，也沒有什麼雄心壯志。除非他們有明確的目標，並決心去實現，否則他們會一直漫無目的地活著。有一位這種類型的人，在心血來潮時，會興趣盎然地決定一個特殊目標；過不了多久，這種豪情壯志又會像流星一樣在瞻前顧後中消失，直到下次他又有什麼異想天開的熱情為止。若要他再制定一個目標，並且果斷迅速地去執行，真是難如登天了，然而目標卻是鼓舞這種人上進的唯一希望，除非能夠確定自己的人生方向，不然這種人經常會淪於忐忑不安和意志消沉之中。

這種人一定有能力做所有性格類型的人的密友。他們可以不費吹灰之力地接納別人，他們對於別人的高度容忍與謙和的期待，使對方會珍視他們的陪伴，而且尋求他們不帶批判的情誼。這種人跟任何人、在任何場合幾乎都能盡興，他們能夠領略千奇百怪的人物和經歷。但他們也因此時常發現自己糾纏在畸形的關係或人生境遇中。

　　這種人可能會錯失許多潛在的、美妙的人生時刻。因為他們把人生的重心放在別人而不是自己身上。這種人最不願看到的一個字眼，恐怕就是無聊了。但是這種人就偏偏可能會令人覺得很無聊。也許對這種依賴性的最佳描寫，莫過於下面這個典型的故事。

　　兩個這種類型的人在決定結婚前持續交往了數年。但他們的交往也僅限於一起看看電視，靜靜地相依相伴。他們結婚了，但是五年後他們認定彼此並不合適，沒有一位覺得幸福或是過得特別有意義。在下一個五年中，這一對仍然保持著婚姻關係，但是已勞燕分飛地各走各的路了。一個人去攻讀大學學位，而另一個搬到另一個城市了。沒有一個人主動做出什麼決定，沒有一個人提出要正式分手，又這樣渾渾噩噩過了七年分居而藕斷絲連的時光後終於離婚了。為什麼拖了這麼久？兩個人都承認，因為他們不能決定應該由誰去填離婚申請表格。

　　這種人很容易成為跟著蹉跎光陰走的過客。他們會在無聊、慵懶和提不起勁去改變的心態中消磨時光。這種現象在生活中，大多的妻子離開丈夫，丈夫離開妻子；員工離開老闆，子女與父母親互相分離，朋友間的莫逆之交付諸流水，以及另外許許多多應該是美妙的情誼，其終結的原因，只是源於彼此感到無聊。最糟糕的是，離開的一方總會感到非常愧疚，因為分手的基礎並沒有像不忠、猜忌，或者虐待那樣戲劇化。跟這樣一位枯燥無味的人共度一生，真可以說是令人不堪忍受。

　　整日慵懶和不心甘情願地生活，使得這種人的人生經常成為一場泥淖中的跋涉。他們不急於品嘗生命，覺得生命會等待他們，而世上所有的好事壞事，終究也會降臨到等待者的身上，只不過，他們最後要承擔的，可能要比他們當初選擇的差得太多。一位小女生由於害怕遭人拒絕，竟然出現了中風症狀。她在小學時，就由於受到同學們的譏笑，而出現了心理轉生理的症狀，把她的感情不安移轉成了肉體障礙（中風）。這又導致大人對她的縱容以及同輩的迴避。不幸的是，大人的溺愛和縱容無法治好她的心理創傷和生理疾病。

　　這種類型的小孩通常有一種獨特的和善氣質，能夠使一個家庭的氣氛變得融洽。他們是不帶脾氣走過人生旅程的孩子。新的生活經歷可能會使這種類型的小孩受驚，而遭到心理創傷，不過他們通常都能享受一種平和而默默無聲的存在。

　　有些這種類型的人，由於他們的漫無目標脫離現實生活的天性，會在人生的路上跌跌撞撞。最令別人苦惱的就是必須為他們收拾殘局。這種類型的小孩老是忘了吃午餐；這種性格的朋友老是忘了帶小孩子來上課；這種類型的丈夫沒辦法選定一個職業；這種類型的兄弟（或姊妹）不肯去多交朋友。這種類型的人實在體會不到他們的缺陷使他們變得多麼自私，也感受不到自己的不成熟在別人身上造成的壓力。

　　這種人不在乎生活有多少意義，是否豐富有趣。他們總是需要別人時時提醒他忘了刷牙、記住預訂旅館房間、學校幾點上課或公司幾點上班……這種類型的人總是對這些提醒報以漫不經心的回應。反而抱怨，「你為什麼老是這麼愛嘮叨呢？」「這到底是誰的事啊？」「你顧好自己吧，少來管我！」為此而受罪的是對這種人寄予期望的人，絕不是他們自己。這種人經常需要別人協助他們訂出計畫並度過難關。但他們又往往很勉強

地去接受，有時還乾脆拒絕他最需要的協助。這使得他們困在自己人性的泥潭中。

這種人不喜歡爭奪領導地位，他們十分不願去做可能出差錯的決策，而且巴不得逃避做決策的責任。他們比較樂於當個跟班或者不起眼的小角色，而讓其他人去做決定。這種人寧願接受別人的決定，也懶得說出自己的意見。一位患者問他妻子：「這個醫生想知道我是不是果斷的，你認為我是，還是不是呢？」周圍的人都覺得很可笑，因為他真的不知道自己在問什麼。直到他太太說話：「我倒覺得你自己已經給了比我的任何意見還要中肯的答案了。」

這種人也可以是非常頑固和倔強的。有一位這種類型的患者，他恨透了上高中，他討厭家庭作業和一切教育制度下的規定。他絕頂聰明，但是又不願意頂撞父母或者老師。在沒有十全十美的辦法下，一個人該如何做才能令每一個人（包括他自己）都滿意呢？這正是他面對的兩難。他恨家庭作業，而他們非要他寫不可，整整一個學期下來，這個學生做完了每一份指定的家庭作業，但是從來沒有交一份給他的老師。每天晚上，父母都會問他功課做了沒有，他當然回答做了。當他的成績開始戲劇性地往下滑時，他們要求看他的作業，他也能馬上拿出來給他們看。到了該學期快結束的時候，老師告訴家長他從不交作業，父母覺得是老師故意要整他們的兒子，他們明明看到他做了作業，可是老師們都反覆地說他沒有做。這個案例充分說明了這種人的沉默、頑強和倔強的天性。這種人選擇沉默，是因為他們對公開的衝突感到難受。然而，和這些暗地怨恨著你的人相處，實在是非常困難。這似乎正是利用了別人天生的好奇心，故意拒絕公開討論他們的內心感情，以迫使其他人必須努力去了解他們。

這種人一般都有很深刻的感情體驗，但是要讓他們對別人表達出來就

比較困難了。一位這種類型的繼父，為了維護家庭和諧，他接受他的繼子
長達數年來數不勝數、難堪無比的羞辱。他的妻子不讓他管教這個孩子。
最後，在引發了重重問題，包括不良少年的劣行和學業無法繼續之後，這
位母親終於同意讓她的丈夫扮演更積極的角色來管教這個孩子。過去他從
來沒有對這個孩子發過火，也從未發洩過任何憤怒，這下子有了他妻子的
准許，他一股腦地過度反映出來，只要一抓到機會，他不但主動出擊，而
且還對他的繼子施以肉體的報復。

　　從積極的方面說，這種人可謂知足常樂者，他們是自得而悅人的個
體，很能夠接納生活上的任何人，他們能夠契合所有不同類型的性格，他
們和善的天性以及圓滑的手腕，為他們贏來許多忠誠的友誼。他們寧靜愉
悅的氣質，是使他們能容納得下任何家庭、友誼和企業的一項財富。這種
可說是典型的、剔除了任何其他性格類型的極端溫和的人。就像他們所象
徵的水的品質一樣，他們繞過生命的險阻，無孔不入地流過，而不是一定
要剷除路途中的障礙；他們的領導能力是穩當而公平的，他們寬容異己，
並且提倡團體成員之間的盟友情懷；反映了他們對每一個人都能水乳交融
的特異能力；他們具有令人羨慕的平衡力量；他們接納任何類型的性格，
並且願意向他們學習。這種人最優秀的是能夠將生命的危機擺在適當的透
視之下，知足又沒脾氣，他們對生命提出的要求不多。他們經常能不惜付
出，帶來溫柔的肯定，能體驗到這種心靈敞開的擁抱是極為幸福的。

　　另一方面，這種人看起來似乎總顯得無趣而孤僻，他們總是懶得確定
目標。他們也時常拒絕為參與而付出代價。這可能是因為他們害怕隨之而
來的衝突或拒絕。這種恐懼阻礙了他們體驗生活。他們的優柔寡斷，局限
了他們的成就。為了要感覺安然，他們太注意別人的需求，並且不惜代價
地要取悅那些出現在他們生命中的人。他們不願表白自己，寧可接受別人

的任何看法。這種人只願意照自己的選擇走人生的路；他們默默接受命運的擺布，但凡不合他們心意的，便立即會不理不睬，他們通常也不歡迎那些需要付出努力才能獲得的可貴經驗。

現在，我們不妨詳細透視一下充滿助人色彩的人，這種人生活中隨處可見。他們是另外一種被自己的人性弱點完全困住的人。這種人有以下行為特點：

他們充滿無比愛心，總是捨不得別人受苦，凡事都先為別人著想。他們以付出為樂趣，但有時不管別人是否真的需要，他們還是一味地付出。結果，他們不是滿足了別人的需求，而是滿足自己「想付出」的需求，而他們渴望得到別人的感恩，卻又常常會因「幫倒忙」而往往得不到。

他們很在意別人的感情和需求，因為他們不喜歡看到別人生活得不愉快。尤其是在他們周圍的人，如果遭遇痛苦而得不到援助，那會使他們看不下去。若是別人受苦而他們沒有主動援助的話，那便會讓他們覺得自己是不對的。所以他們不在乎用自己的時間和精力去幫助別人，他們總是全力以赴地去幫助一些可以幫助的人。他們常覺得給予比思考更重要，在學習事物的時候，比較不在意那是否對自我發展有意義，重要的是當別人有需求的時候，是否能為他們派上用場那才是重點。所以，他們幫助他人時，只要可以讓別人的痛苦得以改善，就不必在其他方面花太多心思。

他們並不太重視利益交換，付出是他們最大的快樂，卻不需要別人的回饋。在團體中他們也不喜歡扮演領導者的角色，但如果是公益組織或愛心活動時，那就另當別論。因為只要付出能改變別人的生活，而使別人幸福的話，他們會願意忍受繁瑣的工作所帶來的挫折感。他們不喜歡規則，也不喜歡開會，對這種形式化的政策實在提不起興趣，但對情感受到傷害

的或有困惑的人，他們就會非常的關切。所以他們決定事情時通常不太客觀，經常依據自己的實際感受去行動。

他們喜歡有很多的朋友，也樂於傾聽別人向他們訴說所有的事情，更願意在別人有困難時去幫助他人。他們鼓勵朋友們多談談自己，他們擅長讓別人感受到心情舒適，也喜歡給別人誠意的意見。他們總在別人的生活中發揮著他們的影響力，他們的慷慨大度常獲得每一個人的讚美。但他們也難免懷疑，人們是不是依據別人依賴他的多少，來決定他的成就？因為他們總是在幫助別人後才有最大的滿足感。他們最大的缺點是由於經常以別人的需求為需求，而忘了自己真正的需求。這樣他們就容易委屈自己、迷失自己。對別人不停止的付出掩蓋了他們自己生理、心理、情緒及需求，有時他們也希望別人來填補自己的需求。

他們不習慣與別人分享自己，有時候甚至認為自己的慾望是錯誤的。因此他們不願表達自己的願望，當別人關心他們的時候，他們總用非常友善和客氣的態度以保持一段距離。他們與別人是一種單向的親密，他們的個性使別人容易親近，但他們經常會感到內心空虛，並感受到壓力與恐懼。他們對照顧自己的能力卻相當有限，這時候他們也會用浪漫式的感情招來別人。因為有時候他們也需要一些對等的愛來滋潤心靈。所以當有這樣的人出現的時候，他們對這份愛的感覺會有回應，以滿足自己的渴望。他們對人好的時候，如果別人不能接受，他們會有被傷害的感覺。如果別人高興地接受他們的關愛，但卻認為不需要做出對等的回饋。這時他們雖不會拒絕他人，但卻也討厭那些不知感激的人。對他們來說，當付出了奉獻時，只要輕輕在他們耳邊說一句「謝謝」就可以了。他們熱情，且喜歡保護他們的朋友，而當他們與這些朋友在一起時，他們永遠是忠實、親切，並帶來陽光的人。

由於他們喜歡交朋友，喜歡幫助別人，因此身邊會出現一群依賴他們的人，而且他自己非常願意將自己變成廣大群眾的中心。他們對他們的團體中成員有絕對的影響力。為此他們變成了大忙人。他們總把每一個人的問題變成了自己的問題。這對於依賴性比較強的人或比較缺乏人關心的人，他們發揮了最大的功能。但有一些人卻不理解他們所做的犧牲，反而覺得他們多管閒事，或強行闖入了他人隱私範圍，而對他們產生誤解。其實他們並沒有惡意，只是非常在乎與朋友在一起，並相互表達關心、掛念及擔心而已。

　　令他們比較煩惱的是，由於需要他們幫助的人太多，往往沒有時間去注意到家人，或忽視自己的需求；有時候甚至已經身心疲憊，面臨崩潰，但對別人痛苦的事，卻仍不忍心不管，因為他們覺得人生以助人為目的。在內心深處，其實他們並不需要別人的感謝，但他們仍然討厭那些不知感激、忘恩負義、不為別人著想的人，所以他們隨時提醒自己，不要驕傲，不要自私，要捨得犧牲，要成為大家心目中的大好人。但事實上還是有太多的人讓他們不滿意、讓他們失望，他們的內心常有憤怒的感覺。所以有時他們對人性感到可悲，他們覺得他們得到的常是不平等的待遇，因為他們總是遇到不好的人。

　　當然他們知道，當在愛人與被愛之間產生了慾望和需求的衝突時，他們無法面對自己也有需要被愛的情緒，所以他們在愛別人或幫助別人的同時，事實上也會產生一種嚴重的自戀，因此在愛別人的同時，又會產生強烈的控制和占有欲，難怪在付出這麼多愛後，得到別人的回應居然是那麼樣的差。他們再三反省的結果是，原來他們愛的信念並沒有錯，但他們對人的愛的態度可能太自以為是、太強迫了。這些他們一定要改，但他們首先要學習的是自我反省，而不是老怪別人不知感激。這樣他們才有辦法找

出內心深處真誠的情意，以及在不為別人服務時，如何面對人際關係的困境，進而成長、提升思想境界，使自己能夠了解別人、尊重別人，並懂得如何愛人。

經過深層次地透視這種助人型的人，就不難發現他們共有的一些特點。

他們的動機、目的：他們渴望別人的感情，十分熱心，願意為別人付出愛，看到別人滿足地接受他們的愛，才會覺得自己活得有價值。

他們能力、力量的來源：他們認為沒有一件事情可超越愛，所以活在這個世界上最重要的事就是表演愛、散布愛。有了愛就有力量，有了愛就有信心，有了愛，萬事萬物才會欣欣向榮，所以他們把自己當成愛的天使，不停地去關愛別人、照顧別人。

他們的理想目標：他們最渴望得到每個人衷心的喜悅與愛。助人型的人總是無時無刻覺得自己最好、自己有付出愛的能力，能夠和別人的情感及生活緊密結合在一起，才有生存的價值，如果別人不需要我，不依賴我，助人型的人就覺得活得很孤獨、很乏味。

他們逃避的情緒：他們總是不太願意去面對自己的需求。事實上，愛的另一面往往是控制或操縱，愛別人是希望別人愛自己、需要自己，轉而聽自己的話。然而助人型的人往往並沒有意識到在自己的潛意識裡有這樣的動機，只有在付出很多，又不被重視、不被接受、不被感激時，才會發覺那股強烈的空虛及怨恨。

他們在日常生活中所呈現出來的特質：很熱情地對待他人，對人很好，很有耐心；心地慈悲，很願意為他人貢獻自己所有；做人誠懇又溫暖，而且很大方、慷慨；服務別人時廢寢忘食，不知勞累，反而很興奮；把他

們所愛、所幫助的人的成功、快樂及幸福，都看成是自己的成就；只要以為別人有需求就拚命地給予，別人拒絕時，還以為別人是客氣；喜歡別人依賴自己，因為被依賴就是被重視，那是一種幸福的感覺；付出時，別人若不欣喜接納，則會有挫折感；老把愛掛在嘴上；幫不了別人時，心中會很痛苦。然後會再想辦法，設法幫上忙；嫉妒心重，別人不夠看重自己時，會很生氣；喜歡溝通，喜歡人情來往。付出時很容易、自然，但卻不習慣接受；常往外跑，四處去幫助別人。留在家裡時，不是講電話就是招待客人。

他們常常出現的情緒感受：他們經常都是很高興、精力充沛的。他們很關心別人，但也喜歡多管閒事，情緒常隨著他人的喜怒哀樂而起伏。他們很感性、很熱情，常覺得別人無能、可憐或是太懶，需要受到幫助，所以自己時常在行善。

他們常掉入的陷阱：他們覺得自己一定要好好地滿足別人的需求，別人才會喜歡自己。所以助人型的人為了讓自己有用，以發揮最大的包容力和服務的精神。像是當志工，深入貧窮地區；當護士為患者付出愛心及耐心。助人者總是以自我犧牲的方式，為別人提供愛和友情。

他們防衛自己的面具：他們在幫助別人或服務他人時，有時也會沽名釣譽，或是以愛來控制別人的行為。但他們很快就會告訴自己，其實那些只是附帶的，我並不刻意追求這些，那些並不是我最渴望的。所以在愛的面具下，他們仍會把自己定義成絕對的善良及絕對的無私，以消除自己偶爾升起的罪惡感。

他們的兩性關係：他們一旦「愛」上一個人，就會想盡辦法把對方追到手。他們追求的方法可說是費盡心血，他們會去調查對方所喜歡的一

切,如喜歡吃什麼?喜歡做什麼?喜歡哪些東西?只要是對方喜歡的,哪怕上刀山、下油鍋,助人型的人都會設法去滿足對方,讓對方感動無比。而作為他們的朋友或伴侶經常都會有一種虧欠感。然而值得注意的是,虧欠感不一定會產生感激或是愛,相反地,還可能帶給對方壓力,也使得兩人的關係變得不平等,而不平等的關係往往是最容易出問題的。事實上,如果他們不要藉著愛,給別人太多的壓力和控制,真正去了解別人的需求,同時也把一些精力放在自己的需求上,那麼他們的關係將會既溫暖又穩固。

他們精力的浪費處:他們由於太過於投入生活、太關心社會、關心別人,反而把身邊日常生活應盡的義務給忘記了,尤其對自己的家庭總是忘了付出。由於助人型的人是比較熱情的,所以平平淡淡、不夠刺激的家庭生活,會讓他們忽視或忘記,使其家庭成員不免會有抱怨產生。他們在服務的興奮中常忘了自己的疲勞,所以他們不在乎為別人付出多少時間,可能有一天,才忽然發現自己身心俱疲,累垮了。

他們的兒時經歷:他們小時候就經驗到,如果很乖巧很討人喜歡時,才會被長輩或周圍的人注意,所以他們就發展出要得到愛,就必須相對地付出,這就是有條件的愛的產生。一般的助人型的人熱情洋溢,付出是他們最大的快樂,他們關心別人往往更勝自己,而別人的一句「謝謝」,常常就可以讓他們感到滿足。但是你若真認為他們助人不求回報,那可就錯了。雖然他們要的不是物質的回饋,但是卻期待別人回報愛與感激。雖然多數人對於他們的幫助與關心都會由衷感謝,然而這份感激的程度,是否可以滿足助人型的期望,卻又是另一回事。因為感激不見得會昇華為愛,感激也不見得代表需要依賴,於是助人型渴望被需要的心情有時難免會落空,使他們埋怨他人不知感激。

事實上，助人型的人有強烈的占有欲，常常使他們硬要介入別人的生活，提供別人不需要的協助或建議，甚至硬要控制別人的行為，而這時往往只會造成別人的抗拒與逃避。他們彷彿以為由於自己的犧牲奉獻，就有資格干涉別人生活的權力，把別人的事都當成自己的事，把別人都看成是自己的財產，不知道別人也有獨立自主的權利。助人型的人喜歡交朋友，到處參加社團，最大的原因是因為他們希望成為別人的重心，希望得到更多人的依賴。幫助的人越多，他們就越快樂。然而他們卻往往因為對別人的生活太過投入，反而忽略了自己的生活與應盡的責任，我們可以看到這種類型的人忙著幫助其他人，可自己家人的需求卻忽略了。

　　愛的確是人類偉大的情操。真正的愛是不求回報的；真正的愛是能夠讓被愛的人充分發揮自己，讓付出的人感到快樂而非犧牲；真正的愛是一種自由，而不是約束。

　　而真正健康的助人型，他們是不求回報的，他們愛人、助人完全是出自一種本能的善意，因為他們是公平無私的，自己有多少，就想全部拿出來和別人分享，他們不是想獲取報答，而純粹只是心存善意，一種自然的反應。他們慷慨大方，而且由於他們的付出不是出於勉強，沒有任何自私的目的，所以他們也不會強迫別人接受他們的愛。這種崇高自發的愛，真正尊重別人的愛，是人人都能接受的。

　　只有健康的助人型的人才可以做到這種無私的利人行為。而世人也往往將他們當做活菩薩，因為這種情操甚至超過對神的供奉，達到願望就必須還願，否則會降予災難。

　　事實上，的確只有少數人才能達到無私無我的境界，懂得自愛的助人型是健康的。因為一般的、不健康的助人型犧牲了自己的需求、慾望，事

實上只是把自己的慾望寄託在別人身上，認為自己犧牲了，就有占有別人的權利，別人就有義務為他的犧牲完成使命。

而一個懂得愛自己的助人型的人，會去傾聽自己內心的聲音，探索自己的需求。這時他們展現出更好的特質，更加了解自己、肯定自己。他們會努力實現自我的夢想，讓自己更有力量來幫助別人，而不是寄希望於別人來幫他圓夢。不健康的助人型是將自己的需求投射到別人身上，這時他們雖然打著愛的旗幟，但是表現的卻不是愛，而是控制。他們可能會說：「我對你嚴格完全是因為我愛你。」他們固執地以自己的方式付出，卻不管別人是否需要。而且一旦別人拒絕，他們會十分氣憤，覺得別人沒有良心。

自我欺騙是他們的防衛機制，不管他們的行為對別人有多大的傷害，如限制別人的行動，剝奪別人選擇自己愛好的權利，他們都會認為這純粹是為了別人好，不是為自己；手段即使是殘酷的，但出發點絕對是出於善意。

他們以愛為由，來控制一個人，而且讓別人覺得背叛他們是罪惡的，以至難以逃脫其魔掌，這時我們看到的助人者，其實已經完全變成一個獨裁者，用強迫的手段控制著別人。

但多數助人型的人究竟是犧牲小我，成就別人？還是犧牲小我，透過別人來成就自己的夢想？這之間可有很大的不同。

現實生活中，有許許多多的母親便是助人型的人。她們犧牲自己，給孩子吃最好的、用最好的、上最好的學校，而自己卻省吃儉用，放棄了任何享受的機會……故事到這裡的確是很感人，但是直到有一天，孩子放棄了父母為他選擇的路，而執意做自己的時候，家庭中的矛盾就會出現了。

「我辛辛苦苦讓你念醫學院，就是要你以後當醫生，光宗耀祖。你卻要畫畫，畫畫能當飯吃嗎？你到底有沒有替你自己，也替我想過？你若是執意如此就不必再認我這個母親。」

「你現在聽我的話，以後你自然會感謝我。你若是不聽我的話，就是不孝！」

「我這麼做，還不都是為了你，你卻讓我如此失望，你這麼做應該嗎？」

「我為你犧牲一切，你卻這樣回報我？」

許多助人型的人就是高喊著愛的口號，標榜著自己所做的犧牲，卻以此控制著別人的生活。在他們心目中，自己是無私的、偉大的，而別人若不順從自己為他們所規劃的路，就是自私的、忘恩負義的。而且他們還會以無情、無義、不孝、自私等罪名控訴別人，強迫別人順從自己的意思。事實上他們自以為的無私，卻可能是最自私的。他們把自己完成不了的願望寄託在別人身上，自己卻像寄居蟹一般依附在別人身上，表面上助人型的人不見了、犧牲了，然而事實上不見的、犧牲的卻是那個依附於他的人，他只是一個空的軀殼，受人控制而已。這種人性弱點是可怕的，它製造了悲劇卻讓人並不知覺。

事實上，一味地犧牲自己，只是把自我實現的慾望寄託在別人身上，而且這種慾望，因為無法由自己完成，往往會變得更強、更大。助人型的人應該發展自己，讓自己變得更有力量，自己有力量才可能幫助別人，自己有自我實現的力量，才不會只把這種希望寄託在別人身上。自愛才能愛人！一個懂得自尊、自愛，懂得尊重別人的助人型的人，才是最偉大無私的助人者。

　　經過這樣詳細解析，這一類型的人就徹底露出了他們的人性優點，但也更讓我們看清了他們的人性弱點；今後，我們在和這一類人交往、工作、生活時，就不會盲目了，畢竟這類人的一切盡在你掌握之中了。

人性色彩所對應的弱點及其掩飾行為

　　人們總以為只有公開的行動，才能傳達出各自的美德和缺點，卻不了解美德和缺點每時每刻都在透出自己的氣息。

—— 愛默生（Ralph Waldo Emerson）

從某種意義上說，透視人性弱點，就是完成個性上的修練。也就是說，你必須發現並改變你從未注意過的弱點，並且忍受不可避免的痛苦磨練，然後再完成完美的個性，讓自己在人生中更加成功。

人的行為不外乎四種基本層次：個性非凡的、健康的、不健康的和心理病態的。在任一時間，人的行為都有可能在任一層次中運行，然而大多數人都會屬於以下三種混合的基本層次之一：個性非凡的與健康的不同層次、健康的與不健康的不同層次、不健康的與病態的不同層次。

「個性非凡」的層次，是指那些有才能去鑑別、熱愛發展、性格色彩中正面力量為主的人。「健康」所形容的，就是他們能夠流露出自己正面性格力量的人。「不健康的」所指的則是一生中的大部分時間，都活在自己負面性格缺陷中的人。「病態的」層次的人，就是一種不但展現了自己天生的缺陷，還在後天生活中，更進一步去產生出其他各種缺陷的人。這就是人性弱點的某種展現。這樣的人是最難應付的，因為在他們所顯現的態度和行為中，你找不到任何正常人性格的格調或尊嚴。

雖然我們無法改變自己所處的環境，但卻可以發展自己性格中的所有正面積極的方面，這就是做個性的修練。為了讓我們自己擺脫人性弱點的局限，成就一個最完美的自己，我們必須去發展自己人性中所具有的力量。記住，只蹲在自己的性格洞穴中是辦不到的。塑造個性是唯一有效的途徑，因為只有這樣才能夠克服我們與生俱來的人性弱點，或者遭受命運擺布下的人生經驗和畸形的人際關係所帶給我們的缺陷。這就是一種進步。

個性是一種強而有力的社會現象。它的形成是十分複雜的。我們可以把性格解釋成是內在的，但是個性無法以這麼簡單的詮釋來涵蓋。

人們也會發展出個性上的力量和缺陷，這與他們生來便具有性格和力量的缺陷，是在同一個核心中運行的。非但如此，有些個性的特質，還會與特定的性格產生特別的、內在的共鳴。每一個人從一出生開始，都明顯地有一些注定要擁有的力量和局限。雖然不見得與生俱有哪一種特定的個性特質，但是基於天生性格色彩，比如心理底色呈紅、藍、白、黃等色彩都是和一定人性相關聯的。這樣人們就會特別傾向於接納或排斥某種特別的個性，就能定義某種個性。這是一種人性色彩，也是一種個性。當然，這一切也有助於更好地透視人性弱點。其實，常見的人性優點和弱點，與每一種對應的性格是對應的。

　　人性弱點是最可能阻礙個性的發展。從任何性格色彩的任何特定行為中，去發覺有哪些正在妨礙著他們自己的人性塑造的進行。

✦ 優點

　　做事忠誠、有奉獻心、有遠見、邏輯性強、領導力強、有重點、責任感強、待人忠誠、品格至上、懇切誠實、有目的、道德感強、寬容、有耐性、肯合作、接納度高、客觀、四平八穩、最棒的聽眾、積極、不記恨、善結交、樂觀、信任他人、感恩、態度開明。

✦ 紅色性格缺點：

　　驕傲（盛氣凌人）、麻木不仁、差勁的聽眾、缺乏手腕、愛怪罪別人、沒耐性。

✦ 藍色性格缺點：

　　自鳴得意、愛批判、動不動就沮喪、控制慾強、疑心病、重情緒化。

✦ **白色性格缺點：**

膽小鬼、牛脾氣、感情不老實、不肯介入、依賴性高、無目的。

✦ **黃色性格缺點：**

情感上的花蝴蝶、前後不一、煩人、叛逆性高、以自我為中心、太好說話。

✦ **紅色性格者缺點：**

傾向於頤指氣使和頑固不化（這限制了深度分享感情和對話中的共識）；經常有自我膨脹的需求（這時常導致多餘的權力鬥爭）；為了保持掌控而出言無禮刻薄（令周圍的人提高戒心）；有過度工作的傾向，忘了生活的藝術精神而一意孤行（如果我建議一位紅色性格的先生買花給他太太，他可能會買，然而他大概不會領略這件事情本身的樂趣，因為他只是把這當做一項任務去完成）；不留情面地批評別人的弱點（這使得別人對他隱藏起內心的不安，以免遭受排斥或奚落），無法激發出別人的創意性貢獻；遭到質疑時會受不了，總是要顯得自己是對的（別人因此會只講場面話但卻背地裡嘲笑）；不懂得感激他人。紅色性格者極少會稱讚別人，這使得希望得到他的認可或接納的人們很喪氣。這樣的行徑，不僅過頭，也傷了自己，他永遠得不到渴望的親密關係，因為他自己永遠不肯先去播種愛。

✦ **藍色性格者缺點：**

遇事常常扯入自己的私人情緒（這經常使得別人必須口是心非，以保護藍色性格者的過度敏感和不安）；時時抱著太多超現實的期望（這會令他人自覺有所不足、多餘和不受青睞）；老是把自己擺在優先順序的尾端，

這在自我評價上是一種負面的示範；他們對於喜歡過優越生活的人或好勝心強的人太過挑剔（這使別人感到永遠無法讓藍色性格者高興）；過分苛求別人的禮貌態度（這使得別人乾脆打倒一切）。

✦ 白色性格者缺點：

太容易被生活的挫折壓倒（這使得別人憐憫白色性格者）；太畏懼表達自我（這使得別人失去對白色性格者的尊敬）；太膽怯於挺身而出（這使得別人感覺白色性格者永遠需要保護）；太消極於制定目標並下決定去追求（這使得別人對白色性格者的缺乏主動和不肯共赴理想感到生氣）；太以自我為中心，以至牴觸團隊精神；太悶聲頑固（這會惹惱了別人，並且經常令別人拋下白色性格者，走自己的路）；顯得太無助、太無能（這使得別人想拯救白色性格者）。

✦ 黃色性格者缺點：

表現得太輕浮、太不穩定（這使得別人感覺黃色性格者並不真正關心他們，或並不在乎任何事物）；唐突成性，往往做出草率的評論（這會傷了人家的感情，並且被別人看輕）；對於工作任務往往太不負責（這使得別人不敢信任他們能完成任務）；不願意多學習各種謀生技巧（這使得別人失去對黃色性格者的尊敬，或過度寵溺他們）；有時候會逃避應該擔當的領導角色（這使得別人必須不公平地承擔較多責任）；為了迴避衝突，在感情上不忠實（這使得別人墮入虛幻的夢境中，卻只能達到膚淺的親密程度）。

其實，每一種人性弱點是會影響別人的人性發展的。這是與同一環境相適應的必然趨勢。

因而，最終決定人的品格的並不是性格，而大部分取決於個性中的人

性弱點。所謂個性，本質上就是指一切必須付出努力去克服天生缺陷的表現──不論它是逐漸形成的思維、感受或作為。個性也表現在我們遭遇人生挫折時，所做出的價值觀和信念上的改變。

個性的發展有幾個不可或缺的要素，首要的就是自由意志，其次是選擇我們生命中的重要影響力量，第三就是認識積極的人生原則。

如果自由意志不能成為我們的生存核心，人們就會被內在的性格缺陷所影響，那麼，一切人的發展或蛻變的希望也終將化為泡影。發展個性，是平衡性格的唯一途徑，除非人們建立起自己的個性，否則就無法體驗完整的生命，而且無法掙脫人性弱點的束縛。只有塑造獨特而有魅力的個性，才能夠使人們真正領略多采多姿、有創造力的人生。

最佳塑造個性的氣氛，就是當人們處在自由意志之下的氣氛，這是一切塑造個性訓練過程的基礎。

有一位年輕女子被迫照父親的指示，每天早晨上學以前必須苦練兩個小時鋼琴。看到她這樣堅持不懈的人，都以為她真的有很好的個性。然而健康的個性，是反映在對於積極人生原則的一貫承諾上。這位年輕女子憎恨鋼琴，她也恨父親的強制行為，她甚至恨自己無力掙脫父親對她的控制。很不幸，她已經墮入了一種負面的個性，表面上不計代價地取悅別人，背地裡卻憎恨、怪罪別人造成了自己的生活不快樂。

她的父親也同樣不對。強制女兒依照他的、而不是按她自己的價值觀去發展個性。所以，當她終於爆發出怨恨、並發誓從此再也不願意去碰鋼琴時，他的父親震驚失措，這是可以想見的。其實，父女兩人都沒有正確認識積極的人生觀，兩個人都展現了不健康的個性，才會導致這種悲劇。

我們每一個人的一生是自己的一部生活史，就是我們所奉行的信念的

最佳說明。文明禮貌，英雄模範是每一個孩子從小就熟知的作為規範和模樣。在漫長的成長歲月裡，我們會模仿那些榜樣。其實，最能嚴重影響人之初的個性發展的因素，主要是來自父母。到了青春期，我們深受同齡友伴的影響。而以成年人來說，我們的個性受到婚姻配偶的影響最大，而我們所得到的最大支持，通常來自兄弟姐妹、家庭以及朋友們，所以我們應該不時自問：誰是我們正在模仿的對象？有沒有更值得我們仰慕的精神導師，可以讓我們去追隨？

而所謂人生原則，其實也就是放諸四海皆準的生活道德。這些人生原則的內容是豐富的。如：生存競爭、愛人與被愛、衣食住行的需求、感受生命的意義等等。不論它們是理論或實際的，這些哲學性的思考都能夠更有效地幫助我們發展自己的個性。重點在於：每一個人是否都能在人際關係中貢獻出獨特的力量；對自己有信心的人，會不會動不動就在別人面前耍權力鬥爭的把戲；是否更懂得怎樣去愛別人和接納別人；當我們費盡心機地去貶低他人時，我們不但妨礙了別人的個性發展，也同時限制了自己的成長。

人生原則能夠增強我們的性格本色，並協助我們洞察別人對於事物的觀點。人生原則也能夠協助我們突破先天的性格局限，透過克服性格缺陷的不自然和痛苦，而終於建立起積極的態度和行為，達到將心比心、洞悉人情的境界。

事實是複雜的。有正面的教誨，也就會有反面的衝突。

在現實生活中，有一種很有意思的現象，本來對待人性弱點，是改造它以適應人生原則和社會要求，但有些人若有不想讓他人所知的人性弱點時，往往會以誇大自己其他方面能力的方式，來隱藏本身的人性弱點。

　　這種人喜歡不斷引名人之言或用難解的話，或是不斷表示自己很忙，使別人以為他是飽讀詩書，或是受人歡迎的人。事實上，此種裝模作樣的行為，雖非狐假虎威的作法，但是，多少表現出一些人類的弱點，具有想隱藏弱點的強烈傾向。反言之，從誇張行動中，欲讀出其中隱藏的人性弱點，只要看透他狐假虎威的本來面目，和喜歡打腫臉充胖子的做法，就極容易觀察而知其弱點。

　　至於在人類世界所能見到的掩飾行為的實例，更是不勝枚舉。

　　在日本有最明顯的個案。

　　豐臣秀次因為是豐臣秀吉的外甥，從十多歲的時候就擔任了四品近衛官之職，接著權中納言、權大納言、內政大臣、攝政等高官厚舉不斷加諸其身，平步青雲之勢令人眼紅。一個輕浮、做事不得要領、厚臉皮的青年，若非豐臣秀吉的外甥，能成為村子裡年輕人的首領就不錯了，根本不必夢想攝政之職。

　　豐臣秀次的叔父豐臣秀吉，出身極為貧賤，不屬於當時源氏或平家的系統，完全靠白手起家打天下。秀次雖為秀吉的繼承人，但這個年輕人卻一點也無武門繼承人的勇猛之勢。

　　秀次自知其短，於是他藉著收集天下猛將、豪傑不可離身的頭盔鐵甲和刀槍等武器，來表示自己的勇武。待其收藏漸豐之餘，就得意非凡地炫耀自己乃一介勇將。再陸續搜刮家臣或其他名家的名器，以充實自己的氣勢，誇耀其勇武。

　　另一方面，豐臣秀次以貴族的身分而登上攝政大臣的最高位；因此，必須與朝廷中人有所交際。然而，武夫般的秀次，本不具備應有的知識與教養應對朝廷的文武官員，所以，當時的近衛信君就曾以露骨的言詞，在

書信中公開譏諷秀次是「無知愚昧的秀次大人」。

而秀次因無學問及教養，無法炫耀自己學問經歷之豐富。他只能把《日本書紀》、《源氏物語》等巨著重新印刷，獻給天皇，來誇示自己的文采。

豐臣秀次以這種掩飾方法來誇耀自己的「文武之道」，在當時即成為社會的笑柄。秀次又在新城聚樂第的城樓上以鐵炮射殺路人，又到京都大街上殺人血腥來誇示自己的權力。

從此，豐臣秀次「殺生攝政」的封號亦因此不脛而走。他那種種卑劣的行為也為自己釀成大禍，招來自己切腹，而二百餘妻妾子女斬首於市的悲劇。

以秀次如此極端的行為，因為自卑與不安分的弱點，卻要以權勢、能力來掩飾內心的不安，讓自己與真正有才有權的人同行。所以，這種行為，亦可視為欲隱藏自己的弱點所採取的一種防衛措施。

另外還有一種現象就是文字工作中常見到的，為了顯示自己的文才而賣弄不已，實則是表露知識自卑感的笨拙方法。

從文字上來看，光是描寫黃昏的字眼，就有夕陽、黃昏、薄暮、傍晚、夕照……等諸多形容詞。在書寫文章之際，通常為了美化之故，大多會選用較文雅美好的字眼來形容。其實，真正的作家喜歡以最容易了解的形容詞來形容，以直接的形式敘述自己的文章理念，而並不拘泥於文字雅俗。而自古以來，許多名作家、評論家的文章中，也較少出現生澀難懂之詞，凡是傳諸後世的名作，無一不是明白而通暢的流利文字。相反的，喜歡用難懂的專門術語、外國語法層出不窮的文章，就只能稱為較差的文章了。而且，就此而論，其目的只是為了使理論內容看來更有價值罷了。

從心理學的觀點來論，這是對自我能力的自卑感所反射出來的結果。

也就是用難懂晦澀的字眼來混淆讀者視聽，是用以隱瞞自卑感的防衛措施。無論任何人，皆有自己習慣用的一套語言邏輯模式，但是，在無意識間將借來的語詞和理論用來代替自己，其實是想要隱藏自我弱點的心理在作怪。

雖然讀寫文章的根本就是不應出現錯別字。但是，某些人特別執著於糾正他人文章中的某些錯別字，也是反映知識的自卑感。更甚的是由於自卑感之故，某些大學教師或非一流的學者，拚命地對某些文章大加吹毛求疵，以反映自己的文字能力。實際上他是告訴了別人，他自卑。相反的，對自己的學識有自信並高水準的人，就不那麼拘泥於寫幾個錯別字，這些一流的學者，知名的文學家，他們對自己的信心，使其根本不在乎錯別字的存在。

其他在日常生活會話中，也有掩飾的表現。一些人總喜歡在非專業會議上，頻頻使用難理解的詞彙、專業術語，本來是日常會話，他也一嘴專業用語。他們這樣的行為大多數是知識上自卑感所反映出的掩飾行為。

在會議中，某些人發言常愛引用其他學者名人、或是名著中的話語，這大多是由於在心理深層的知識的自卑感所致。由於心中的不安、難耐，使其不知不覺中引用其他人或書的名言，藉以維護自己的權威感或作為後盾。總之，最後想達到擴充自我的能力、表現豐富知識的假象。

聽這類人演講，聽眾往往不知不覺中為其光彩奪目的言辭所迷惑，而使此人得到名過其實的評價，這就是所謂的「月光效應」（moonlight effect）。

總之，如果仔細觀察別人的文章或言談，就可以從某種程度上了解其心理潛藏的自卑感或不安全感。

曾有位知名女作家在做訪談節目時，雖然錄音機在一旁轉動著，話題卻始終難以進展。原因是席間女作家不斷地在接聽手機、打電話，忙忙碌碌地使訪問中斷數次。

一般人會認為是不禮貌行為，但是，事實上卻是她的人性弱點在作怪。女作家在成名以前，有一段極長的懷才不遇的歲月。大概是出於恐懼不被世人肯定的焦慮心理吧，不知不覺對自己的能力形成無法克制的自卑感。由於自卑感的反射，使其不知不覺地向周圍告知自己的忙碌，以誇示自己的能力。

這個女作家的這種行為，在商場上更時時可見。那些本來無多少事可做而對自己能力失去信心的人，往往有意向他人誇示自己的忙碌。

要觀察這樣的心理傾向，看看他們辦公桌上的記事本就可以明白。真正忙得不可開交而有能力者，往往只記著幾個重要的事項，以求精練。但是，反觀對自己能力感到自卑的員工，一看到空白的記事簿，就彷彿看到自己能力的空白而不安。於是就將工作以外的私人事項也仔細記載，甚至家人的生日與友人的結婚紀念日等不必要的事也填入記事本，以彌補其空白的恐慌心理。

其實，這些人皆是畏懼他人了解自己的無能，因而特地偽裝忙碌來掩人耳目。事實上，真正有能力而工作熱心的人，是根本不必要也無暇顧及這些的。

由此可以看出，要透視人類弱點，只要觀察他的工作態度即可。不誇示自己忙碌，只埋頭苦幹的人，不必多說別人也了解他的工作能力及才華。對自己缺乏自信的人，只會藉口忙碌而將工作推給別人，大概算是「無事瞎忙」之輩了。

　　現實生活中，常有對當權者的流行笑話，藉以表示對權力者傲慢態度的不滿。但是，反觀另一些人，其對別人的傲慢恐怕有過之而無不及者。最典型的虛張聲勢，大概算是各個機關單位的警衛。他們大多數出身並不顯赫，卻對百姓大聲呼喝。曾有人問及為何警衛如此威風不可一世。而答案卻是，那是因為警衛在機關中已無更下層的人可以差使，鬱悶累積，便以蠻橫的態度對待百姓以求彌補。這在其他單位也是。越是地位平平、才能平平之輩，越是難以心平氣和地工作。他們往往莫名其妙地頤指氣使。

　　在許多公司裡有擔任幹部經驗的人，大概都會有自己的風格，在人前也有些許權威感。從此情況來看，權威正是個人能力資源之所在。

　　而工作中常可以見到那些長期埋沒於日常工作的小員工，好不容易榮登主管之座，態度就與往日大不相同了，無不希望以頭銜稱呼以誇示自己。本來稱呼「某某先生」的，現則以直呼其 XX 部長為樂事，這也是自卑感造成誇示行為之一。

　　從事各行各業的員工所最不滿的一點，大概就是自己不為上司賞識吧！大家總認為自己是懷才不遇，應擔負更大的責任與更高的地位，才不埋沒自己，有這種想法的人恐怕不在少數。這種不甘埋沒的憂鬱累積起來，使其一旦升官，態度立刻判若二人，不可一世的態度就是其誇示行動的表現。但是，大多數的此類人士也不會滿足於目前的地位，因此會產生更大的挫折感。

　　對自己地位的不滿所造成的自卑感，除了在態度上表現出自大之外，也常透過服飾和所有物來誇示自己。例如，穿著耀眼氣派的服裝，執著於名錶、名牌皮件等名牌傾向者，也是對地位不滿和自卑感的表現。他們對自己的地位感到不滿意而生的自卑感，害怕他人是否危及自己的地位。因

此，穿著上具有地位象徵的名牌服飾，來表示自己地位與不可侵犯。

誰都應該有過這種經驗吧？和投緣的同事在工作中途蹺班，在咖啡廳背地裡數落上司的不是，埋怨工作的不適合。像這類同事之間的聚會，有些人會讓自己成為話題的中心，否則不輕易撤退。這種情況經常出現在各公司員工或家庭主婦之間的閒聊中。

聽聽他們得意的談話之間，不外乎一些「經理說……」或「總經理偷偷告訴我……」之類的言詞，而想主持聚會中挑起話題的主婦們，通常對電視節目或雜誌報紙的花邊新聞特別敏感。

這幾類變相的狐假虎威行為，也是掩飾的一種。

依靠這些心理運作來抒發心中憂鬱感者，通常也經常採取炫耀來表示。例如對於自己家先生心有不滿的主婦們，突然有一天會拿出積蓄來揮霍一番，或買衣服，或買首飾，而在鄰近的主婦之間誇示一番，以掩藏自己生活上的不順利。

特別是不時喜歡請客的那些同事，亦是一種誇示行為。他們並非特別有錢或慷慨，只是心中存有對上司或公司難以明說的不滿，或因犯錯而害怕降職的不安心理，他們便使用氣派揮霍的方法來掩飾、發洩而已。

當人們對自己的性格、天分、財富感到不滿時，為了平衡自己的內心，就會在他人面前顯露自己，並獲得人們的愛和讚美，這就是虛榮心太強的緣故。

人們所掩蓋的人性弱點之中，還有另外的深層原因就在於想做重要人物的慾望，是人性中最迫切的動力。人們都希望跟他們來往的人讚賞他們，認為他們就是重要人物。正如威廉‧詹姆士（William James）所說：「人性中最為根深蒂固的本性是渴望受到讚賞。」

歷史上不乏一些大名鼎鼎的人物煞費苦心地謀求存在感的有趣例子。就連喬治・華盛頓（George Washington）也想被人稱為「美國總統閣下」；哥倫布（Christopher Columbus）懇求得到「海軍上將和印度總督」的頭銜；凱薩琳大帝（Catherine II）拒絕拆啟沒有稱她為皇帝的來信；林肯夫人（Mary Todd Lincoln）則在白宮像一頭母老虎一樣衝著格蘭特夫人（Julia Dent Grant）吼道：「我還沒有邀請你，你怎麼竟敢在我面前坐著！」

西元 1928 年，許多百萬富翁們贊助柏德海軍少將（Richard Evelyn Byrd）進行南極遠征，他們的協議是南極的冰山將以他們的名字命名；維克多・雨果（Victor Hugo）的熱切希望莫過於以他的姓氏重新命名巴黎；就連著名劇作家莎士比亞（William Shakespeare）亦竭力想為他的家族弄一個貴族稱號，以便為他的大名增添光彩。這些例子都是人性中人們渴望被看重的例子。

清朝的乾隆皇帝愛新覺羅・弘曆在歷史上是一個赫赫有名的人物，其文治武功彪炳史冊，開創了大清帝國的全盛之世。但在他的後期統治中，清帝國走上了下坡路，由全盛局面逐步進入了衰落時期。在這個由盛轉衰的過程中，被人稱為「乾隆一等權臣」的和珅之專權亂政，則產生了不可忽視的重要作用。

和珅最了解乾隆的這個特點，他在任何事情上都曲意逢迎，選取最恰當的方式，博取乾隆的歡心。因此乾隆也最寵信和珅。和珅除了對乾隆阿諛奉承外，對乾隆身邊的人，特別是對乾隆喜歡的人也百般討好。

十公主是乾隆最小的女兒，後來被封為和孝公主。乾隆非常疼愛他這個女兒，常說：「我這小女兒長得很像我，一定有福氣。」還常常和這小女兒開玩笑說：「可惜妳不是個男孩子，要是男孩子的話，我一定立妳為

太子。」十公主性格剛毅，不像一般的女孩子。她有些力氣，據說十多歲就能挽強弩硬弓。她也向父皇撒嬌地說：「女孩子又怎麼樣！我就非要學個男孩子的樣子不可。」小的時候，她常常女扮男裝，跟著父皇去打獵。乾隆微服出訪時，她也扮成男孩子跟著去。有和珅跟隨著，她竟稱和珅為「丈人」。乾隆對他這個小女兒特別喜歡，她提出的要求，乾隆更是百依百順，她說的話，乾隆聽來句句順耳。

　　和珅為了討好乾隆，就想方設法討好這位十公主。有一次，乾隆去圓明園遊玩，和珅隨駕，十公主也女扮男裝一起前往。圓明園建造得十分華麗，有「萬園之園」的稱號。圓明園福海之東有個同樂園，皇帝每年賜大臣在這裡歡聚。乾隆年間，每到新年，園中設有一條買賣街。這條街上，凡古玩沽衣，茶館酒肆，一切應用之物，應有盡有。這些買賣，都由那些專門為宮中辦事的人經營。和珅跟隨乾隆和十公主來到買賣街，走到一家店鋪門前，見有一件大紅呢裌衣掛在那裡。十公主見了微露喜歡之色。十公主臉上這細微的變化，一般人不會去注意，也不一定看得出來。可和珅卻極善於察言觀色，而且一看就能猜出別人的心理活動。這時他看在眼裡，記在心裡，轉眼之間，就以 28 金的高價把那件衣服買了下來，進獻給公主。和珅知道博得十公主的歡心，也就是博得乾隆的歡心。

　　和珅還用許多小恩小惠，賄買了在乾隆身邊的一些太監。太監雖然沒有什麼地位，但他們天天在宮中進進出出，他們無意間的一句話，有時在皇帝和皇后面前會產生很大的作用。心眼極多的和珅深諳此道，他能利用人性弱點為己所用。

　　這是人性弱點在被透視後的一些運用，它是雙面刃，要看運用在哪裡，誰運用它，並且在哪些方面運用。人性本無罪，罪在運用不當之人，陷害無此用心之人。

人性色彩所對應的弱點及其掩飾行爲

從身體語言透視人性弱點

　　人的天性雖然是隱而不露的，但卻很難被壓抑，更很少能完全根絕。即使勉強施以壓抑，只會使它在壓力消除後更加猛烈。只有長期養成的習慣，才能多少改變人的天生氣質和性格。

—— 法蘭西斯·培根

其實，身體的一切舉動就是訊息，它是一種動作語言。身體語言傳送和接收訊息，如果我們能熟知它蘊含的內容，也就慢慢能透視它所隱藏的人性弱點。這都有助於我們的生活，為我們的成功鋪平道路。

曾有這麼一個例子。

小亞是個來自小鎮的男孩，他到城裡探望老李。一天晚上，他正要參加老李家裡所辦的一個家庭晚會。在路上，他看到一位漂亮的女孩子走在他前面準備過馬路。於是他跟在她的後面，對她走路的模樣驚訝不已，小亞彷彿已經得到暗示似的。

他一直跟著她走到一個路口，心裡知道那個女孩子已注意到他，而且她也沒有改變路線，使得小亞更加確定她對他應有好感。終於在紅燈時，他們停了下來，小亞鼓起勇氣上前去，給了那位女孩一個最燦爛的笑容，並打聲招呼。

出乎意料的是，她竟然憤怒地轉過頭來，極為激動地對他說：「如果你再繼續跟著我，我要叫警察了！」然後等綠燈亮了，她調頭就走。

小亞愣在那裡，感到困窘萬分。他急忙趕往老李的住處，晚會已經開始了。老李幫他倒了杯飲料，聽完小亞的故事，他笑著說：「嘿！看來你真的搞錯了。」

「但是，老李，在我們家鄉，除非女孩子是有意的，否則她不會這樣走路的。」

「這附近鄰居都是少數民族，無論她當時如何表現，都不過分，也沒有別的意思。」老李解釋著說。

小亞所不了解的是風俗習慣上的差異。例如在一些少數民族中，女孩子是受到保護的。一個年輕女孩可以炫耀她的美麗，而不會招惹麻煩。小

亞所見到並誤解的走路姿勢，事實上是很自然的走法。

這個例子重點在於身體語言包括了兩個要素，即傳送和接收訊息。

最近，一門嶄新而且令人興奮的科學已被發現和探討，那就是身體語言。這一切被歸納為「動作學」。身體語言和動作學均以非語言性的行為模式為研究基礎，然而，動作學仍是個新領域，這方面的權威也是屈指可數。

其實，身體語言的表現可以和語言上的表達完全相反。一個典型的例子即為一位年輕的女性在接受心理治療時說她非常愛她的男友，卻同時因下意識地搖著頭。

肢體語言也使得家庭關係的探討上出現一絲新的曙光。例如，一家人坐在一起，單只是從他們如何移動手腳，就可分析出這是怎麼樣的家庭。如果母親先翹腳，而其他人也跟著做一樣的動作，雖然他們可能都未察覺到母親和自己這麼做，但是她儼然已經主導著家人的舉動。事實上，這位母親遇事經常會徵詢先生和孩子的意見，一點都不像一家之主。只是，對於熟知動作學的人來說，從她的動作中便可知其所顯露出的主導姿態。

據專家指出，當眼睛看到愉悅的事物時，瞳孔會不自覺的放大。這對於打牌的人或許有些幫助。當看到對方的瞳孔放大，便可確定他拿著好牌。甚至連他本身可能都不知道自己能察覺出對方所傳送出的信號，然而對手也不知道自己在無意間透露出自己拿了好牌。

研究還發現，當男人看到裸女照片時，他的瞳孔將是平常的兩倍大。而這一動作學上的新訊號運用在電視的廣告上，用來測試其在商業功能上的效果。在一群經過選擇的觀眾前放映一個廣告，觀眾的眼睛也會同時被拍攝下來，然後工作人員將仔細檢查這段影片，找出瞳孔放大的時間，這

就是研究觀眾在觀看廣告時是否有任何潛意識的反應。身體語言包括了部分或是整個身體反射性和非反射性的動作，人們以此來與外界溝通情緒上的訊息。

要了解動作語言，通常必須考慮到文化和環境所造成的差異。一個人若是不了解動作語言在文化上的差異，便可能經常會發生理解偏差了。

身體語言除了傳送和接收訊息以外，如果能熟知其中道理並且運用得當，將有助於消除別人的心理武裝。

一位生意人急於成交一筆非常有利可圖的買賣，卻發現他根本沒有領會對方的意思。「本來真的是筆好買賣，」他告訴別人，「我們雙方都可從中獲利。他從 A 城來到 B 城，兩地其實相隔不遠，在文化上卻相差十萬八千里。他來自小城市，總覺得城裡盡是想占他便宜的人，我想他也知道這是筆極好的交易，只是他無法信任我，不能接受我談生意的方式。我像是個老謀深算的生意人，要欺騙他這麼一個涉世未深的年輕人似的。我試著想改變他對我的印象，於是我便把手搭在他肩上，結果一切都泡湯了。」

在狀況尚未明朗之前，這個人的舉動已侵犯了另一個人的防衛界限。就身體語言而言，他本想說：「相信我，交個朋友吧！」然而，另一個人卻覺得未被尊重。這位生意人過於熱情，以至於疏忽別人的感受而失去了成交買賣的機會。

通常最明顯的身體語言就是碰觸。不論是手的接觸，或是將手搭在某人的肩上，都可以表示出一種比言語更為清楚而且直接的訊息。只是這種接觸的適當與否，就得視當時的狀況而定。就像是每個男孩遲早都會從經驗中學到的，對女孩子不當的身體接觸，可能會突然嚇走她們。

有些人特別偏好身體的接觸，似乎完全不在意對方所傳遞出的任何訊息。即使對方已表明厭惡的態度，他們仍然會有接觸或撫摸的動作出現。

然而，碰觸或撫摸可以是種強烈的暗示。觸摸一個無生命的物體時，便可被視為是個緊急的訊號，一種渴望被了解的呼求。葛女士就是個例子。這位老太太已成為她家人討論的主題。家人之中有的希望她能就近住在環境良好的養老院，既能獲得妥善的照顧，又能有許多老人為伴；有的則認為這樣做好像要把葛女士「送走」似的，她仍有可觀的收入，以及舒適的住所，而且能照顧自己，為什麼就不能讓她好好的自己過日子？

葛女士在討論中一點都插不上嘴。她就坐在中間，邊點頭邊摸著項鍊，不時拿起書本撫弄一番，或是摸摸沙發上的絲絨，有時把玩著木雕。然後，她輕聲地說：「不論你們做任何決定，我不想成為任何人的問題。」

家人還是無法決定該如何是好，繼續討論；而葛女士則繼續摸弄著她手中的物品。直到家人們意識到一些很明顯的訊息，奇怪的是以前他們竟然都沒有人注意到，自從葛女士獨居之後，她變得喜歡東摸摸西摸摸。她會觸摸和玩手邊的某一件物品。所有的家人都知道有這種情形，但是直到那一剎那間，他們才恍然大悟。原來她撫弄的動作就是種身體語言，她很想告訴大家：「我很寂寞，我需要有人做伴，幫助我！」後來，葛女士與她的侄兒侄女同住，人變得大不一樣了。

就像葛女士一樣，每個人都會透過不同的方式來表達一種訊息，「幫助我！我很寂寞。」「選擇我吧！我很適合的。」「不要管我，我很難過。」而且，人們常是不自覺的這麼做，事實上，人們正藉著無聲的身體語言表現自己。揚起一邊的眉毛表示不相信，揉鼻子表示不解，雙臂交叉以劃清界限或是保護自己，聳肩就是不在乎，眨眼以示親密，不耐煩時會輕叩手

指，忘記了某事時，還會拍拍頭。姿勢的變化繁多，有些像是在有所困惑時，刻意表現出來，我們會伸手在鼻子下摩擦，雙臂交叉緊抱，就像是在保護自己，這些動作幾乎是不自覺的。

從刻意的表現，到完全不自知的舉動，從只適用於單一文化，到那些打破文化差距的姿勢，研究肢體語言就是在研究所有身體的動作。

其實，體型的特徵不僅是一個人的輪廓，同時也是一個人的門戶和習慣，更是一個動作語言的源頭。究其生活習慣，人們便可以從中察其性知其心。

從人的言談舉止中，雖然也可以看出一個人的某些內心活動，但透過對體型的觀察，卻也可以看出對方的某種特殊的人性弱點。

人也屬於動物的一種。動物有不同的體型，人也有不同的體型，如肥胖型、枯瘦型、筋肉型。這樣的體型出現在人類的身上，受多種因素影響，最終都會展現一個人的內心世界，包括人性的那些弱點和某個人獨有的弱點。據研究顯示，大致可依據 6 類體型來分析人的性格。

筋骨強壯而結實的形態 —— 堅忍質。通常筋骨強壯而體格結實是性格堅忍的人。這種人肌肉和骨骼發達、肩膀寬大、脖子粗，故從事舉重、摔角和土木工程方面的工作，可望出人頭地。然而，在公司、銀行當經理的人，也會有這種形態的。這種人做事認真、忠實，當公司或銀行裡的經理是最適合的，這是堅忍質的人的第一特徵。

你的同事中，經常把抽屜整理得很乾淨，或對那些發出去的信絕對不會疏忽，字也寫得端端正正，這就是人們常說的具有堅忍品格的人。

這種人的第二特徵是情意濃厚、注意秩序，且過著踏實的生活。

這種人的第三特徵是生活習慣節奏慢半拍，經常會猶豫不決。此特徵

在言談間會表露無遺，連寫信也是形容詞用得很多。特別是在談到電影情節時，會發表一大堆謬論。

這種人雖很可靠，唯獨缺乏情趣，呆板。被妻子要求離婚的人，也是這種類型的人居多。

你交際的對象或同事中可能有這種人，其固執程度非常深。處理任何事情都顯得很呆板。

肥胖型而脂肪質的形態 —— 躁鬱質。脂肪質和肥胖症的體型之特徵，往往在胸部、腹部和臀部十分寬厚。因腹部附著脂肪，所以從整體看來，像是有很多肉。一般說來，中年是最容易肥胖的階段。因開心過度而肥胖，就是脂肪質和肥胖型的體型。他們是快樂的族群，能夠帶給人們快樂，並以自娛。

與這種體型的人接觸，你往往可以享受到對方開放而濃郁的人情。這種人日常十分活躍，一旦被人奉承時，任何事情均願代勞。雖然他們本人口頭上說「很忙」，事實上，他們終日卻都在享受著忙碌的樂趣。這種人偶爾也會忙裡偷閒，是個充滿野趣的可愛傢伙。

這類人一般會兼有開朗、積極、善良和單純的多重性格，且活潑、幽默；另一方面，這種人具有穩重和柔和，正反兩面的性格，特別表現在歡樂和苦悶的時候。而這些正是躁鬱質特徵的外在表現。這類人通常適於從事政治、實驗工作或臨床醫師。往往能出類拔萃，且因天賦敏銳的理解力，遇事有迎刃而解的能力，唯對事情的思慮缺乏一貫性，言談間極易因輕率而失言，並且自恃才能，喜歡干涉對方。

如果你和這類人或這種上司來往的話，他們會是開放的社交人士。因此，在你們初次會面的那一剎那，即能一見如故相談甚歡。但這類人喜歡

照顧別人，這份關懷天長日久容易演變成壓迫似的形態。這是非常可悲的一種狀態。費力而不討好，但這是他們的人性弱點決定的。

單純而不成熟的形態 —— 歇斯底里型。在你的周圍可能經常會見臉孔狀如小孩一般未成熟的人。這種人，通常具有自我意識較強的性格。這類人的周圍經常是熱鬧非凡的氣氛，當話題的中心不是他自己時，就不開心。同時他們對別人所說的話一點都聽不進去，非常任性。

此種形態人的特徵是，各方面都有淺薄而廣泛的知識。這種知識使他們具有對小說、音樂、戲劇加以評論的才能，他們同時具備其他各種知識，講話時妙趣橫生，所以他們經常使人捧腹大笑。

對於這種人，詢問關於他自己的事情時，更會眉飛色舞地說個不停，並且在言談之間常喜歡標榜自己如何。這使人常感到因過於放縱，而產生不舒服的感覺。

從另一角度看，這類人可謂是天真、浪漫的人。殊不知他們自己還有沒變成大人的地方。自己被人奉承時還好，一旦受人冷淡摒棄時，嫉妒心會變得很強烈，形成一種歇斯底里的心理狀態。對於這種人要特別注意。

在你所知道的女性中，若有這種歇斯底里型的人時，最好不要多講話，只要聽她發表即可。如果你交際的對象有此種類型的人，在有生意往來時，更要特別注意。過分信賴這種人，會使自己受到傷害。

瘦瘦細條的形態 —— 神經質。一提到神經質型，人們都會自然地想到臉色發青、纖細的身材，具有知識分子的風範。其實神經質，不僅僅是這種特徵，從另一個角度看，具有男子氣概、豪放磊落而胖嘟嘟的人，也有神經質的傾向。

這類人最大的特徵是任何事情都愛歸咎到自己身上。帶有強迫性格，

喜歡自尋煩惱。以至他們自己想要訴說的苦衷都難以表述，結果經常被人把責任強加到自己的頭上。

這種類型的人最大的特徵是心情不安定，情緒容易失去平衡，且容易混亂。當然他自己本身也非常開心。其實這種性格是一種難能可貴的性格，這些人具有豐富的感情和細膩的感受，是生活態度非常慎重的人。他們如果從事藝術性的工作，大多可以獲得別人做不到的成就。

略帶纖瘦但體態結實的 —— 偏執型。這類人略嫌纖瘦，但體態結實，自我意識特別強烈，而且很固執，對任何事情都喜歡挑戰。他們有強烈的信念，充滿信心，不論遇到怎樣的艱苦環境，都會堅持向成功的目標去努力。

強烈的信心加上判斷靈敏，做事果斷，使這類人在商業方面前途無量。相反，當這種人誤入歧途時，就會變成強制、專橫、高傲、猜忌、蠻橫，且表露無遺。一旦一個念頭纏在他們腦子裡，想要更改非常困難。

具有如此體型的人，他們在事業和做人方面，都缺乏應有的性格魅力。但他是一個有能力且可能具有相當權力潛質的人，但由於性格上的弱點，即使是別人跟隨他、迎合他，他同樣還是會和別人保持心理上的距離。他在家庭生活中也可能是個孤家寡人。

與這類人來往時，絕不可與他形成對立。這種人具有抗爭性和攻擊性，他的偏執，讓他一直會把自己的觀點強加給別人，直到被別人認可時為止。

纖瘦型有影子的形態 —— 分裂型。對纖瘦型者有一種流行的形容詞 —— 苗條，甚至還有人說「瘦子特別能吃」或「某方面很強烈」，這都是觀其外表。此類型者，雖然外表似乎很虛弱的樣子，實質上是很難應付

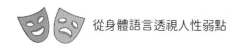

的人。若為女性，性格剛烈，一旦發怒，結局將不可收拾。

與這類人來往時，應該了解他神經纖細並且本性善良，是對生活採取慎之又慎態度的人。但他性格上的猶豫不決和意志薄弱，容易產生氣餒心理，是個令人難以捉摸的人。

這類型的人的特徵通常是冷漠、冷靜，然而性格複雜且無法適當地表明立場，因為這種人有相互矛盾的性格。比如幻想時他興致勃勃，保持快樂的一面，但不喜歡被人探及隱私，且心事彷彿用冷酷的面罩覆蓋著。

對於這類人，有人會不喜歡而視之為最普通的朋友往來。也有人感覺到這類人是不易接近的貴族，具有羅曼蒂克的氣質。這些感覺都是有一定道理的。

這類人對無關緊要的事往往固執己見、怪癖、難以變通、倔強，並且表情呆板，在沒下決心之前用行動來決定。這些是纖瘦人的缺點。但這種人因為有纖細神經的關係，其優點是對文學、美術、手工藝術等興致盎然，且對流行有敏銳的感覺。縱使拿出自己的財產，也要盡力為大眾服務。社交上，他們也有非常優雅的手腕。

這些透過體型窺探人的內心及人性弱點的途徑，雖具有一定的科學性，但不一定是一試就靈的法寶。它因人而異，只有學會正確地使用它，在觀察人物時才不至於陷入誤會，害人而誤己。這是必須注意的。

其實，人性弱點，也就隱藏在這裡。能否深刻地熟悉它，掌握它，運用它，一切是因人而異、因事而異。

不過有一點是可以肯定的，那就是人性弱點絕不是不可測的。

一分為二看待挑戰型的人及其人性弱點

各人的生性裡都有一種一旦公開出來，就必然會招到反感的東西。

—— 歌德

　　學會透視人性弱點，是為了認清別人、認清自我，更是為了透視人性充實自我。而從某種意義上講，透視人性就是指看人要看本質、看主流，科學地對待人的短處和長處。當然，也是為了識人才、重人才、用人才。這才是透視人性的根本。

　　使用人才得力或不得力是一個相對的概念，關鍵在於使用是否得當。用其所長就可得所力，用其所短就不得其力。用人最忌諱勉為其難。如果硬要一個人做他不擅長的工作，自然難以收到良好成效，久而久之，還會導致關係惡化。所以，高明的人，往往採用揚其所長的原則，就是指在用人行為中，應盡力發掘被使用對象的長處，揚其長而抑其短。當然，認識一個人，切忌以自己主觀想像作為衡量別人的標準，主觀意識太強，經常會造成人的錯誤與偏差。

　　一個人的主觀意識，會讓他的思考局限於某一範圍而不能自拔，更禁忌以一時喜惡而主觀識人。這樣也就避免了人的人性弱點的爆發和碰撞。那麼，真正有能力的人是什麼樣的呢？

　　歷史證明，事實也證明，真正挑戰型的人是絕對的行動派。他們一碰到問題便馬上採取行動去解決，信守坐而言不如起而行的生活哲學。他們有堅強的意志力，遇上再大的挫折，也能臥薪嘗膽，捲土重來。篤信「吃得苦中苦，方為人上人」，並能達到君子報仇三年不晚的，絕對是這一類型的人。

　　他們是勇於面對生活挑戰的人。因為在生命中總是有難關。如果被難關打倒，生活就會被命運牽著走，所以他們告訴自己一定要堅強。他們能運用強大的自信及意志力，以建設性的方式來支配環境。他們總是自信心十足，並具有冒險性和攻擊性，習慣於向外擴充自己，考驗自己。他們不

喜歡生病，更討厭藉口，面臨任何事，他們只有一個反應，就是勇往直前，積極應對使之迎刃而解。這是他們生命力的展現，也是人類社會發展的中堅力量。

由於他們內在有一股不可抗拒的威力，所以在別人眼中看起來是天不怕地不怕的一群人。別人常以為他們是那麼的驕傲及盛氣凌人，但是在家中他們可不一樣，他們愛家人和朋友。在家中，因為身旁都是他們的親人，他們會顯露出善良的本質，努力用溫柔征服並呵護這層關係。當然朋友及家人也都會發現他們的忠誠。但是這並不意味著大家都會認同他們，因為在與家人相處時，他們用的是他們自己的標準，常常沒有考慮到家人的情緒感受或身體狀況。他們從小便學習做人必須堅強，凡事要靠自己，所以對待別人，他們也希望別人能夠堅強，學會靠自己，而不了解有的人需要的不是忠告而是愛與陪伴。

他們享受工作，因為在工作中可以完全發揮自己的所長。他們喜歡挑戰自己，挑戰自己所從事的工作，因為在工作中可以創造許多可能性。他們習慣於超越那些別人也認為不可能的事情，並盡情享受超越後的快感。因此他們常處在困難和險境中，並為每一次終能突破困境而得意。所以他們常覺得自己是強大有力的，並習慣於以自我為中心。他們不斷地訓練自我，在自己的細心照顧下使他們的自我變得十分茁壯，他們認為自己是超人，可以支配環境及他人，而往往忽略了別人內心的感受。這往往使那些心理脆弱的人受不了。因為別人與他們在一起時，會覺得他們很霸道，雖然可以享受對他們的依賴，卻受不了他們的要求，又無力反抗他們這樣強大的力量，於是身邊人經常對他們產生怨恨，這樣有的人就不惜造謠生事，對他們吹鬍子瞪眼，並有時背後對他們耍手段。但他們並不在意。他們知道，生活是實力的舞臺。

他們喜歡用他們無窮的精力，以實質的方式去幫助別人。譬如說到社區或鄰近的地區去照顧生活困難的人士。當然為了要有負責的能力，他們會自我期許，並且自立自強。他們對於訓練自己及別人都是毫不留情的。他們對自己的情感一點都不敏銳，雖然他們有時也會自我反省，但是其自我覺察的能力卻很差。對於別人細膩的情緒，他們也習慣性地認為那是一種優柔寡斷的表現。

他們也會需要愛情、名聲與財富，因為他們對自己存在的位置非常在意，他們喜歡在團隊中掌握權力的核心。他們是務實主義者，對於發展心靈層次的工作他們也非常醉心，因為他們想要的權力不一定是外在的地位，而是心理層面的權力，因為這種權力才是真正地鏗鏘有力的。

當他們遇到挑戰時，通常會毫不留情地給予致命的一擊。當別人身心都受到重創時，他們卻能絲毫無傷。他們從小就否認有恐懼與脆弱，在他們的字典上更沒有「難」這個字。不要說哪個人可以嚇到他們，有時連父母都不是他們的對手，他們總是勇往直前，毫不退縮，不計代價。因為他們常想出人頭地，而忽略了別人的感受，這時他們不但不會道歉，也不請求原諒。他們太爭強好勝，對他們來說能掌控人與事實在太重要了。

他們不喜歡虛偽，不管是對人或對事有什麼不滿意時，他們一定當面發作，當場揭發，不給面子，非常地陽剛。從好的一面來說，他們很有自主能力、意志力及實踐的決斷力，但別人看他們是粗枝大葉、逞強好勝，而且太有攻擊性。其實他們也有溫柔的一面，只是不善於表達，他們希望他們愛的人不會受到傷害，但大半的時間他們又是粗心的。若是對方不說，他們通常會認為對方沒有什麼問題，活得很快樂。所以通常在別人表達之後才知道如何表現他們的關心，但只要能力所及，他們會用實際行動和物質來實現他們的愛。因為他們認為實際行動要比口頭陪伴重要得多。

事實上，他們應該給自己的座右銘是：以開放的心胸接納別人，而不要支配別人。收拾起高傲的心態，學習尊重每個人都是獨立的個體，並了解世上最偉大的力量不是控制而是愛，那麼他們就是身心都很健康的人了。這些是他們生命中缺乏的，也是亟需補上的一課。

　　真正有能力的人具有一些共同的、規律性的東西。

　　他們做事的動機和目的：想要獨立自主、一切靠自己、依照自己的能力做事，要建設前不惜破壞，想帶領大家走向公平、正義。

　　他們的能力、力量的來源：挑戰型的人很講義氣，很負責任，給人一種肝膽相照的兄弟味道。他們的能力、力量來自於貫徹目標的決心，像愚公移山、勾踐復國，都是這種類型的人的事蹟。他們有強者的意志力，樂於把自己投入其中，只要是對大眾有益的事，他們會帶領策動群眾的熱情。

　　他們的理想目標：希望能對社會有所貢獻，也希望被肯定，能得到群眾的愛戴及尊敬，所以他們周密計劃運籌帷幄，知道哪裡有資源，可為大眾謀福利。他們勇於肩負責任，除了能找出具體可行的方法幫助別人以外，還儘量減輕別人肩上的負擔。但他們抱負太大、理想太高，老想造橋鋪路、建設偉大工程、發展慈善事業等，常使別人不堪負荷，覺得壓力太大。

　　他們逃避的情緒：他們痛恨軟弱，無論是自己或別人皆如此，所以他們總是態度強硬地對待周圍任何與自己有關係的人，不許別人依賴，認為他們是不獨立不堅強的人，實在太沒用了。

　　他們在日常生活中所呈現出來的特質：樂觀進取、自信滿滿，從不懷疑自己貫徹意志的能力；一副天下無難事的態度，一有事情發生，立刻想

方法解決；不讓自己生活有空白，只要有事情要做，立刻全身充滿活力；由於很在乎家庭及家庭成員，在家中表現出較大的包容及忠誠；不喜歡求人，所以常培養自己的能力，讓自己一直是求人不如求己的個性；喜歡高效率，不喜歡拖泥帶水、瑣瑣碎碎，任何事情喜歡明快、乾淨俐落；愛幫助別人，但常常使別人感到是強迫性的幫助；喜歡享受挑戰及登上成功高峰的經歷；為追求正義及真理，不惜與人發生衝突，卻會讓別人認為很權威、很凶、很壓迫人；當他們沉浸在自己的工作或擅長的領域時，周圍人會感覺他十分冷酷無情；信奉「優勝劣敗，適者生存」的道理；喜歡吸收多方面的知識，在學習時像吸水的海綿，會變得非常謙虛而不頑固；為了達到自己的理想，甚至願意付出比較高的代價，毫不吝嗇；發起脾氣來很嚇人，周圍的人都不敢招惹他；他們一旦出現失誤善於反省，知錯能改，但由於執著於好強，周圍的人還是感覺到有壓力；他們對人的態度是遇強則強、遇弱則弱、越挫越勇；周圍的人只要別太過分，他們都可以包容；當周圍的人行為太過分時，他們就會讓對方非常難堪；用自以為最好的方式來幫助別人決定事情，忘了尊重別人的想法與感覺。

　　他們常常出現的情緒感受：由於他們敢做敢當，成功的機會也多，所以常會自以為自己強悍無敵。但如此隨心所欲，無所控制下去，會變成瞧不起別人的超級自大狂。

　　他們常掉入的陷阱：他們認為人必須為自己的行為負責，做錯事必須承擔後果，所以他們有嚴厲正義的行為標準，精力常用於檢舉不義之事。

　　他們防衛自己的面具：非常堅持自己認定好的標準，並且自我要求達到自己所認定的標準。如果別人不認同時，就會用否定的語言加以對抗。他們總是一再表現自己強悍、堅持的一面，不願意承認自己有脆弱無能的一面。

他們的兩性關係：家庭對他們這些人而言，是一種「根」的感覺，他們不會特別強調它的重要，因為自己早已跟它連成一體，又何須成天掛在嘴上。所以他們不太會甜言蜜語，或是表現出強烈的占有欲、猜疑心。因為他們對家人的愛是不變的、根深蒂固的。而同時他們也認為家人對他們也應該是如此。他們對自己有信心，所以對他們所愛的人也充滿信任。因此若遇到家人背叛，他們會變得非常脆弱而敏感。當然，既然家庭是一個人的根，他們也會盡其可能保護這個家庭，並給予他的家人無條件的支持。所以，他們絕對是一個負責任的好丈夫、好太太。但他們是缺乏溫柔，不懂得解讀別人心意的人，因此可能不是一個好情人。

他們精力的浪費處：充沛的精力，強烈的渴求、解決問題的能力，奮力地與生活所產生的困境抗爭。他們捨不得浪費精力，卻不知老是這樣硬碰硬，反而會折損更多的精力，以至精力耗竭，弄壞身體。

他們的兒時經歷導致了性格的形成：希望獲得大人的關愛卻經常得不到。當他學會必須強烈堅持自己的意見時，才會得到大人的反應，因此開始發展自己的能力，並勇於發表自己的看法。而他們能力上的表現也漸漸得到大人的肯定，更強化了他們發展能力的需求，進而便只相信他們的能力，而不求助於人。

挑戰型的人根據強弱的程度可分為一般型、健康型和不健康型三種。他們各自具備自身的特點和人性弱點。

一般挑戰型的人大多具有堅強的意志力。不過有時候，這使他們顯得固執己見，不管別人的想法與情緒。所以這種人可能是某方面的領導人物，但他們並不配稱為領袖，只能算是務實者或是冒險家。由於他們勇於向困難挑戰，越是困難越勇往直前，所以他們的確是不折不扣的冒險家。

他們喜歡那種戰勝命運的快感，所以顯得戰鬥力旺盛、攻擊力十足。而在外人看來，他們的攻擊性卻是十分具有破壞力的，他們是那種打倒舊勢力另闢新王朝的人；但同時也經常為了貫徹自己的信念而迫使別人順從他們。所以在別人的眼中，他們雖然有令人折服的毅力，但卻同時讓人感覺他們是好戰分子。在他們為了貫徹自己的信念而不擇手段時，往往因壓迫到別人而樹敵過多。這時不健康的挑戰型人可能會轉向發展，因為深思熟慮後，會使他們的攻擊更加有力。他們變得不再如此莽撞，轉而學習擬定出周詳的計畫，然後躲藏在敵人的背後，在關鍵的時刻給予致命的一擊。而智慧型能力的人具有自我更完善的自我保護能力，進而更加保障了他們的絕對權力。

這種人更善於深謀遠慮、更懂得如何保障自己權力，這是十分可怕的。因為當他們發展出智慧型的特質時，他們在乎的、思索的依舊是生存問題，而且由於想得越多，就越會為生存問題感到焦慮，所以一旦有人威脅到他們的生存，他們將會表現出極強烈的攻擊性。因此雖然他們轉化成智慧型並沒有改善他們存在的問題，因為挑戰型最需要發展的不是知識而是愛。

健康的挑戰型一樣擁有超人的意志力，所不同的是，他們懂得尊重別人，不再堅持己見，他們能夠傾聽別人，關心別人的需求，並且用他過人的行動力和毅力，找到具體可行的方法，帶領大家衝破難關，追求更好的生活。他們會用盡一切智慧為大多數的人謀福利，是眾人心目中偉大的領袖、英雄。

挑戰型的人成長的契機在於：讓心中的愛滋長、茁壯。一旦他們懂得愛的真諦，他們將學會開放心胸，收起高傲的心態，逐漸認同別人，知道別人和自己一樣擁有同等的權力。這時，他們才能真正察覺別人的需求，

不再一意孤行，硬將自己價值觀加在別人身上，而支配他人、奴役他人。相反地，他們會溫柔寬容、堅定地盡自己最大的力量來幫助他人。

事實上，關心他人、照顧他人，正是挑戰型的人內心最大的興趣，只是他們往往用控制來表達他們的關切，而健康的挑戰型人卻是以同情心來關懷、幫助、帶領周圍的人。而他們也將發現，一個內心充滿愛的挑戰型的人，才是真正最有力量的強者。

他們是那麼的自信、堅毅、果斷、善於鼓舞他人，這些超人的特質，總是讓眾人甘願緊緊跟隨。而如此健康的他們正是天生的領導者，是大家期盼的領袖、受人尊敬的英雄。一般人往往只有在生存的關鍵時刻才會傷害他人。一個濫用權力的獨裁者，卻是無時無刻都在濫用他們那凶殘無情的破壞力。他們總是為所欲為，隨時都可以為了生存、自己的利益做出傷害他人的事。他們彷彿是一個個渾身裝滿武器彈藥的狂徒，隨時隨地都可能會對周圍的人造成可怕的災難。

不健康的挑戰型人有可能是可怕的暴君，專制、暴虐，無視於社會的法律制度，因為他們心中認為：「我就是法律！我就是萬能的主宰者。」他們這種專制、暴力的性格，極可能做出粗暴的攻擊行為。例如強暴、毆打等等。這也讓周圍的親友有如身處煉獄，對他們身心上造成極大的壓力與痛苦。

不過他們這種為了保護自己生存，而不惜傷害別人的極端行為除了傷害了他人，更容易招來對自己的傷害。超強的毅力以及深潛後所爆發的威力，是挑戰型最令人稱奇之處。挑戰型的人的確能創造許多偉大的事蹟。不過他們所得到的評價，卻往往是很極端的，因為「魄力」與「惡霸」，常常是一體的兩面。於是，他們在人群中的形象也就會如此截然不同。

　　歷史上確實出現不少挑戰型的領袖，像是秦始皇、拿破崙等人，他們都是開創新時代的強人。而臥薪嘗膽的勾踐也是屬於這一型的人物，因為挑戰型的人愈是遇到挫折，愈能夠凝聚更大的力量，記取教訓，報仇雪恨。此外，由於挑戰型的人是最有心機的一種人，所以他們汲取教訓的方式不只是銘記在心，而是一定會有實質性的動作，所以勾踐必須以臥薪嘗膽的痛苦磨練來加強他的決心。

　　挑戰型的領袖最大的危險就是成為獨裁者。因為強烈的自信心往往使他們堅持己見，加上他們如鋼鐵般的意志力，就可能變得專制獨裁、一意孤行。而這樣的例子也屢見不鮮，我們看到秦始皇以萬夫莫敵的力量，使中國首次成為一個統一的國家，還建造世界上最偉大的建築 —— 萬里長城，當然所有的知識分子更無法忘記他焚書坑儒的殘酷暴行。

　　這就是挑戰型的人，也就是人們常說的所謂人才。當然，能夠成為超常發展的挑戰型的人畢竟少數，大多數挑戰型的人是在生活中實現自我價值的時候，也創造著社會價值。能夠蛻變成救世主或暴君的挑戰型的人畢竟是歷史的產物，而人們只是需要正常地生活，更好一點地生活，這才是更有意義的。於是，改善人性弱點，使人們具備快樂生活的能力才更是生活的主題，也是透視人性弱點的真正價值所在。

錯誤行為和過度防衛者的底牌是什麼

美德和缺點是近親。

—— 塞繆爾·巴特勒（Samuel Butler）

不管是私人的還是工作上的關係，只要你正在和一位特定性格的人來往，你就不能不面對人性的碰撞，也就不能不正視你自己的以及別人的人性弱點這個問題了。人性中的局限是客觀存在的，但不是不可改變的。我們剖析人性弱點，完全是為了完善自我，使我們能有一個美好的心靈。

人生中的成功不是偶然的，除了必須付出辛勤的耕耘，建立公平的人際關係也是必備的，這也是一個人走向成功的才能。人際關係是非常非常重要的。無論什麼人，都是在和人打交道合作中獲得成功的，沒有一個人能單槍匹馬立足於世界之上的。有些不成功的人際關係也不全因為他的運氣不佳，有些人只會到處找藉口，而不肯去正視與別人發生衝突的自我因素。這就是為什麼有時候善良的人們也會相互誤解的原因！這也是為什麼兩個能人不能辦成大事的原因！我們在人際關係的選擇上，必須自己擔負起百分之百的責任，否則永遠也無法領略到和諧健康的人緣在我們的生命中產生的神奇魔力。那是一種美的快樂的享受。

我們了解，有的人能掌握並享受權力，也有人樂於接受誠摯、具有魅力的權威，而強勢的性格和安穩的性格間會發生什麼互動，並且看到了感情豐富的性格和無牽無掛的性格的人可以成為怎樣的搭檔。

每一種性格都有與生俱來的力量和局限。而一個特定的性格與其他性格相遇時，自然會引發一些協調的或不協調的狀況，這是非常自然的。每一種性格搭配都是一種獨特的混合形態。譬如，一對強性格之間的互動，就與強性格和弱性格搭檔之間的有所不同。如果一個企業的員工大多數是由強性格的人組成，那麼它的經營方式，必然不同於由弱性格的人所組成的公司。即使同一家公司裡，不同的人性弱點組成的合作方式的工作效率也是不同的。

其實，現實生活中沒有一個完美的人。只要是人，就必然存在這樣或那樣的弱點，當然更不用說人性弱點。

其實，除了人與生俱來的本能，諸如攻擊性、情慾、反社會、感情等等之外，其潛意識中亦有某些抑壓的情緒，共同構築成人們的內在世界。只要細心地注意觀察，必能從其中洞悉許多意外的人性弱點。

舉例而言，自己部門的上司最近由部長榮升處長之職，但是，仍有一些無意間仍稱呼「部長」的下屬。這是很正常的事，人們一時改不了口。但也有些下屬的潛意識中，可能潛藏著不願承認部長升為處長的事實，因此產生反抗情緒。也許心中認為，他這種沒什麼才華的人，做個部長就算了，哪有能力擔任處長的職位。因而不知不覺在交際中仍脫口而出「部長」而非「處長」的稱呼。但這種自動降級的稱謂法，卻可能造成使氣氛敏感而不愉快的情形。從心理學上說，這種稱謂錯誤的情形，就是因為他心中不願承認此事實的強烈情緒，使其瞬間忘記所致。這就容易使人被人性弱點困住，從而表現出莫名其妙的「錯誤行為」和「過度防衛行為」。這種現象很普遍。

人性弱點表現於「錯誤行為」的，大致也可分為三大類別：說錯話、做錯事、記錯事情。「錯誤行為」是由於對他人的行動或工作不願給予太高的評價的心情所發生的作用。由於不能正面說出自己的不滿情緒，因此藉此曲折的方式來表現其本意。所以，可稱之為藉錯誤做法以表露本意的行為。這種人通常小肚雞腸，心胸狹窄，因其不能容人也成不了大器。

有句諺語的意思是說：「回答問題可以十分得體，自己敘述卻漏洞百出。」顯然可以說明此種心理狀況，回答別人的問題時，可以小心翼翼地掩飾自己，說些無關痛癢卻很得體的話。但若任其自由敘述，卻是漏洞百

出地容易說漏嘴，不知不覺地透露心中的本意。

「錯誤行為」的發生，像是種無意識的過失，卻是自己也無法防範的深層心理的表露。待發覺時往往是已經「說錯話、做錯事」了，然而，自己卻未發覺到自己的錯誤行為，已無意間透露了自己當時的心理狀態。因此，「錯誤行為」是一種能不讓對方察覺，又能洞悉對方心理的現象。

有一個實際的例子，可以用來說明「說錯話」的情形。一位朋友最近有喬遷之喜，於是廣發邀請各方親朋好友，並告知其新家地址。從親友們回贈的賀卡來看，有人因對方比自己優越的地位或生活環境的差距而產生了不滿情緒，變成了感情的強烈衝動。他藉著語言的形式來表達內心的不滿，不僅於無意間傷害了對方，卻也將自己的人性弱點也表露無遺。

因想隱瞞自己的弱點所發生的「說錯話」行為，在工作場所中常常可以無意中發現不少例子。有人將升遷緩慢視為自己的弱點，因此就故意將影響升遷的年齡少報幾歲，這種心理就像成年女人喜歡將自己的生日年月延後幾年。也有人將頭銜的不夠響亮引為憾事，因而在名片中將自己課長的頭銜擅改為「經理」的例子也不少見。打高爾夫球，是一種非常注重禮節的高尚運動，如果對方的球順利進洞，說句讚美之詞是應有的禮貌。但是，仔細觀察道賀者的表情，也有人看起來快快不樂。這種情形，尤其容易發生在公司內部的員工競賽之中。如果是工作上的勁敵，自己又將高爾夫球的球技不佳視為弱點，往往在揮竿之際，會暗暗告訴自己：「這是很重要的一竿，千萬不可有所閃失。」這樣的話，就不知不覺地說出了自己的潛在意識了。

前些年，社會上居高不下的離婚率已稍有緩和之勢，但是，單親男子的比例卻增加了。他們自幼就是在備受母親呵護之下而成長的男性，因

此，在結婚之後與妻子相處不順利的情形頗多。某雜誌曾刊載一個故事，男主角經常將妻子的名字叫錯為母親的名字，因此造成夫妻不睦的情形，也許可以說明此種狀況。

這種情節的發生，不外乎丈夫有強烈戀母情緒所致。即使結婚後，對母親的印象仍比對妻子的印象強烈，因而無意間將妻子的名字喚作母親的名字。所以，自卑感的表達，一定是伴隨著某些「錯誤行為」而發生的。

引起人性潛在弱點的第二種行為，就是「做錯事」的舉動。人雖然都積極從事自己所得意的工作，但是對於這些不擅長的工作或課業，往往逃避自身練習或研究，有時也會不了了之，無法做出較好的成績，或者最終造成更糟的結果。

就成人的情況而言，就不像孩子們那樣單純了。但是，在潛在的人性深層，也仍是受人性弱點支配。這種弱點能由工作情形看出。就心理學立場探究，能從工作中顯露出自己的棘手意識，大半是由於缺乏積極的工作態度。對工作不熱心，或對公司無向心力，可視為此種潛在意識的表面化形式。

這類的員工，儘管口中振振有詞、表現出十分重視的樣子，其實這只是為了隱瞞自己的弱點罷了。有這種人性弱點的員工，經常也不認同上層管理階級的作風。那是因為不積極的潛在意識較強，工作的失敗率也高，因而發生的對抗行為。若仔細觀察員工心態，即使無心理學基礎的人，亦應從自身經驗中得知，這是透視員工人性弱點的一帖良方。

這些「說錯話」、「做錯事」的行為，往往是為了逃避自我弱點的心理狀態而產生。但是，逃避事實更進一步的行為，就是想要否定與自己弱點相關事物的存在。對自己所厭惡、己所不欲之事，幾乎每個人都有將其從

記憶中剔除的意願，形成一種「忘記」的狀態表現出來，也可說是陷入佛洛伊德（Sigmund Freud）式的「遺忘」之中。

根據研究，因犯罪而被宣判死刑的罪犯，很容易因逃避犯罪事實，而陷入選擇性的「遺忘」的狀態。他們意識到自己恐怖的惡行，卻因無法忍受，而極力想從記憶中除去，而努力使自己忘記自己的罪惡。若人一再加強這種「想忘記」的念頭，往往就會使自己相信，似乎並未發生此事的意識，然後心安理得地接受這種想法。刑警們在偵辦刑事案件的時候，最感到麻煩的是，就是遇上帶有這種意識的罪犯。

對犯罪者而言，他們所犯的罪行就是自己最大的弱點。愈大的弱點，想遺忘的心理意識也愈易增強。從另一角度而言，如果能知道某人想要忘記某一件事，也就可以察知其人性弱點所在了。

當然，另一方面，從一個人想記住自己成功的經驗或失敗的經驗，也可以了解此人的性格。愈想記住自己失敗經驗所得到的教訓的人，其成功率愈高。而從一個愈想忘記的事物中，又可察覺其弱點。試想，在面對面交談時，大概很少人會誠實地將自己的弱點坦然陳述吧？誰都想在他人面前隱瞞自己不為人知的弱點。從這個角度來看，列舉自己最想遺忘之事的問題，愈見其巧妙之處了。

這種「遺忘」的行為本身，是人類精神生活不可或缺的表現。如果人自出生的一瞬間即能有過目不忘的本事，恐怕此人不久之後將會因記憶的負擔過重而瘋狂。有人說過：「沒有比遺忘更好的事了，它使我每天皆能以最認真的態度盡心度日。遺忘真是最佳的處世之道。」一名作家也曾說：「遺忘是智慧的最大特徵。因為遺忘，才有我的存在可言。」這兩個人的話，都指出「遺忘」的存在，以及對人類精神生活的重要性。

但是，遺忘之所以也成為人類弱點，是因為有人將必須保持記憶之事也遺忘了，這種「遺忘」成為人類弱點的一大特徵。以工作上表現的三種錯誤：「說錯話」、「做錯事」、「遺忘」而言，要視其發生的場合而定，而不應將原因皆歸諸於心理狀態的過於鬆懈，因為此間必然隱含人類的一些弱點。經濟學家杜拉克（Peter Drucker）曾說：「要管理他人的人，應記住如何巧妙控制人類的弱點。」換言之，若能巧妙透視人類弱點，而替員工安排適當的工作，必然是優異的經理人才。

　　人性弱點會以各種不同的面目，各種不同的方式出現，這就造成了人性弱點的多重複雜性和多面難解性。因為當一個人存在某種不願意讓別人批評的弱點時，通常就會主動地採取自我批評的態度，以隱藏自己的弱點。

　　例如，平常謙虛、低姿態的人，往往會對餐廳的服務生或商店的店員等，採取傲慢自大的態度；又有人會在緊張不安的考場中，一反常態地大聲說笑。這些人的內心往往受到壓抑，以至於情緒不平衡。精神愈是受壓迫，立場愈是動搖，於是，他們愈是要採取批評或者攻擊的行為，以免將自己的弱點暴露出來。

　　人類的攻擊性源於對危險的正常反應。因為，人在不安或危險時，除了感到恐懼之外，也會積極地加以反抗，企圖改變不利於自己的狀況，這是普通人皆有的心理活動。但是，有些攻擊性行為卻是無法預料的過度防衛。例如，體育界的暴力事件即是最好的例子，通常較占優勢的選手，很少會先發動攻擊，大多是那些有莫名的壓迫感、內心不安和緊張得無法控制的選手，經對方一再刺激，最後爆發出難以遏止的憤怒。不論是職業棒球、籃球或足球，球場上選手們滿懷高昂的戰鬥意志，但在他人眼中，卻因某種因素而認為他們強烈得「過分」。尤其以動作粗野聞名的曲棍球，

甚至經常產生重傷的情形。

「過度防衛」幾乎來自每一個處於劣勢或具有某種自卑的人，他們往往會以主動的方式採取攻擊行為，以求改變其不利的局勢。

諸如此類的攻擊性心理，心理學上稱之為「攻擊性防衛」，即根據事先預感到的恐懼不安，做出先發制人的攻擊反應。這種心理機制，在面對無法適應的困境時，不僅不會逃避，反而會積極地奮起反抗，以便解決問題。他們認為，「逃避」是消極的自衛作用，而「攻擊」則為積極的自衛反應。

當然，不論這種「攻擊」是多麼積極的反應，其背後所隱藏的不安或自卑，與前文所提的「逃避」或「拒絕」的反應是相同的心理。換言之，攻擊性的態度也是由於欲求不滿，而產生出來的過激行為表現。

在日常生活中諸如此類的心理反應，是以何種具體的行為方式呈現。一般而言，此類攻擊性分為三大類：

第一類是直接攻擊對方的行為，體育界的暴力事件是其典型範例。又如，體弱瘦小的孩子，欺負比自己年幼的孩子或貓狗等，亦屬此類行為。

第二類則是以言詞、動作表現出來的攻擊行為，例如，以高而尖的嗓門說話，或者語氣狂妄囂張。

第三類攻擊則表現於態度上，如在工作上經常被上司、同事輕視，經常被指使差遣的人，一旦離開了工作職位，連走路都會威風八面，說起話來顯得目中無人。

現在，讓我們深入探討此類型攻擊性心理，其背後所隱藏的弱點和自卑的來源。

一般有攻擊性態度的人，往往都有一共同點，即此類型的人平常皆屬

乖巧、內向。這也是為何許多凶殺案發生後，讓人議論紛紛「平常那麼溫和的人，為什麼會⋯⋯」的理由。

這些人的自卑鬱積在心裡無法發洩，久而久之到達一定的限度時即會爆發。換言之，若遇到此類爆發性的攻擊態度時，即可觀察出對方潛在的自卑或弱點。

防衛性的攻擊乃是源於欲求不滿所致。同時此類心理結構，通常是無意識的潛在反應，所以連他們本人也無法發覺自己的攻擊性言行實際上是因其欲求不滿或自卑所致。又就其本質而言，攻擊則是一種積極對外主張自己的態度。因此，有時也不一定會以對他人破壞性的行為而結束。就其比例來說，溫和的人反而比平常言行激烈的人，發生的比例要高得多。

有一個例子，每年到考試時，都必須有人擔任監考老師。在一般大學的考場上，透過觀察考生的行為態度，即可大致判斷出其成績好壞。例如，考前絕大部分的人都十分緊張，有信心的考生大多態度鎮定，話也不多。表面看來，大聲喧譁的人看似從容自在，但事實則不然，在其內心深處隱藏著自卑、無信心交織的緊張情緒，才會在無意識中以大聲喧譁，將壓抑已久的緊張情緒釋放出來。

總之，任何人皆不願讓人識破怕考不好的心情及不安的情緒，因此，才會故意放聲地說笑，或以較誇張的肢體語言來掩飾。實際上這類行為也屬於替代性防衛的反應。

最後是在態度上的攻擊心理。企業界有些能力、智慧平平，但卻靠著資歷晉升至主管級職位的人，其態度常顯得傲慢、目中無人。若是面對顧客，或在公共場所依然故我、桀驁不遜的話，即會立刻招來周圍人們的鄙視。

許多在某方面被視為能力不足，因而引起自卑的人，通常在擁擠的車廂中，會無視於別人的存在，用力推開人群；或在餐廳裡，以命令的語氣對服務生頤指氣使。對於這類人，人們冷眼旁觀，只能以「滑稽」來形容。若進一步地了解其心態，不難發現，像這類人所表現出來的攻擊態度，充分證明其內心隱藏著根深蒂固的自卑或弱點。

一般此類型的人對自己的能力心知肚明，於是儘量避免觸及自我的人性弱點，他們經常無意識地不分對象，凡是目前與自己無利害關係的人，都會成為他驕傲、漠視的對象，以此來平衡心態。這類型的人不時地告訴自己：「我很了不起。」若是不表現出傲慢的態度，便會害怕露出缺點而惶恐不安。

因此，若能掌握此類型人的心理，便可應付自如。表面上須保持與對方認同的關係，若對方的行為太過分時，只稍稍微提及與他的弱點有關的事情，如工作、業績等，即可使對方有所收斂。當然，如果談論過度，也會帶來負面效果。所以，無論如何要若無其事，對準對方的心理予以還擊。

一般人都有隱藏自己人性弱點的習慣，這或許是下意識的自我保護行為。這也是一種典型的心理機制。此外還有一些例子，是為了隱藏自己的弱點，而攻擊才能優於自己的人。

本來所謂攻擊反應，是一種為了保護自己弱點，免受外界傷害的自然心理防衛模式。所以，理所當然會排斥威脅自己的對象，也是一種使自己免於威脅的心理結構。任何一所大學，每年都會舉行教授資格審查會，有些參加會議的教授總喜歡將審查標準訂得極高，但在這些教授中，卻很少有憑研究成績獲得教授資格的，而大多數是憑多年資歷而升任教授。

例如，在上下班的公車中，即使擠滿了人，有些人會大聲喊著「站進去一點」，但一旦他們搭上了車，卻會自私地對後面上來的人說：「擠不進去了。」而這些教授正有此類相同的心態。

　　人類是一種非常「自私」的動物。一旦他們獲得了屬於自己的地位或勢力範圍，即會對闖入者，或造成威脅的人展開無情的攻擊。例如，在公司裡工作能力不高的主管，會對同樣能力差的部屬特別關注，而卻對鋒芒外露的人加以排擠。因為，能力強的部屬不但對他造成壓力，更直接影響到他的地位。相反，能力差、不會造成威脅的部屬，反而能襯托出他的能力。

　　當然，這類上司主管並非姑息或苟同這些無能的部屬，而是自私地為自己打算，保護自己的地位。因此，只要有下屬的工作能力稍過於鋒芒外露，即會使他感到芒刺在背，此時，他會改變臉色，對屬下意外地冷淡。

　　一般而言，愈是不能正視自己能力的人，愈認為自己的地位是憑實力爭取來的。因此，會極力排斥或責備所有威脅到他地位的部屬。值得注意的是，此類攻擊反應，通常以無意識的、不自覺的態度表現出來。

　　由防衛性的攻擊反應的心理機制，探究其人性弱點的祕訣，在於發掘其表面言行下的深層心理機制，是否壓抑著對任何東西的需求不滿。

　　人性弱點是一門很深的學問，只有深刻地了解表面現象下的人性本質，才會有所收穫。只有這樣，人們才不會被人性弱點困住，以後也將會有日新月異的人生。

錯誤行爲和過度防衛者的底牌是什麼

從星座學透視人性弱點，太陽也有黑子

探索別人身上的美德，尋找自己身上的惡習。

—— 富蘭克林（Benjamin　Franklin）

探討人性弱點是了解世界的一把重要鑰匙，而最終目標是使人類健康、自由地發展。

東西方文明都對人性弱點進行了研究。據一位美國專家的最新探索，人性也可以用星座學來闡釋。他認為人可以分為較複雜的幾個類型：月亮型與金星型、金星型與水星型、水星型與土星型、土星型與火星型、火星型與水星型以及木星型與月亮型之間的人。

✦ 月亮－金星型

月亮－金星型可能具有柔和而圓胖的外表，因為它介於月亮型未完成的外表，以及金星型肉感的曲線之間，有許多矮胖滾圓的人結合了月亮型的柔弱以及金星型的豐滿。具有這種身材的月亮－金星型的人，代表某一種女性的理想美，當然也不是那種時尚雜誌刻劃的稜角分明的理想美，而是流行歌曲傳達的多愁善感之美。

具有這種組合的月亮－金星型男人，當然不是男性的理想類型，不過也不缺乏男性魅力。

然而，有些月亮－金星型的人卻出人意料。他們的身材經常高大而纖瘦，具有典型突出的下顎和顴骨。月亮型的瘦長可以結合金星型的大個子，產生近似於高瘦的土星型與結實的火星型兩相結合的外表。然而，在心理方面，這兩者卻有天壤之別。土星－火星型是所有類型中最主動的類型，而月亮－金星型則是最被動的類型。月亮－金星型人的性格更錯綜複雜。到底一個人身上是堅持孤獨和關注細節更明顯，還是天生溫柔的接納更明顯，要看月亮型 —— 金星型發展的狀況。

這種類型的人看似意志堅強而實際，但有時也具有負面的影響，而缺乏深沉的思考能力。月亮－金星型的人特別適合從事醫療行業，因為他們

具有慈善的特質，不會因為把太多精力投注在他人身上而覺得身心俱疲。

　　這個類型的人似乎都有潔癖和浪漫的習慣，他們能創造出舒適宜人和獨特氛圍的生活空間。月亮－金星型的品味傾向於熱愛大自然。他們喜歡新藝術派的圖案，喜歡花草形的花邊，乾燥花的擺飾，以及種在吊籃裡的植物。他們對於衣著品味和室內設計有自己獨特的品味，就像他們對自己想從事的工作很有主見。月亮－金星型的人具有安靜的確定感，既不自我封閉也不張揚，雖然被動卻不柔弱或優柔寡斷，使這個類型的人雖然不一定長得很好看，但是相當有魅力。

　　以運動為中心的月亮－金星型的人，特別是那些身材高大的人，很容易被誤認為主動類型，因為他們喜歡活動。在這個類型中，被動的天性要從心理層面人性弱點來看，而不一定是從活動看出。這種被動性可以由他們固守慣性以及不願意主動引發新活動窺見端倪。以運動為中心的月亮－金星型的人可能會有一套緊湊的固定活動規律，然而他們卻很少主動改變這套時間表，除非外在情況或是其他人的壓力使他們不得不改變。他們一般是被動接受的。主動對於他們來說是有障礙的。

　　以本能為中心的月亮－金星型的人，比較容易被看成被動類型。這個類型的人很安於當個戀家的人，像在花園裡「拈花惹草」，帶孩子去公園玩，或是嘗試做一道新的晚餐菜色。

　　以理智為中心的月亮－金星型的人，實際上使他們在思考要採取何種反應時，顯得十分膽怯。在另一方面，情感中心的月亮－金星型的人則會更對別人很感興趣，也會更親切地與別人互動。

　　但是不管重心如何，月亮－金星型的人都是最需要、也最堅持與他們最親近的人交往的類型。在許多例子中，他們與最親近的人之間的關係都

會有跌跌撞撞，或至少有時候不快樂，因為相反類型的心理特徵實在相差太多，使這兩個人雖然深為彼此吸引，卻無法真正了解對方。

他們一般是戀家的人，他們能夠與他們的伴侶長相廝守，成為平衡而相互依靠的關係。即使在社會動盪以及家庭分崩離析的情況下，這種人也相當地熱愛家庭。

使這種關係如此滿意的原因，可能是其中包含了所有可能的組合——被動而負面的個性與被動而正面的個性結合，主動而正面的個性與主動而負面的個性結合。這兩種組合兩相結合，似乎有一種使雙方滿意的完整性。

如果這種結合有了孩子，孩子會受到良好的照顧，但不會成為家庭的焦點。這對夫妻不會「看在孩子的份上而相處在一起」。他們關心孩子的活動，但是不會拿他們當成失去自己生活的藉口。

即使月亮－金星型的人在維持長久關係和婚姻等困難的問題上表現出色，當他們沒有找到合適的伴侶時，也相當能自給自足，安於一個人獨處。月亮－金星型的人不管置身於何種情境，總是保有個人空間又能自給自足。這些似乎正是月亮——金星綜合類型的人的特質，一種寧靜和堅決，以及接納他人而不依靠他人的能力。

✦ 金星－水星型

金星－水星型非常吸引人。水星型結實而勻稱的身材加上金星型柔順的輪廓，會產生優美動人的女性和英俊時髦的男性。電影明星伊莉莎白‧泰勒（Elizabeth Taylor）和克拉克‧蓋博（Clark Gable），以及其他眾多演員都屬於這個綜合類型。金星－水星型人通常具有濃密的黑髮，美麗靈活的眼睛和長長的睫毛，金星型的肉感結合水星型的精力和熱情。他們體態是

否豐滿或精瘦，全看此人是否具有較多的金星型或水星型的特性。

　　以運動為中心的金星－水星型人通常都很苗條。在這些人中，一樣是由心理特徵，而非由外表特徵暴露出其個性弱點。如果觀察對象很樂意接受別人的提議，常常參與一些活動，而不是選擇活動的人。另一個特徵則是眼睛的活動。他們總愛東張西望，注意發生的一切，但他們也會懷疑正在發生的事情。認真觀察思考，願意眼見為實，而投以穩定而開放的凝視。

　　以本能為中心的金星－水星型人則呈現相反的表現。既然本能中心的人趨於豐滿，同樣的，判斷問題的關鍵在於心理層面，而不是一個人的外表。以本能為中心的金星－水星型的人會更關心自己和家人的健康、安全感及財富。對周圍的人而言，這是一個豐滿、愜意，看起來如此平易近人的鄰居。

　　以理智為中心的金星－水星型的人可能令人費解。理智中心的人樣子很消瘦，看起來慢條斯理，深思熟慮。但在另一方面，他對於問題的看法相當有主見，不容易受他人的暗示或是其他影響。簡而言之，以理智為中心的人會修正他們的表現，使他們在涉及重要問題時更頑強而有決心，也使他們更加深思熟慮。

　　在另一方面，以情感為中心的金星－水星型的人既強調溫暖親切，也精力充沛。這個類型的人使朋友困惑的是，他們會很容易因為受暗示，改變自己的觀念甚至變得疑神疑鬼。

　　金星－水星型的人在人性中的最大吸引力，並不是那麼合適的伴侶或夥伴。

　　最諷刺的是，這個會產生俊男美女的類型，竟然會在親密關係上出問

題。他們和自己最親近的人之間會產生嚴重的摩擦，他們與追隨他們的人
總是格格不入。因此這個類型的人在人際關係上的困難，並不是來自於他
們天生的缺點，而是因為處在人性中最不幸福的位置，使得理論上應該合
適的伴侶和夥伴，要不是短缺就是短暫易逝。因此人們並不難發現金星－
水星型的人大都結過幾次婚，常在事業上改變共事夥伴，個人生活一般說
來並不穩定。

金星－水星型的人常因為無法形成持久的夥伴關係而痛苦，因此會運
用一些策略來克服這個難題。這個類型在經歷幾次不幸的情感關係後，可
能會與人鬼混，或工於心計。結果可能導致惡性循環 —— 曾經被不忠的
伴侶所傷害的金星－水星型人，會更難相信下一個伴侶，而他們的疑心和
嫉妒，又使這個伴侶更有理由結束這場關係，結果使他們更難相信下一個
伴侶，以此類推。因為這種惡性循環而產生的自我防衛機制，會使此人落
得麻木無情而憤世嫉俗的惡名，但他其實不該如此，因為這是情感創傷的
結果。這也使得他們在社會上屢屢失敗。

金星－水星型的人可能會為這種原本投注在情感關係上的能量找出
口。這個類型的人可能會發展一項演藝才能，表演或唱歌都是不錯的選
擇，因為這個類型的人的美麗使他們具有藝人的優勢。金星－水星型的人
也可能利用身邊沒有親近的人的優勢，縱情於他們喜歡的旅遊和冒險。

金星－水星型人的特性既動人又迷人。但他們也更容易變得淺薄。這
可能會使這個類型很難維持長久的夥伴關係，或是找到願意做這種付出的
伴侶。

在生活中，培養深思、組織及控制的個性，正是金星－水星型人緩和
他們的膚淺，以及漫無目標的傾向所需要的。

✦ 水星－土星型

水星－土星型人在外表上是所有類型中最優雅的。這個綜合類型的人具有高瘦的身材，並由他們細緻卻明顯的骨架優雅地支撐起來。水星－土星型的時裝模特兒，不論男女，都是目前時裝秀和時尚雜誌的當紅巨星。不只是這個類型正在走紅，也因為任何衣服穿在他們苗條勻稱的身體上最好看。正式的晚禮服大多都是為這個類型量身訂做的。

除了身材高大而苗條，水星－土星型人通常會有深色的頭髮和深棕色的眼睛。男性經常會留一抹小鬍子。這個類型人具有王者的風範，有一點冷漠，又不會顯得高不可攀。這正是貴族風格的具體表徵。許多水星－土星型人的外表甚至有一點流氣。女性的處境比較好一點，但是也極少扮演清純的少女。天真無邪根本就不是水星－土星型男女的特徵。水星－土星型的女演員飾演的角色，經常是破壞家庭者或是墮落風塵的女子，是邪惡的女巫或殘酷的繼母。

戲劇和電影中對這個類型的刻劃是有點殘酷，但也許是出於對水星－土星型人心理的觀察。水星型敏捷的外觀加上土星型人的組織及控制能力，的確可能會產生一個超級罪犯。這一人性弱點對他們的危害相當大。

但是不管人們對這個類型的長相和印象如何，水星－土星型的人都相當仁慈而體貼。他們綜合了水星型察言觀色的能力，以及土星型對於他人福祉的家長式關切。兩相結合，結果就是水星－土星型人察覺別人需要幫助時，他們會伸出援助之手。這個援助可能很羞怯，但他們都是真心誠意的，而且真的很親切。

水星－土星型人會經歷反覆無常愛衝動，與善於控制之間的矛盾過程。當一個屬於這種綜合類型的人，能夠結合水星型最佳的特徵（亦即善

解人意和點子多）及土星型的長處（亦即深思熟慮和組織能力），結果就會產生卓越的成就。

彼得大帝（Peter The Great）這位驚人的君王，正是屬於這種類型。他一手塑造了舊俄帝國，並且把它強拉到現代歐洲世界之下。他的身高和力量都暗示他是這個類型，而他廣博的興趣和成就足以證明這一點。我們越了解他的生平和統治的歷史故事，就越看到這個類型的特徵。他有許多充滿智謀和勇氣的點子和計謀，以及屈伸自如的作風，使他得以躲過身邊的爾虞我詐、宮廷陰謀和叛亂。當他在歐洲遊歷以學習當地的種種技術時，他喜歡偽裝和假扮成普通士兵或工匠。除了諸多過人的興趣和能力之外，他也有超人的組織、控制和主宰一切的才能，能把權力下放給親信的將軍和大臣，因此創造了一個扭轉俄國歷史局面的政府。

然而，即使人們有彼得大帝這個水星－土星型締造輝煌成就的範例，在許多水星－土星型人的心理上，組織及協調的能力並不夠持久，使得他們對於新點子的慾望和興趣，會在他們行動之前就把計畫搞砸。結果，水星－土星型的人很容易自貶，因為嚴屬的土星型成分，會批判孩子氣的水星型輕浮善變又不負責。這會使水星型傾向更反抗控制的土星型，而使整個內心的對抗心理不斷產生。

就如所有其他類型的人一樣，該類型的人的心理狀態也會由其中人性的比例而定。

以本能為中心的水星－土星型人，會特別冷漠而難以接近。這個綜合類型的人冷漠得尊貴，加上本能中心的能量，會更令人畏懼三分，因為本能中心非常機警，不願意被觀察 —— 當然也不願意與任何不熟的人接觸，或甚至攀談。即使這個人的確深具魅力，但絕對不是一個想使人擁抱

而動心的那種人。讓人難以思索在他們那層冰冷的外表後面，究竟隱藏了什麼真相。

以運動為中心的水星－土星型人，似乎遠比以本能為中心的水星－土星型人更開放，感情更外露，但是他們仍然受制於內心的人性弱點，也會在衝動而善變與不動如山之間擺動。事實上，透過觀察以運動為中心的水星－土星型的人，我們得以窺探這個類型可能經歷的內心衝突。

慢吞吞的理智中心使得這些人容易產生更多的念頭，也容易在內心的對話中使許多矛盾的念頭彼此抵消。因為他的每一種想法可能都會和其他可能性進行激烈的爭論（並批評），直到行動的時機悄然消逝。他們因為缺乏自信而容易猶豫不決，再加上習慣於等待更多資訊而拖延擔誤，結果使此人停滯不前。

當水星－土星型人的重心位於情感中心時，冷漠的傾向就得以緩和，因為情感的心理主要就是關懷別人，對別人感興趣。這個中心也會使他們發展出高度精緻的審美能力，能創造精美品味的環境，獨具風格的穿著，而使他們表現得更加優雅動人。

水星－土星型人和其他類型的人似乎建立了各式各樣的親密關係，但有時他們也能成為獨身者。他們最大的吸引力是木星－月亮型的人，通常也是結婚的對象。然而，這種關係可能會很脆弱，不是以離婚收場就是分分合合，也許是因為配偶中的月亮型成分會反抗水星－土星型人喜好操縱的傾向，而鬧得很不愉快。他們的共同成分越多，兩個人負面的成分就會越小，這場關係也會越和諧。一貫而直接的穩定會影響不穩定的成分，使這兩個伴侶也能享受寧靜和睦的家庭生活。

對於相互兼容的水星－土星型人而言，在婚姻中美滿的組合，也能使

他們成為事業上的好夥伴。他們在事業上能和火星－木星型人合作得很愉快。他們追求各種新事物，在工作時很少專心致志於一個行業，他們更常涉足一系列的追求。進口地毯、經營承包一種新牌子油漆與壁紙的生意、賣電子設備、開一家顧問公司、開辦平面設計的服務等。這些努力並不一定全部以失敗告終，有一些可能非常成功，只要戰勝了一次挑戰，實現了一個目標之後，他們就會立即尋找新的挑戰和可能性。

因此，水星－土星型人的特性，是兩個在心理上相當不同類型的結合，即使這兩個都是主動類型，水星－土星型人也可能會耗費很大力氣，想要折衷其中的相衝突成分，以至於無法在一項行動上貫徹始終；而因為他們是一個主動類型，外在直接的行動非常重要。因此，這個類型的人不管位於水星型與土星型連線上的哪一點，都必須開發他們土星型自律的特質，並減少水星型多變的傾向。他們若能伸向開放、誠實和心意堅決的火星型也很有用，因為火星型人貫徹始終的能力，正足以解開水星－土星型人內在複雜和衝突的迷宮。

✦ 土星－火星型

土星－火星型人是生活中粗線條的實踐派。身材高大、肌肉發達，這個類型的男女一般是人們最喜歡的類型。既然這個類型的人是文化的理想，化身為邊疆開拓者、英勇的武士、法官。他們不善言辭，行動卻強勁有力，土星－火星型的男人搶盡了英雄的角色。

土星－火星型的女性也是人們非常喜歡的類型。她們雙腿修長、身材苗條，披著一頭長髮，非常健美。凱瑟琳‧赫本（Katharine Hepburn）是上一代土星－火星型女性的典範。

有些時候，他們身上的一種求全求穩的特質會表現出來。在決心採取

某種行動之前，會先考慮一切相關的資訊、意見、先例和理論。否則他們極少會有動作，有時等到他們深思熟慮、終於做出決定後，情況已經有很大的改變，因此他們必須重頭來，考慮一個新情況。

土星－火星型人結合了謹慎的思考過程以及馬上行動和貫徹始終的能力。西部片的藝術形象生動地展現了土星－火星型人的心理矛盾。不但飾演西部片主角的演員本身就是這個類型的人，整個故事也是建立於土星型和火星型人不同氣質的衝突上。在電影前半段，人們對於主角的能力深感懷疑。他到底是懦夫還是畏懼行動？他是否過度酗酒，連槍都射不準？多年來平靜的家庭生活是否使他太軟弱，無法挺身面對壞人？當主要角色處於土星型的深思階段時，其他角色並不確定他是否有能力。許多時候主角本人也無法確定。因為他需要更多的資訊、更好的計畫來保護無助的鎮民，觀眾們對他的行動能力產生了懷疑。

但是突然間，隨著砰！砰！兩聲槍響，令人驚心動魄的場面出現了，矛盾激化了！惡棍侮辱學校的女老師，壞蛋折磨小孩子，壞人襲擊一處孤立的農場，這一幕血腥的事實引發了主角體內火星型的怒火情緒。土星型成分所擬定的大膽計畫由無畏的火星型成分付諸行動。子彈射出，主角騎著的馬匹中彈倒地，於是他徒步穿過沙漠，與壞人在炙熱的沙堆上搏鬥，最終將壞蛋束手就擒，接受審判。

這種西部片是對於土星－火星型英雄特徵的讚美。

如果土星－火星型的男人是強悍的實踐者，這一類型的女人也巾幗不讓鬚眉。她的行動領域極可能是家庭、學校和社區，而她大半會自命為公、私道德的守護者。女性政治家如柴契爾夫人（Margaret Hilda Thatcher），即屬於這種類型。土星－火星型人堅信為了更完美的未來應該改變

這個世界，這種態度在女性身上會以文武雙全或女強人的形式表現出來。

以運動為中心的土星－火星型的人有著過人的毅力。他們是其他類型中身體最強壯的人。他們簡直可以從早工作到晚，然後直至深夜，以排遣他們驚人的體力。類似農田耕作、採礦等粗活會吸引他們，如果他們位居管理或監督的職位，也會更有效率。他們除了計劃和組織能力之外，也會捲起袖子和員工一起工作，以身作則並示範應該怎麼做。他們也很擅長各種運動，許多職業運動選手也是這個類型，特別是籃球和排球運動員以及田徑好手。

以本能為中心的土星－火星型的人會對財務、經濟理論和投資策略感興趣。這種人家庭責任感很強，也喜歡為家人在最好的社區買下最好的房子。這個類型也很喜歡養生之道，對於飲食需求、運動、皮膚保養和所有保持健康的知識也十分熟悉。以本能為中心的土星－火星型的父母本身極可能會嚴格執行紀律，他們的孩子在發育的各個層面都會受到許多良好的教育。這對他們的成長相當重要。

以理智為中心的土星－火星型的人，可能會熱衷某些觀念和理論的實際運用。地質學、考古學、海洋生物學（即科學理論和野外實地工作平分秋色的學科）都會吸引這種組合的人。如果他們的興趣在社會學科，那麼可能會成為社會工作者或法官。如果他們是心理學家，將會活躍於醫療團體。不管他們受到什麼觀念所吸引，這個類型都會把他們的理論轉化成行動。

以情感為中心的土星－火星型的人，所做的活動幾乎都和「人」有關。教師、教練、醫師、人資主管、導遊、顧問這些行業可能都會吸引以情感為中心的土星－火星型的人。對別人的關懷加上做事的衝動，使這個

類型的人樂於組織、監督、管理眾人，並告知他們該做什麼，以及何時能夠做得遊刃有餘。土星－火星型人之所以在這些領導角色上能夠獲得成功，是因為他們全心全意地投入，不管在什麼活動中，他們總是工作最賣力，玩得最開心，而他們的精力與情緒也容易感染別人。

在與其他類型的關係中，土星－火星型的人會是一塊磁鐵，吸引著許多人，其他幾乎不感興趣的人也願意與他們在一起。木星－月亮型人也會受到土星－火星型異性的強烈吸引，在婚姻中這種結合通常都很會長久。

在事業合夥和其他工作合作中，根據彼此的天性分工合作會得到很好的效果。土星－火星型人擔任組織工作的角色，被動類型的人則專注於細節。這些非常主動的實踐者也和其他主動類型的人很能處得來，除了偶爾與人不合，因為在土星－火星型的人既有組織能力又直率的風格看來，某些人可能太過輕浮善變。然而，火星－木星型人通常太過魯莽，無法受到有效督導，但是這兩個類型的人卻能成為很好的職場同事。

其實，每個類型的人都需要發展另外一種類型的人的優點，以便克服自己天生的缺點，例如，過分深思熟慮的人，必須發展的行動能力。土星－火星型人便達到這種平衡，他們也要發展下一個類型的人的優點，以便能夠偶爾休息一下，欣賞生命的樂趣，這也是土星－火星型人值得發展的特質。

✦ 火星－木星型

火星－木星型的人，就像金星－水星型的人一樣，結合了主動和被動，正面和負面的成分。這個綜合類型的人相當強而有力。把他們對於語言和思想觀念的擅長結合起來，就會觀察和分析出同樣的能力和人性弱點。

　　火星－木星型人的外表看一眼便知。他們很魁梧，結合了木星型人的碩大和火星型人結實的體格與強壯的肌肉。雖然火星－木星型人不像木星型人那樣肥胖，他們還是虎背熊腰，重量大多集中在胸部和腹部。這個類型的女人胸部豐滿，個頭很大；自古以來，她們就一直生兒育女、煮飯、刷洗地板，直到現在仍然如此。

　　火星－木星型人的心理特質驗證了木星型人對別人的興趣，以及火星型人為權利而戰的願望。結果導致這種人對別人應該做什麼以及他們該如何做胸有成竹。這個類型的人善於做教師這個行業。火星－木星型的老師確信自己的了解都正確無誤的，以及火星型人隨時準備以嚴格的紀律支持這份正確的認知，決心要把眼前的年輕人塑造成他們理想中的模式，如果他們辦不到，就會對他們對自己的工作能力感到懊悔。如果走進任何一所中、小學的教職員休息室，就會看到許多屬於火星－木星型的男女教師，暫時放棄把學生導上正軌的努力。

　　既然火星－木星型的人很想獲得權力控制別人，人們也就不會奇怪這個類型在人際關係上為何常常碰壁。火星－木星型的人最能吸引的是另一類唯一兼具主動和被動成分的人。這兩個類型互相吸引，但是當他們相處在一起時卻像在玩俄羅斯輪盤。只要火星－木星型人表現出木星型成分，而金星－水星型人是水星型當家時，兩者就相安無事。火星型和金星型的人相處時也很愉悅，甚至很熱情。但是當這對伴侶發現火星型擺好架勢準備對抗水星型人時，麻煩就來了。而且木星型和金星型的人彼此也看不怎麼順眼，火星－木星型人和金星－水星型人認為彼此很有吸引力，但是他們的親密關係、合夥關係和其他合作搭檔卻可能爆發短暫的激情。他們並不適合結婚。這是由他們的人性弱點決定了的。

　　因此火星－木星型人遇到月亮－金星型人堅若磐石不為所動時，就會

痛苦萬分，因為火星－木星型人一旦被自己的熱情控制時，顯得相當無能為力。正因為火星－木星型人無法控制自己強烈的性慾和情感慾望，因此他們很少能找到成為最佳伴侶的綜合類型，當火星－木星型人有幸遇到一位木星－月亮型的人為伴侶或搭檔，這場關係就有可能持久；至少在主動的伴侶受到另一個人更激情的吸引之前是如此。即使火星－木星型的人當真和木星型或木星－月亮型的人建立持久卻不刺激的關係，他們還是有可能和其他類型的人產生風流韻事。

　　火星－木星型人的內心世界免不了會有衝突，因為正面和負面、主動和被動的心理矛盾無法避免。對於溫柔和親密關係的需求會受到阻撓；對於堅持不懈、埋頭苦幹直到完成任務的傾向，則會與好逸惡勞相衝突。在戰士的角色中，他為相信的正義而奮戰，是一個很難屈服於不同主張和爭議的外交家。火星－木星型的人很容易陷入這些衝突產生的兩難情境。火星－木星型的人因為需要有人做伴，會邀請朋友來晚餐，然後刻意準備了許多精緻美味的菜餚，包括需要好幾小時準備的小菜，一道需要小火慢燉一整天、加入許多補品的精緻好湯，一道青翠時蔬的沙拉以及一道非常耗時、必須在上桌時點火燃燒的炒菜。當然事情出錯時，他們的脾氣會爆發，所以主人大部分的時間都會消磨在廚房裡，而其他人則在餐廳裡談笑風生，這時只有一個人在廚房受苦。但是如果他受邀到別人家裡做客，情況也好不到哪裡去。他也會走進廚房，不是幫忙做菜，就是解釋某個菜如果不這麼做，那樣做會更好。要不是他帶了一瓶上等好酒，也許以後永不會再受邀。

　　其實，任何綜合類型的人都可能體驗過的複雜和衝突，在火星－木星型人身上會更加明顯，因為顯現在同一個人心理和行動的基本需求和傾向實在南轅北轍。火星型的人直言無諱，無法和木星型的人調和圓通和諧共

存。火星型的人對於職責和榮譽的投入，無法和木星型人對安逸和舒適的執著相安共存。不管是火星－木星型人的哪一部分做決定，另一部分就會痛罵或是抱怨。如果這個類型的人很難和別人相處，他們自己也很難忍受。

我們可以在貝多芬（Ludwig van Beethoven）的音樂中聽到這種衝突。這位火星－木星型的作曲家，不但創作出舉世最美妙的音樂，也有一些彰顯出這類人心理特徵的樂章。洶湧澎湃的曲段和一些深刻動人又美妙的樂章所產生的對比，賦予貝多芬的交響曲、協奏曲和奏鳴曲一種獨特的戲劇性和強烈的反差。從這位偉大作曲家私生活的痛苦和寂寞，以及這個類型充沛精力而造就的驚人的作曲速度，也顯示他典型火星－木星型人的性格特徵。

貝多芬樂曲的長度和強烈的震撼力，只是火星－木星型人偏好誇張的一種表達而已。對這個類型的人來說，大就是好，大就是美，越淋漓盡致越好，任何能以最戲劇的手法彰顯主人重要性的東西就是好的。火星－木星型人會買他們買得起的最大型汽車 —— 勞斯萊斯（Rolls-Royce）最好，但是賓士（Mercedes-Benz）也還能讓人滿意。他們會擁有大房子，無論如何都要大，最好在富人集中的社區。即使它是位於黃金地段一棟豪華公寓也只是差強人意。若有一處鄉間的大莊園當然會比一棟房子或公寓更好。

凱薩琳大帝（Catherine II），從一位默默無名的德國小縣郡的公主搖身一變，成為俄國舉世聞名的最強大的君主之一，她就是一個火星－木星型為權力而戰的典型例子。凱薩琳性格中的木星型成分讓她喜歡語言和研究，使她信仰啟蒙的自由主義，但卻是她的火星型獨裁傾向使她控制了廣大領土。要想了解火星－木星型人的奢華，只要走訪她的皇宮，這是舉世所見最富麗堂皇的建築之一。雖然凱薩琳身材矮小，她卻擁有火星－木星

型人健康而充滿活力特徵，特別是在她的晚年，她還有那個類型的人的強烈性衝動。

　　簡而言之，中庸適度、節制和含蓄，並不是這個類型的人可以輕易了解的觀念。火星－木星型人特徵中的力量與虛榮，會驅使他們以各種自認為讓別人印象深刻的方式展現他們的所有財物、地位和他們自己。當然別人產生的印象可能剛好相反，但是這個類型的人很難理解其中原因，只會加倍努力展現他們的財產或成就。也許因為火星型人的傾向和木星型人的偏愛互相衝突，而導致內在的矛盾和不滿足，使這個類型的人認為只有打動別人才能被人接納。

　　火星－木星型人的特性是火星型的精力結合木星型所了解的深度。這個類型的人正確發展應該是強調木星型的特質，並減低火星型的特性。仁慈、慷慨及調和等正面而被動的特質，應該優於他們的衝勁和野心。此外，他們也必須培養自己。要克制與他人的過度牽連，並能夠冷靜地離去，並逐步從提高容忍、甚至享受孤獨的能力中獲益良多。

✦ 木星－月亮型

　　木星－月亮型的人外表上的特徵大多數是男性會禿頭。很少有人例外。木星－月亮型的女人通常具有悅人的豐滿和非常溫柔而女性化。男人可能較為纖瘦，但是基本上會有小肚子和細瘦的雙腿。

　　木星－月亮型人是在各種綜合類型中，因為兩個類型大相逕庭而引發內心衝突的類型之一。即使他們是被動類型的，或是熱情而慷慨的，也會有開朗而愛社交的傾向，但仍會與冷靜、仔細、孤獨的個性相衝突，而他們自己產生困惑並不亞於他們給別人帶來的困惑。這個類型的人在選擇衣著、汽車、家具和其他物品時可能相當保守。中性色調的褐色和灰色，偶

爾摻雜一些淡藍色和深色調，單色而無花樣，以及老套的風格或實用的款式，都是木星－月亮型人典型的品味。然而，在衣櫥深處，卻可能有一件木星－月亮型的女人從來沒有穿過的鮮豔大花洋裝，或是幾條木星－月亮型男人購買後從來沒戴過的繽紛色彩的領帶。

這兩個類型的人在偏好上的差異，有時在社交場合也可見一斑。木星型的部分人會接受邀參加一個晚會，但是一抵達現場，月亮型的部分人就會因為四周都是人，而燃起負面反應，結果他不是坐在角落，就是提早離開。也許木星－月亮型人會邀請朋友到家裡晚餐，卻端出寒酸的飯菜招待客人。

朋友和熟人常常會很不理解，這個類型的人在某些場合表現得熱情洋溢，但是當朋友們想要響應時，卻遇到冷淡的退縮。在前一個場合，木星－月亮型人展現出木星型的部分特徵，因此開放、溫暖又熱誠。但是當體驗到這種友善的人，想要在將來回報如此熱情的寒暄時，卻可能碰到冷漠的拒絕，這就不禁使他們懷疑自己哪裡做錯了，使得先前的朋友從此疏遠他。

在所有的類型中，木星－月亮型人最可能在許多領域展露天分和成就，特別是音樂和藝術。很多職業音樂家都是這類人，詩人和其他作家亦然。舉世聞名的作家莎士比亞正是這種類型。他們對人生、對世界理解的深度和所忍受孤寂的能力，正是其發展成一位偉大的藝術家最理想的組合。大部分的這類人似乎都擁有天分，但是它本身並不足以造就一位成熟而有造詣的藝術家。發展一門藝術所需的絕佳毅力、耐心和對細節的注重也不可或缺。在這裡木星－月亮型的性格成分，是成為一位嚴肅藝術家的完美組合。

一個人若具有對問題深入的理解、堅忍不拔的毅力和注重細節，這些

性格組合，在任何行業都很難讓人超越，所以木星－月亮型人不管追求什麼都能遊刃有餘。他們在商業上大多數能夠獲得成功，特別是那種老闆既要當家理財，又要能有效地發展產品和銷售的小企業。木星－月亮型人可以成為大公司的優秀行政人才，在那裡他們通常身兼多職，既要有木星型的人事技巧，也要有月亮型耐心及重細節的心理。社會服務也是木星－月亮型人能發揮的領域，因為這些工作如社會工作者、輔導員以及醫師等，都需要經常與人溝通，同時也要能保持距離，以免因為長期接觸人世的悲慘而身心俱疲。

木星－月亮型的人是自給自足的類型。他們一般能和別人保持長久的關係，或是獨身也不會痛苦。他們在與伴侶的關係上，似乎並不特別偏愛哪個類型，而是看重志趣相投的伴侶更甚於性的吸引。如果沒有伴侶的親密關係，木星－月亮型的人幾乎有一種獨居的僧侶般能力。一般意義上，人們所指的僧侶般的生活，因為這是在一定的範圍內，而不是完全與世隔絕。木星型的成分似乎能滿足和許多人來往，因此不需要和另外一人共組的親密關係。在男性中，這個類型的人會有另類的傾向，如果再加上這個類型的人天生的保守和遵守成規，經常會使一個人寧可單身，也不想維持一段坎坷、又不被社會所容納的特殊關係。

木星－月亮型人的重心，會決定這個類型的人在工作及其他活動上的傾向。這個類型的本能最需要家庭，也極可能是個忠心的戀家者和好伴侶。因為不管是男或女的木星型的人，其所具有的母性特徵使他們想要小孩，也喜歡和年輕人相處。重心在以本能為中心的木星－月亮型的人，也許不會有家庭之外的許多興趣，可能相當安於和小孩在一起，有一、兩項嗜好，有一組優秀的音響設備來欣賞音樂，以及在後院放一組烤肉架來享受生活。

　　如果重心在以運動為中心，木星－月亮型的人會更加自給自足，可能會保持單身或中止與任何人的來往的獨立關係。以運動為中心的木星－月亮型的人可能比這個類型的其他人的重心更難判定，因為他們的肌肉與典型的以運動為中心的人一樣發達，而不像木星型或月亮型。他們通常看起來很像火星型的人，但是經過一段時間，就會斷定他們比火星型性格的人更被動。

　　如果木星－月亮型人是以理智為中心的人，他們可以成為傑出的學者。木星型的深度結合月亮型對細節的注重，會使這個類型的人一生都喜歡研究、寫作以及在大專院校教書。即使他們沒有選擇學術生涯，這類型的人通常會博覽群書，也許成為某項或多項研究的專家，或至少是業餘愛好者。

　　以情感為中心的木星－月亮型的人也很常見，他們特別受藝術和小孩所吸引。托兒所和幼兒園的老師常常屬於這類型，他們對小朋友很有耐心又百般照顧。如果他們能脫離月亮型的冷淡，而發展金星型溫暖接納的天性，那就更好了。

✦ 太陽綜合型

　　這是一個可以和任何類型相結合的類型，他們的人性弱點也產生於此。太陽型的人的能量相當不平凡，情緒反應也更快速。這會使人具有更細緻而精巧的外表，就像兒童通常比成人更細緻和精巧。他們的皮膚和頭髮都很細緻，骨骼結構更輕盈，而且，太陽型是所有類型中最正面，也非常主動的類型。所有的這些特徵都是兒童的屬性，因此透過這種孩童的特點，使人們得以辨認出一個人身上的太陽型特徵。

　　當太陽型的人的特質和其他類型的特徵結合時，可能會掩飾後者，使

人更難認出潛在的其他類型。一般來說，太陽－月亮型人結合，太陽型主動而正面的屬性，以及月亮型被動而負面的特質，就會產生出既理想又實際，能夠顧及每個細節而使夢想成真的夢想家。太陽型的天真會受到一些負面的影響，以及能夠平衡預見達到某項目標之前的問題。太陽型的強度會被月亮型的堅毅所強化，結果可能會是外柔內剛。有時他的衝勁和成就幾乎是個奇蹟，他們外表看似華而不實，行動卻像打地基般地踏實。

當太陽型的人和任何一個主動的類型人結合，就會產生一些特別的組合，他們的精力會讓人大為吃驚。事實上，這可能會損害這種綜合類型人的健康。他們可能受疾病所苦，特別是過敏，或是慢性疲勞症候群。他們會精疲力竭，因為他們的精力超出自己的控制能力，也無法好好休息以養精蓄銳。他們年輕時過度揮霍精力，尤其身體可能變差。當然他們也會稍微結實一點，但是他們的破壞力可能會結合他的天真，這就得使他們必須克制自己的精力。

當太陽型的人和其他任何一個正面類型結合時，會產生缺乏負面認知的人。表面上看起來這似乎很有用，因為它會避免產生負面影響和沮喪，而創造出正面的思考，它應該很容易交朋友、影響別人並且保證成功，但事實不然。因為無法看出負面情境的人也無法做出睿智的選擇，因此常常比那些四平八穩的人遇到更多困難。當然，只留意到負面情境的負面類型也會有自身的問題，然而太過於正面也是缺點。

太陽－木星型人可能會有點輕浮，像是社交中的風流女子，既迷人又有趣，卻缺乏常識。他們可能非常自艾自憐，願意採納別人提出的任何方案，只要它聽起來很容易、很舒服又有趣。他們會輕信有人提出朝夕間發財暴富的方案，從事經營一些非法的風險生意。他們可能無法嚴肅看待生活的現實。例如當陽光普照時，他們寧可到海邊去而不想上班，或是去刷

卡購物。一般來說，他們會看到每個人最好的一面，但是也包括那些社會上的不法分子；他們可能會吸引較沒有良心的人，後者利用木星型的慷慨以及利用太陽型的天真占盡便宜。

太陽─金星型的人稍微好一點，因為缺乏活動力和正常的工作，他們一般沒什麼收入，而他們天生的野性或不文雅，也會使他們變得更輕浮、更誇張。金星型的溫暖和接納以及關愛，可以抗衡孤獨和寂寞的感覺。然而，太陽─金星型的人當然也容易受騙，很容易受到不良影響。

綜合類型的人，特別是如果他們有一點太陽型，可能很難辨認自己的人性弱點。但是難以斷定一個人的性格類型，絕不會使身體類型的理論無效。這個難度可能正是優勢所在，因為我們對那些貼上標籤後就自以為了解的事物，很容易停止對它的觀察和認識。這樣說來，身為綜合類型的人反而會使人持續觀察，而身為一個容易認出的古典類型的人則可能讓人停止觀察。但是持續的觀察才有價值，而不是那些輕而易舉認出類型的能力。對人性類型的觀察是一個工具，更可以被用來開發對人和社會更深刻的認識。

其實，不論哪一種類型的人，從他出生那一刻，便已具有他不可洩漏的天機，有人性中優點的一面，自然也就有人性中弱點的陰影。它們相互融合，使人們在與不同性格的抗爭與適應，改造與提高中，逐步認識人性的弱點，從而變得更加成熟。

透視浪漫型、
成就型的人和他們的人性弱點

善的榮耀產生於人們的良心中，而不在人們的話語裡。

—— 列夫‧托爾斯泰（Leo Tolstoy）

我們並不鄙棄一切有惡習的人，但我們鄙棄一點美德都沒有的人。

—— 佚名

人性弱點是無法深藏不露的。因為人畢竟要生活，要在生活中實現自我；你的一切也就會袒露在別人面前了，別人就會從你的個性習慣中透視一切，包括你的人性弱點。

對於人性弱點，最好的方法還是看透它，進而疏導並轉化它。

畢竟，人性如水，水能載舟，亦能覆舟……

人世間的關係常常是這樣，以批評的眼光去看別人，越看越覺得不好；可是，如果換一個角度去衡量，也許就不再會認為這是缺點了。其實我們應該儘量去觀察別人，既看透他人的人性弱點，又挖掘他人的長處。

一個人的好壞是由本質和環境兩方面決定的。古人認為少壯不努力，老大徒傷悲；至老而沒有教人者，死時便沒人思其言行；富有而不知施捨，窮困便無人相助。這都是由他們的生活環境決定的。而他們的生活又是由他們的人性決定的。是君子就會好學而向善，是小人則總是好逸而惡勞，因此能向別人學習，並嚴格檢查和要求自己的人，極少不屬於君子；一切順著自己，有了錯誤總要盡力掩飾的人，極少不屬於小人。古代的君子，他們要求自己嚴格而且全面，他們對別人寬厚並且簡單。因為對自己嚴格而全面，所以他們不會懈怠。因為對別人寬厚並簡單，所以別人就樂於多做好事。

觀察一個人，先觀察他所作所為，再觀察他做事的動機，審視他的心態，安於什麼，不安於什麼。這樣的話，他怎麼偽裝得了呢？人們所犯的過錯，是分成各種類型的。仔細審視某人所犯的過錯，就可以知道他是什麼類型的人了，也就知道他的人性弱點是什麼了。

其實，我們根據對方在待人處世時表現出來的蛛絲馬跡，透過比較，而也能在瞬間得出最後的結論。待人接物看似事小，卻能反映出一個人的

道德品行。這既向我們提供了一個觀察人的好方法，同時也告誡我們，你在不經意時所做的每一件小事，也許已經被有心的旁觀者記在了心裡。

互相對比以下兩種人之後，就更能說明問題。一種是比較浪漫化的人，另一種就是比較成就型的人。

先看比較浪漫化的人。浪漫型的人有如「落入人間的精靈」。當他們剛來到人世時，似乎真的是不食人間煙火，不懂人情世故，充滿著靈氣。但是久而久之難免受到世間人情的薰陶，有些人可能不能或不願與世間同化，而顯得多愁善感、獨往獨來。有些則可能為了與世俗融合，而產生矛盾沮喪，變得憤世嫉俗。他們有時極端現實，有時卻可以完全不顧道德規範與利害關係。

這種人情緒好的時候有如天使，脫俗而美好；情緒不好的時候，讓別人覺得簡直不可理喻，讓人受不了。他們很浪漫，對生活充滿了幻想，自怨自艾，卻又自我放縱。他們希望有戲劇一般的人生，能在裡面得到樂趣，並增添生活的色彩。

當他們感受到強烈的情感時，往往是他們最有活力的時候，這時的他們表現得最像內在真實的自己，但是要是沒有這麼強烈的力量，他們會感到生活的沮喪、空洞且無力，因此而進入陰沉病態，變得不切實際、不事生產。他們很容易感到厭倦和不耐煩，甚至會情緒崩潰。這個時候他們察覺到自己的負面感情，會令自己落入失望、無助及憂鬱的深淵，並且深深地對自我感到懷疑。為了逃避內在的痛苦，他們開始怨恨別人不了解自己的渴望及需求，而且沒有及時伸出援手。因此，為了懲罰別人，他們可能採取的手段是自我毀滅，若是不採取自殺手段，他們就必須把所有的精力用來製造活下去的勇氣。如果他們是受過藝術訓練的人，可能會試圖昇華

自己雜亂無章的情緒，並轉化成帶著激烈情感的創作，以逃避內在冷漠和孤獨。

他們很有感受的能力，也喜歡表達情感，當他們感覺到「任何細膩都有可能」的時候，就會把感覺說出。而當他們的感覺被情緒占滿時，頭腦就開始不管用了。因為情感過於強烈，所以來不及思考。當他們生氣或傷心的時候，不但會說出來，而且會利用一些形式表現出來。如果是女人，可能是哭；如果是男人，就可能會傷害自己。有時候他們也會以憤怒、出逃、威脅，並說些讓人無法接受的話來表達情緒。當感覺無法被別人了解的時候，即使是午夜時分他們也必須立刻澄清，因為感覺憋在心裡，彷彿整顆心都要爆炸。

由於他們的心思細膩，並且喜愛自我探索，所以社交生活常常成為他們生命中的負擔。尤其與不熟的人在一起時，他們總是沉默和冷淡的，別人也因此會被他們的神祕氣質所吸引。但不合他們品味的人，他們會表現出拒人於千里之外的態度。

如果無法自我表現的時候，他們總是在環境中退縮。他們希望獨處，但更渴望與別人有情感上的交流，如果是女性，她們願意嫁給強壯、可靠，且頂天立地的人，因為無論在經濟上還是在理智上，她們都能仰賴他的呵護。而男性浪漫型的人也希望伴侶不論心靈上及生活上都能緊緊相依。當她們感覺情感不滿足時，會撒嬌地要別人給你關愛。她們生活中大部分的幻想都是以愛、征服、激動、愛撫和性慾為主。他們強烈地要求配偶對他們忠心，但卻很難禁止自己對美及愛情的嚮往，所以有時候忠心對他們來說是很難的，因為他們總是在自己的幻想世界裡。

他們有如一個溫度計，不僅能測量出別人對他們的反應，而且也能洞

察自己的情感狀態。當某種感覺很強烈的時候,他們講話的速度加快、聲音加大、充滿熱情。一旦他們開始要表達自己的感情時,往往需要很長時間的抒發才能滿足。與人交往是他們生活的中心。他們喜歡在了解與愛中享受相互關係。他們最大的恐懼是寂寞,總是渴望得到他人欣賞及注意。

豐富的情感生活,敏銳的直覺以及自發性,使他們將會成為一個更具有創造力的人。其實他們有冷靜的判斷力。但當他們陷入感情中不能自拔時,他們的感情就會影響其判斷力及能力,這時他們會變得自我放縱、不願迎合社會潮流及規範。其美其名曰,他們需要自由,因此抗拒所有的事情。但當他們得到短暫的滿足自我之後,並不會振作起來,反而會把自己變得毫無用處。

他們的基本滿足並不是來自所賺的金錢。對他們而言,金錢反映出來的只是他們得到多少愛,和受到了多少的尊敬。使他們興奮的是工作中自我創作時所帶來的享受,及人際關係中所得到的快感。金錢對他們來說只是一種刺激,因為用金錢買來的東西能給他們帶來衝動。

賺錢、理財並不是他們經濟生活的中心,花錢才是他們真正開心的事情之一。他們希望自己所喜愛的人都能擁有美好的東西,喜歡送人特別的禮物,願意花很長的時間和過多的精力,尋找一種完美並能夠表達心中那份情感的東西。他們被感覺所控制,所以永遠都知道自己重視的那種感覺,這是因為他們總是不斷在檢查自己的內心,總是在為自己的情感量體溫,並根據其溫度的高低來指引自己。當然,他們也試圖和別人建立關係,他們內在最主要的需要就是對依戀的強烈渴望。他們追尋一種可以依戀的關係,以及隨之而來的接續發展,然後在其中感受失望與快樂,其實這正是他們一生中唯一的渴求。

他們寧可去感受一件很消極的事情，也不願意什麼感覺都沒有，深刻的情感是他們精神的支柱，而與人建立各種關係，就能由某個特定的方式把內心的所有感受抒發出去。他們會以直接或是昇華的形式將孤獨時所產生的聯想或感覺，如藝術創作般地將它釋放出來。而這麼做除了讓別人能了解他們之外，也讓一些在生活的壓力下活得單調無味的人，以及已經對自己感覺遲鈍麻木的人，能透過他們的作品喚醒自己的內在知覺，重新帶來新的刺激及活力，提升精神的領域。如果健康的話，他們是為生命增添色彩的人。仔細透視一下這些比較藝術化的人，就會得出一些結論。

他們共有的動機、目的：他們珍惜自己的愛和情感，並用最美、最特殊的方式來表達。

他們能力、力量的來源：浪漫型的人總是希望以美的形式來表達自己，他們充滿著幻想力、自我察覺力，以及不斷自我探索的能力。而這些力量也正是讓他們創造出不朽作品的力量來源。

他們理想目標：他們想創造出獨一無二、與眾不同的形象和作品，所以不停地自我察覺、自我反省，以及自我探索。他們相信創造所有美麗事物的能量都在自己身上，因此他們努力超脫平凡，以達到自己在地球上生存的意義。

他們逃避的情緒：他們想要了解自己，又害怕了解自己，因為他們怕認識自己以後，會發覺自己竟然是如此的平凡，這時他們可能會自我憎恨、自我折磨。但由於他們不了解自己，就無法又不知道自己生存在世界上的目的，並且也無法發展創造力，所以在面對自己時，他們顯得如此地膽小，因此很容易逃離到幻想的世界去。從這些充滿自我矛盾的情緒中，我們可以看到他們心靈的天平，一邊是自我覺醒，一邊是自我超越，而他

們就在兩邊搖擺著。

　　他們日常生活所呈現出來的特質：他們是非常情緒化的人，一天的喜怒哀樂多變；用幻想來豐富自己的情緒，並享受它；沉默、害羞，活在自己的情緒中，不容易讓人了解，充滿神祕感；他們常常表現得不快樂、憂慮的樣子，充滿痛苦，而且內向；初見陌生人時，表現很冷漠、神祕又高傲的樣子；感情很容易受傷，一副好像常常看人臉色，十分嬌弱、無辜的樣子；他們懂得享受，讓享受來補償自己所欠缺的、受傷的部分；他們常被生活中多樣化及不尋常的東西所吸引，活得飄忽不定，像一朵雲彩；他們常常覺得好累，常把自己的心和別人的心隔得好遠好遠，這時候好像整顆心被困住，無法正常地運作；他們能量很低、常常懶懶散散，生活得不起勁；他們是很真誠、很善良的人，由於心地善良，所以總不願傷害別人，但常感覺別人傷害自己，所以總顯得哀怨；常說一些抽象、天馬行空的比喻，讓別人聽不太懂其隱喻。

　　他們常常出現的情緒感受：他們經常不了解也不確定自己的情緒感受，有時覺得自己充滿才華、能量十足，靈感源源不絕；有時又會心情沉重，能量完全消失，做任何事都不起勁，甚至覺得自己面目可憎。他們希望自己可以藉由藝術創作來昇華自己的情感，讓人分享自己的創作，又不滿意自己的作品庸庸碌碌，平凡一如常人，這樣他們就會覺得生活毫無意義，情緒馬上陷入無底深淵。

　　他們常掉入的陷阱：藝術的表演如果沒有通過真、善、美的標準，其作品是感動不了人的。所以浪漫型的人總是力求忠於自己的情感、忠於自己的品味，也因此常常忍受不了別人太社會化、或太注重傳統習俗，而失去自然。此時他們會坦誠地告知別人，卻常常讓別人下不了臺，不知如何反應，從而引起他人對浪漫型人的誤會。而這種令人窘困的場面，常使別

人覺得氣憤或無趣而不想與之往來。

他們防衛自己的面具：浪漫型的人有極高的敏感度，能發現每一件事物內在的生命力，因此他們最喜歡用藝術和創造來表現自己的想法。又由於他們很內向、害羞，所以也常用創作來表達情感及呈現溝通。如此委婉、間接的表演方式，只是為了隱藏自己，因為赤裸裸地摘下他們情緒的面具，是很難堪的事。

他們的兩性關係：在兩性關係中，浪漫型的人會變得極具競爭性，不管是對第三者、朋友或是自己的伴侶。他們經常會以嫉妒代替羨慕。一個浪漫型的女人可能會將注意力放在其他女人身上，沒完沒了地和她們做比較。而對男人，她則會設法讓對方臣服、著迷於自己，來證明自己是獨特的。

浪漫型的人在兩性關係中常常出現兩種困境。其一，在愛情中，有些感覺其實是他們自己幻想出來的。然而如果有一天他們覺得事情原來不是如自己所想像的，也許就會失望、傷心，而毅然決然離開對方。其二，他們試圖想滿足對方的期望，讓對方了解他的愛，但卻往往為了一點點的難題，便痛苦不已而裹足不前。身為他們的伴侶，最好要細心一點，注意他的一舉一動所想傳達的意思，欣賞他的細膩，如此你會覺得和他們這樣的人在一起是充滿浪漫情調的。

他們精力的浪費處：自憐、幻想、多疑和驕傲，這些會浪費掉他們所有的精力。

他們兒時經歷導致了性格的形成：不管他們早年成長的家庭背景如何，浪漫型的人總覺得生活孤單，因此總把自己放在幻想的象牙塔裡過日子。久而久之，他們靠幻想所形成的世界，慢慢地被自己的情感認同了。

而長大之後，他們也一直任由內在的感情世界和妄想世界的發展，去找尋自我的訊號，脫離真實生活的軌道，而使得人們無法了解他們。

　　一般的浪漫型的人對美的事物有著強烈的渴望，而他們在生活中則充滿著幻想，因為幻想往往可以讓他們進入一個更美或是更令他陶醉的世界。有時其至連人際關係的發生都是幻想出來的，他們可能和別人「神交」已久，但當事者卻渾然不知。然而幻想卻常常帶領浪漫型的人脫離現實，讓人覺得他們雖浪漫，但不太切合實際。而有些浪漫型的人甚至太過於沉浸在幻想中，以至分不清現實與幻境。當浪漫型的人主動發現別人和他們的想像原來有如此大的差距，或者是別人發覺他們的幻想過於離譜時，人際關係的問題就出現了。

　　浪漫型是那種有感受就要表達出來的人。但是當他們遭到拒絕、挫折時，便會從環境中退縮，變得沉默、害羞，不再願意輕易地向人表達感受。這時浪漫型的人如果有受過藝術的訓練，或許還能以創作來抒發一些隱藏的心情。但不管有無創作的能力，這種退縮的、滿懷負面情緒的浪漫型，大都是憂鬱、情緒起伏不定的。而他們困在痛苦的情緒中越久，越是會對自我價值感到懷疑，而甚至出現頹廢、不事生產、自我放縱的情形。

　　健康的浪漫型的人或許因為有如天使一般充滿靈氣而顯得迷人，但一個退縮的浪漫型所擁有的憂鬱，特別是面對陌生者的表現出的冷漠，反而讓人更覺得有神祕感，而受到吸引。不過多數的人還是不喜歡他們這種冷漠、難以相處的形象。

　　健康的浪漫型的人是所有的人格形態中最有靈氣，最能夠察覺一切細膩情感的人，而這樣的特質使得他們極具創造力。面對同樣的風景，他們可以看到別人看不到的景致；同樣的食物，他們可以咀嚼出別人嘗不出的

滋味。而這樣的特質使他們靈感源源不絕，能為人類創造出不朽的藝術作品。

事實上，創造力是每一個人都應該去喚醒的特質。而所謂的創造力，最重要的形式是自我創造，也就是具有超越自己、改造自己的能力。一個健康的浪漫型的人，因為他們有絕佳的自我覺醒能力，能不斷地發現自己內在的專長，而這也是其他類型的人最渴望從浪漫型的人身上學習到的東西。

浪漫型的人不管是對自己或是對別人，都有敏銳的直覺。而且他們也習慣於直接表達出內心的感覺，所以他們是最坦誠、直接的一種人格形態。只是他們的坦率可能會引起別人的誤會，這種事在他們的生活中反覆出現，他們也為此懊惱不已，但卻幾乎毫無辦法。當然他們卻讓人們看到單純的人性，也讓人了解每個人都是獨一無二的，每個人都有他個人的獨特價值。這是相當可貴的。

一個受挫的不健康的浪漫型人，可能會退回到一個小小的角落，將自己與外界隔離。這種自閉行為與放縱自己的行為，或許讓他們覺得自由，覺得能夠無拘無束地生活在自己的世界裡。但浪漫型人是善於檢視自己的，也是喜歡和人交往談心的。離群索居的日子過久了，終究會讓他們覺得自己離別人越來越遠。離實現自己夢想的距離也越來越遠，這時就會讓他們從覺知，轉而沮喪、自慚，又再次回到自我放縱的循環中打轉，這時他們已跌入無底的痛苦深淵。因為他們無法接受自己不如別人的事實，又無力自己重新振作起來。

情緒越是痛苦，就越沒有力量。這時不健康的浪漫型的人就越往相反的方向走，而越發自我鄙視、自我放縱，並且會嫉妒擁有他們所沒有的快

樂或成就的人。為了減輕痛苦，他們會出現病態的幻想，或者利用酒精、藥物來麻痺自己。不管是幻想、酒精或藥物，都是為了逃避意識清醒時面對現實的難堪。最嚴重時，他們甚至以自殺來永遠逃避現實。

提起浪漫型，許多的人腦海裡可能會出現一些孤獨的藝術家的身影，例如梵谷（Vincent van Gogh），或是鄰居那個愛做夢的女孩。當然也少不了出現林黛玉和小龍女這兩位小說中的名女人。

林黛玉是典型的浪漫型的人，多愁善感也靈氣逼人。小說中的她是敏感的、充滿才華的女子。但或許是因為體弱多病或是因為成長的背景，林黛玉很明顯地出現負面的特質：憂鬱、冷漠。她嘴不甜（因為這種類型的人都不懂得人情世故中的一些應對進退），所以人緣自然沒有善解人意又識大體的薛寶釵好。不過她的靈秀還是會吸引一些人，特別是像賈寶玉這種人。

雖說浪漫型人極具吸引力，但與生俱來的天分，自然會對自己的天生的特質和才能孤芳自賞，而且也有某些程度相似的任性。浪漫型的人太多時候很悲觀、憂鬱，對藝術感興趣、好奇，也是永不滿足的。

另一個浪漫型的女主角 —— 小龍女，可比林黛玉健康許多。大概是從小住在古墓，很少與世人接觸，其人性宛如一張白紙，也就無從受到挫折、痛苦。也許是其生長環境太過於特殊，我們看到的小龍女不愛名、不愛利，腦子裡只有她和她所愛的楊過。而且在重視輩分年齡的社會，她也絲毫不在乎別人的看法。

在林黛玉與賈寶玉、小龍女與楊過這兩對戀人的身上，我們不僅看到浪漫型的人的特質，也似乎印證了人性弱點的豐富性。

與浪漫型相對的類型是成就型。成就型的人幾乎構成了浪漫型的人的

對立面。成就型的人是一種沒有自己的社會人（homo sociologicus）。他們或許是隻靈巧的變色龍，總是隨時間、隨地點，變換自己的模樣。別人看不出他們的偽裝，而他們可能也分不出哪一個才是真正的自己。或者應該說，多變的形象正是他們唯一的真實。

可能從小他們就很會討父母的歡心。因為父母欣賞他們，他們就覺得活得很有價值。所以他們知道，成功與聲望是多麼重要。為了被接納及被愛，他們會很快找出自己的特長，吸引別人的注意。他們掩飾自己的真實情緒，而讓別人覺得他們是很有衝勁、有創意、有工作效率的。他們對自己和別人的期許都很高，所以他們不能容忍散漫、粗心和懶惰。

一般的時候，他們的表現讓人覺得他們懂得自我激勵、樂於成長、擁有自主性、創造力。但也有的時候，則是苛求、冷酷和不近人情，並且反應過度；有時候，甚至表現出強烈攻擊性及投機性格。為了達到目的，他們會不擇手段、尋找捷徑，但這全都是因他們討厭失敗。他們常覺得工作的目標甚至比生命的本身重要，因為成就是受到別人的讚美和尊敬的基本條件。

他們有許多的新點子，也充滿了自信，而能言善道是他們最大的長處，領導才能則是他們追求成就的最大本錢。當然這一份與眾不同的魅力對他們來說，是無往不勝的。這些人不僅只崇拜自己，他們的確也是別人羨慕的對象。對他們來說，領導別人以及下決策是輕而易舉的事，只是有時候太專注於自己的工作效率時，常忽略了別人的才華及所做的貢獻。這樣一來，別人常以為是他們的表現慾望太強，喜歡爭名奪利，進而激怒一些真正有貢獻的人。事實上，是因為他們太沉浸於自己的創造力及冒險精神之中，使他們不容易分散精力去注意別人，但看到別人為此生氣時，也會立刻施展自身的魅力去安撫。但是久而久之，卻又由於經常的疏忽，使

同事對他們的怨恨變得十分嚴重了，背後的批評不斷，再也得不到別人的支持。這時他們就會覺得受到很大挫折，且再無力去處理及面對，往往於午夜夢迴之時備感孤寂。

他們不如他們表面所表現的那麼自信。因他們太在乎自己在別人心目中的形象，只有在感覺到別人羨慕、敬佩、並肯定他們時，他們才能感覺到自己的價值。為了表現出成功的形象，他們十分注重穿著。而為了達到成功的目的，他們常忙碌於社交生活，喜歡成為公眾人物，並被人群所喜愛，所以他們經常會戴上面具，讓自己能以最完美的形象出現。他們不停地展現個人的吸引力，使別人覺得好像是在演戲，但其實他們只是害怕自己不被別人所接受。因為只有在別人的注意下和肯定的掌聲中，他們才能肯定自己的價值。他們總是告訴別人，並使別人相信他們的婚姻、家庭以及事業是多麼的成功。有時候這些可能只是虛偽的表面現象而已。這些近乎表演的作風，其實是他們的不安全感的人性弱點在作祟。

他們是一個傾向以工作為導向的人，常常把自己的生活和工作融為一體。他們也樂於把自己全心全力奉獻在公眾人物的角色及形象上。他們不喜歡失敗，更害怕平凡，他們要與眾不同。因為他們需要感覺到自己的優秀才能肯定自己，並隨之增強自己的能力，所以他們努力提升自己在學術、體育、文化、職業等各方面的智慧。當然他們也知道如何加強人際關係並用一切方法去爭取成功、聲望、金錢和地位。所以常有人說他們是形式重於本質的人，說他們太偏重市場取向、太偏重包裝，而內在卻是空洞不實的。但他們自己認為商品包裝本身就是商品的一部分，而形象取向也是合理的。他們相信並不是外表出色，就表示內在的質感一定不佳，這肯定只是別人嫉妒他們的一番說詞而已。他們以此來抵擋別人的說法。並且他們發誓不當輸家，所以一定要讓自己看起來比實際更傑出。別人批評的

話總讓他們感覺是惡意中傷，而不是誠心誠意地指出缺陷。

　　自我批評對他們來說非常困難，因為這會證實他們是有問題的。他們只是想讓別人看到他們成功的一面，所以他們總是用成功的一面來轉化可能的失敗。和他們一起工作的人總是得聽他們的指揮，因為他們不能忍受任何粗魯、沒規矩、粗心或怠忽職守的人。他們會以他們周圍人的成就為榮，當然這份光榮也包括他們自己一份。他們習慣分享工作，而不是分享情感，可能有很多熟悉朋友，但是親密的朋友卻沒有幾人。因為他們認為情感太虛，不太可靠。

　　他們非常重視工作和家庭，追尋並且欣賞無拘無束的友誼。由於情感不太能牽絆住他們，所以很能集中精力在工作上，因此在工作上他們是非常有效率的。尤其他們最珍惜以工作為中心的友誼，並維持友誼交往的基本禮貌。別人心煩或發脾氣時，他們不知如何陪伴也缺乏耐心。這時候他們的方法是為這些人分析一些道理，並和他們保持距離。但他們衷心地希望不要為一點小事情就耽誤了工作，更希望他們會很快從情緒中跳脫，恢復正常的理智。

　　他們並不太清楚如何自我剖析內心深處的感受。他們唯一擔心的是害怕失敗。失敗對他們來說是無法突破的障礙，所以他們不能面對卸下偽裝之後的自己，只想維持形象，害怕不能為理想堅持到底。雖然最後他們也可能會全盤皆輸，他們還是盡力炫耀成就，只因為虛榮心作祟。他們知道這麼做無法淨化自己的心靈，但要放棄成功的形象實在有太大困難。他們也渴望真實，但卻又擔心真實的自己會離理想太遠。這也可能會受到別人的否定與排斥。除非有一個很優秀的人，可以不在乎他們的好壞對錯，與他們建立穩定的、彼此信任的人際關係，那樣他們相信自己就會有力量來接觸一些美好的事物，來美化自己的內在。他們才比較容易肯定自己的價

值，也才能在真實的自我中活得健康快樂。

這就是成就型的人，他們有著鮮明的個性特色。

他們的動機、目的：希望能夠得到大家的肯定。在事業上不斷地追求進步，希望與眾不同，受到別人的注目、羨慕，成為眾人關注的焦點。

他們的能力、力量的來源：由於他們希望接受讚美，並能得到每個人的欽佩，因此必須努力地使自己與眾不同，否則生存下去就沒有價值。他們努力的結果，的確常常值得讚美，在每一次的掌聲中，他們活得很滿足，越滿足就越想繼續獲得掌聲，故更加自我期許、自我奮鬥。在追求成功的過程中，他們整個人都充滿了活力與衝勁。

他們的理想目標：他們最關心的是自己的名譽、地位、聲望與財富，並以追求這些事物為人生首要的目的，是一個目標取向的人。

他們逃避的情緒：事業成功型的人注重完美的外在形象。因此在任何場合中，他們都可以完全認同別人。也就是說，他們在一個場合中，會恰如其分地扮演好自己該扮演的角色，而不加入個人的情感與內在的意見。大體上他們是端莊而識大體的人。但他們往往因為習慣扮演各種角色，而最終忘了自己是誰。他們使自己成為沒有情緒、沒有感情的機器，他們冷漠、無動於衷，也斤斤計較。

他們在日常生活中所呈現出來的特質：嘴裡常誇耀自己的優點，對自己做的每件事都吹捧、自我膨脹得很厲害；逢人就推銷自己、宣傳自己，替自己增加知名度；他們常常拿一些大人物、名人的名字與自己連在一起，表示自己交友廣闊、有手腕；他們愛吹噓，很少耐心傾聽，總把自己虛誇得得意忘形，忘了別人也有心聲；他們很愛出風頭，也愛引誘人，賣弄自己的才華、地位、身價和財富；他們做事有效率，也會找捷徑、聰

明、靈活、模仿力強，演什麼像什麼；他們看不見別人的優點，總把別人的功勞攬在自己身上，而不覺有什麼不對；他們喜歡當主角，希望引起大家的注意，覺得自己值得被愛，別人沒付出時，會很沮喪、很生氣；他們嫉妒心強，喜歡跟別人比較；把自己的事情照顧得很好，對別人的事就不太在乎，也不太管；對於一些瑣事或家事不太肯花心思。

他們常常出現的情緒感受：他們有自戀的情結；很容易自我膨脹；愛出風頭；帶著面具做人、做事；愛比較、嫉妒心強；對人有敵意，保持距離；喜歡諷刺別人、挖苦別人；將自己製造成不平凡的形象；喜歡保持興奮的情緒；不想去接觸任何負面的情緒。

他們常掉入的陷阱：為了成功，為了聲望、財富，有時犧牲情感、婚姻、家庭或朋友他們也在所不惜。有時候為了成績，他們也會拿別人當墊腳石，抬高自己，因為他們的價值標準就是要事業成功，所以往上爬是他們唯一的目的。

他們防衛自己的面具：為了討人喜歡、受人讚美，他們用假象偽裝自己而生存於人世間，並且重視事物的形式更勝於其實質。由於他們的角色扮演得太好，其逼真、投入，經常讓任何人都看不出其偽裝，甚至連自己都弄不清楚怎樣才是真正的自己。

他們的兩性關係：善於扮演角色以及爭取別人喜愛的這種人，多半會表現出十足的女人味或是男人味。因為他們覺得是什麼就要像什麼，而且他們也發現表現得很女人味或是男人味時，將使他們更容易吸引異性。所以我們常看到這種人在異性的面前會突然表現得嬌嫩欲滴，或是男子氣概十足，這時他們彷彿全身都在放電，散發出一種特殊的迷人風采。

雖然他們社交經驗十分老到，可是經營關係卻往往是他們最大的難

題。他們很難維持一種純潔的友誼，而這樣的困境也的確常讓他們感到焦慮。他們很容易因為忙於社交，而忽略了伴侶，而他們的伴侶常常會感覺自己受到冷落。這種人在夫妻關係中往往不清楚自己的伴侶是否滿足。他們常常會說：「我不知道他（她）要什麼，也不知道他（她）到底快不快樂，只要他（她）告訴我他要什麼，買禮物、出去吃飯、打掃家裡……我都願意去做。」

這種人是那種不相信愛情會持久的人。但他們還是會為這份關係帶來活力與熱情，即使他到後來可能覺得彼此緣分已盡，而追求另一段新感情。而某些這類人可能會避免婚姻這種有相互承諾的、長期的親密關係。因為他們覺得固定的關係對他們而言壓力太大。他們寧願彼此只是普通朋友，或是好聚好散。

只有努力學習信任自己並信任對方，才是這類人減輕自己對雙方關係的不安全感的有效處方。

他們精力的浪費處：他們的精力往往完全浪費在配合別人，並花時間在做秀及自我宣傳上。所以當夜深人靜，獨自一人聽不到白天的掌聲時，常有一份空虛感襲來。

他們兒時經歷導致了性格的形成：他們的早年身邊必定有非常疼愛他們，並且常給他們鼓勵和讚美的長輩，因此從小他們就相信自己很優秀。而為了得到這份被讚美的滿足，他們便更加努力地去爭取。

一般的成就型的人非常重視自己的形象，關心自己的地位與聲望。他們喜歡與人競爭，透過超越他人來建立自己的優越感。由於他們太在意自己在別人眼中的印象與價值，所以形式對他們而言，往往重於實質。在他們眼中成功、地位與聲望就代表一切。因此他們為了達到這些目標，便十

分講求實用、效率,是典型以目標為取向的人。他們能很敏銳地察覺哪些途徑、哪些事物、哪些人對他們有利,能幫助他們達到目標。所以不少人會感覺這類人十分勢利眼,在外表美好的形象下,他們是如此沒有感情、斤斤計較。他們雖然積極、進取,努力在社會上爭取他們的一席之地,但是他們卻往往把自己包裝得比實際的情形更好。他們自戀、愛出風頭、愛面子、虛偽、時常推銷自己。而且當別人不讚美他們的表現時,他們往往會出現敵意。

他們的一生有如職業演員,永遠在扮演別人眼中的角色。他們扮演的角色可能一輩子都很稱職、出色,然而卻往往不知道什麼才是真實的自己。

健康的這類人不再只是追求他人肯定、在乎別人如何看待他;他們轉而追求自我的肯定,傾聽自己內在的聲音,發掘真實的自我。他們接受了自己真實的面貌,而顯得知足、謙虛,而一方面對自己也充滿自信與活力,努力去實踐自我的目標。當然這時他們的目標是踏實的。因為他們知道自己是誰、真正要的是什麼、自己的能力可以做到什麼,而不再是隨著別人的眼光行事,利用別人得到自己想要的。

而如此健康的這類人,是樂觀、外向、努力於實踐自我的人。而這時他們也的確充滿迷人、令人羨慕的特質,讓人想要接近他、學習他。而這樣的人才是真正的人,散發出正面且耀眼的光芒,更重要的是,他們的內心擁有真正的快樂與滿足。

這類人之所以強烈渴望別人的認同與喜歡,其實潛藏於內心的是對他人強烈的依賴。但是他們卻也有一種越是想信任與依賴,越不敢信賴他人的情結。於是他們表現出無情、不信賴任何關係。

所以，信任他人可以說是帶領這類人走向健康的關鍵。當他們意識到這一點時，這類人開始去觸碰自己的情緒，開始去觸碰他們原本不敢面對自己的人性弱點。他們開始對自己、環境產生懷疑，並去探索真實的自己，這才是他們邁向健康的第一步。

　　不健康的成就型的人的生活中，失敗是這類人最不敢面對的事。由於怕失敗、丟臉，不健康的這類人在自己的希望無法實現時，會變成病態的說謊者。他們可能有失敗的婚姻或是事業，可是卻在別人面前編造自己的配偶多麼愛他，自己的事業又是多麼成功，並擁有數不盡的財富。這種頑固的人性弱點使他們自欺欺人。這時他們的精神狀態其實已經非常混濁、脆弱，而一旦謊言被拆穿，他們也不可能承認（因為他們思想已混淆），終而瀕臨崩潰。另一方面，他們可能為了避免失敗，而不斷利用和剝削他人。他們是自私自利的人，往往在占了便宜之後，便把別人一腳踢開。

　　由於成功才能帶給他們快樂，因此不健康的這類人會強烈嫉妒那些擁有他們想要的東西的人。「得不到，就把它毀掉！」便是他們的心聲。他們得不到的東西，別人也別想得到。這種病態的心理，使他們不僅渴望自己成功，還希望別人通通失敗，這樣心裡才會痛快。他們已被自己病態的人性弱點徹底困住，他們是危險的人。

　　由於不健康的自戀，他們會把自己神化、偶像化，要求別人的膜拜，以滿足其優越感。這時若是別人對他有所質疑或是不敬，他們會馬上給予惡毒的懲罰。人們會發現他們真正的面貌不是慈悲的神仙，而是猙獰的惡魔。

　　然而我們也看到另一種不健康的人的發展。那就是當這類人在眾目睽睽下，出現一次無可救藥的失敗，這時他們可能變得自暴自棄，沒有自

信，不再追求什麼目標，也不再覺得自己重要。不過遭遇挫折壓力的這類人，由自大變為自貶的過程，並不是出於自省，而是因為自戀的妄想瞬間崩塌，反而更加為失去自我，變得空洞、麻木不仁。

其實，每一種類型的人都有其優點與缺點，沒有絕對的好與壞。而透視人性弱點或許可以讓我們更能以平常心來看待每一個人、看待人與人之間的問題。今日，我們身處資訊爆炸的時代，大眾傳播媒體在我們的生活上發揮強大的影響力，而整個世界也正朝向高科技和進步文明的方向發展。懂得人性弱點的確是一項客觀認識自我的必備技能，但令人憂心的是，當人們只在乎表面，一味地強調實用、追求速成時，有些深刻、需要細細品嘗、慢慢思索的好思想，則會被人們所遺忘，這已是一個問題。但我們相信，認識人類的自身就是一種偉大的實踐。

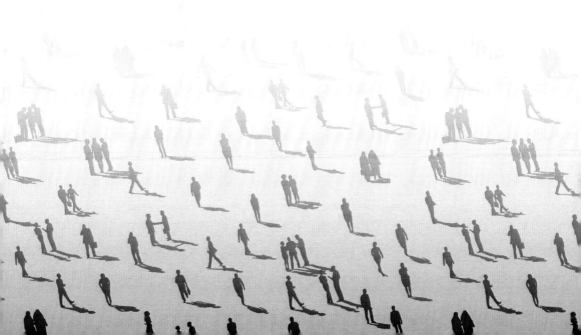

逃避行為是由人性弱點驅動的

　　惡行是一種面貌可怕的怪物，只要一見到它，就會憎惡它，但見得多了熟悉了它的面貌，便會首先容忍它，繼而可憐它，最終則認可它。

—— 波普爾（Popper）

　　我看到一些人不會從事科學，但卻從來沒有看見哪個人不會培養美德。

—— 伏爾泰（Voltaire）

一個人能否成功、能否幸福，都與人性弱點有著密不可分的關係。因此，了解人性弱點、轉化人性弱點，對於每個追求成功的人，都是至關重要的。

為什麼有些人成功，有些人失敗；有些人偉大，有些人渺小；有些人高尚，有些人平庸呢？這一切的源頭在哪裡呢？這恐怕就是人性弱點。

為了掌握人性弱點，觀察一個人是必要的，甚至是至關重要的。觀察一個人的平常表現與其矛盾的心理，就可以明白其特質的複雜情況；觀察一個人面對外界變化的反應，就可以確定其平常觀察和分析情況的態度；觀察一個人的突出特質，就可以知道其確切的聲譽；觀察一個人所作所為的動機，就可以分辨出其好與惡、愛與恨的類別；觀察一個人對誠信和尊敬的信守程度，就可以了解其上下左右的人際關係；觀察一個人情感變化過程，就可以分辨其出胸懷的寬窄；觀察一個人的缺點，就可以知道他的優點。從而掌握了一個人的本質以及其命運的走向。

自古就有一套透視人性弱點的方法，非常有見地，並被用到了識人的領域。例如派一個人到遠處去任職，以觀察其忠誠；讓他在身邊任職，以觀其謹慎；派他做繁雜之事，以觀察其能力；突然問他問題，以觀察其機智；倉促約定會面的時間，以觀察其誠信；託付他大筆財富，以觀察他是否為仁人君子；告訴他情況危急，以觀察他的節操；故意灌醉他，以觀察其本性；與眾人雜處中，觀察其為人處世的態度。這些都是古代智慧，用以洞悉一個人的全部本質。其實，人世間，以了解人最為困難，以親近賢能為最急迫的事。但由於潛伏著的感情和隱藏著奸詐，是很難從一個人的外貌了解他的內心的。因為人們總是把自我的弱點掩飾起來。

在現實生活中，具備做一個有才能的人並不太難，發現有才能的人才

真正困難。這就是「千里馬常見，而伯樂不常有」的緣故。有人感嘆賢才與非賢才之間，似是而非，難以分解，像和氏璧這樣的無價之寶，一般的人是意識不到的；而高出世俗的人才，一般人更是不能鑑別的。識才不易，而能鑑別人才的人必是有見識的人。所以，世人常說，畫老虎，畫皮毛容易，畫出內部骨骼就困難了。認識人的外貌容易，認識人的內心和人性弱點也就更加困難了。

人是一種動物，其本能中，均有躲避攻擊的本能，會避開與傷害有關的事，而逃入其他的世界。這也是一種人性弱點。

例如，對許多事表示高度關心的人，一旦談到與工作有關的事時，突然閉口不提，或轉移話題的說：「工作歸工作，聊天歸聊天。」或在下班回家後，隨即將工作拋諸腦後，沉溺於其他事中，從而避開這些敏感問題。但無論如何逃避，終究會自暴其弱點。若有人追根究柢地追問下去，他便逐漸地脆弱、崩潰、甚至道出其真心話。

其實，人害怕別人提及其弱點時，會立即轉而熱衷於其他的事情，並逃避所隱瞞的祕密。這類消極的自我防衛反應，心理學家稱之為「逃避性防衛」。從審視人性弱點的觀點來看，對某事異常熱衷，渾然忘我而達到「逃避」的人，舉目所見不在少數。

逃避不想認同的不滿或殘酷的現實，然後瑟縮躲入封閉的世界。但這樣卻又暴露出一個人的潛在弱點，正所謂欲蓋彌彰，亦即鴕鳥心態。當鴕鳥面臨危險時，會把頭埋進沙堆裡，自以為隱藏了自己躲過了危險，誰知竟將牠的弱點「臀部」高高地暴露在外。

盤踞於內心的自卑，若想採取逃避方式加以隱藏，則不外乎有下列幾種模式，即可循線找出此人的自卑面。如同工作狂一樣，只熱衷於眼前的

工作，使自己忙碌地渾然忘我，以逃避現實；又如中邪一般，沉迷於特定的動作，來逃避從事某一件事，如以裝病的方式來逃避。此外，又以沉默或漠不關心的態度，與現實中斷關係的方式，即「以拒絕、否定逃避」。因此，研究出隱藏在背後的人性弱點是一大重要課題。

首先為「逃避於幻想」型。人若寄託於幻想中，可以逃避來自現實生活的苦惱失意。這樣使心理保持平衡，極為簡單且常見的方式，也是一般人在現實生活中自我排解情緒的管道。例如，在擠滿上下班乘客的車廂裡，經常可見許多上班族，無視於車廂的擁擠，獨自拿著雜誌或推理小說閱讀著。他們沉浸於其中，搖身一變成為書中的主角，暫時拋開了世上塵囂，而進入跨越時空的幻想裡，並且得以忘卻因擁擠而產生的精神壓抑。由引可知，暫時性的幻想有益於精神情緒的平衡；但若積久成習，或者生活的四周充斥著幻想的空間，則此人將因逃避而變得憂鬱、孤獨，甚至憤世嫉俗而脫離正常的生活軌道。

另外有一種「遠離現實」，可視為「逃避於幻想」的另一種型式。這類型的人一旦離開公司，就絕口不談關於工作的話題，絕對不將工作上的痛苦帶回家，即使在進入特殊營業場所，也絕不會吐露心中的積怨或牢騷。這種「工作歸工作，生活歸生活」的類型，往往因其有隱藏在內心深處無法滿足的需求，故轉而逃避。當然也不盡然，有的人純然是將工作和生活分開。工作的時候埋頭工作，生活的時候輕鬆地生活，顯得十分超脫。

一般地說，很多人都有對工作感覺疲乏、上司無法認同自己或沒有升遷希望一類的不滿。這些不滿若被他人知曉，勢必將不利於自己的發展。工作對他們而言，無疑是難以接受殘酷的現實；卻並未因而不斷地反省自己，追究自己為何致此的原因。換言之，因為現實中有強烈的需求無法滿足，於是將現實視為一種「假象」或「虛構的世界」，在不滿的現實世界與

自己間築起一道牆，並反覆地告訴自己：「現實歸現實，自己是自己」。因此，外表泰然自若、無動於衷，且非常看得開。但事實上，卻在無意識中產生了逃避心態，盡可能地隱藏起在現實社會中的自卑。所以，刻意強調「工作歸工作」的人，將工作和私生活明顯區分，內心卻往往與其外表相反。其實他們心中往往存在著與同事、上司間在人際關係、職位的不滿，並且隱藏著極大的自卑。

「逃避於幻想」的相對應的模式為「逃避於現實」。二者屬於完全相反的類型，後者想在現實世界中藉以消除苦惱與自卑。與幻想模式相比，乍看之下較為複雜，但實際上二者如出一轍，只是方式不同罷了。如受家庭問題極端困擾的人，工作時會特別賣力，且對工作之外的事漠不關心，期待忘卻心中的煩惱。相反地，在工作職位上有自卑感的人，反而會認真地處理家務事。

例如，一位部門的主管對部屬要求就某種商品做出新的企畫文件，但部屬卻苦於無任何突出的創意，但又不能交白卷。結果，不能就主題研究，卻隨便地以一些與主題毫不相關的調查事項，長篇大論地大做文章。相信很多公司主管皆有此經驗。

又例如學校考試，一定也會有此情形出現，弄得閱卷者哭笑不得。這些考卷大都會長篇大論，離題萬里，卷面雖然被寫滿了，但閱卷者卻很難看出與考題有關的內容。寫出這類考卷的學生的態度，並非想獲得好成績，其實只不過是想透過寫填滿考卷，拚命地努力應付，而獲得心理上的某種滿足，以彌補能力上的不足感。

「逃避於現實」的特徵是這些人處事相當認真，幾乎沒有半途而廢的情形，不再消極地安慰自己，而是像受了刺激般地瘋狂地工作，希望自己

永遠處於忙碌而不停歇。

從社會觀點來看，「逃避於現實」亦有其正面的影響，但這種影響有時無法立刻判斷出來。

眾所周知，社會上有很多人都是工作狂，猶如一群不停忙碌的工蟻，不僅能分工合作，而且是盡心盡力地工作，甚至可稱為「工作麻痺症」。所謂「工作麻痺症」者，即是連休假日都獻給工作而沉醉其中。早上搶著第一個到公司打卡，下班後最後一個離開。一坐在辦公桌前，或者拜訪客戶時，即顯得精力充沛，幹勁十足；但下班後或工作稍閒時，即顯露出無精打采，疲憊散懶。從外表看來，「工作麻痺症」的人工作皆相當熱心，唯有工作才能使他感受到生命的價值；在周圍的同事眼裡，他被視為工作狂魔。但其實在他們的內心世界往往隱藏著極大的自卑、不安和不為外人所知的人性弱點。

一般而言，「工作麻痺症」者幾乎都存在著嚴重的家庭問題。為逃避家庭的需求和不滿情緒，他們會熱衷於工作，將精神集中在極高昂的工作情緒上，同時想儘量避免家庭的困擾。如性生活不協調、夫妻感情不和；婆媳不睦，一回到家就爭執不斷；或小孩行為不良，經常被老師約談等等。諸如此類都是人們不願談起，並且想加以淡忘的情形。萬一這些問題重起爭端，即會顯得不安、浮躁，結果，自然地想透過工作藉以紓解不安的情緒。這類「逃避於現實」的心理因素若繼續存在，並持續作用於積久成習，便形成所謂的「工作麻痺症」的病態心理。

同樣地，極端的家庭主義者，或異常熱衷於自己興趣的人，和「工作麻痺症」者一樣有逃避的心理產生。這類心理往往擁有潛在嚴重的人性弱點，但。二者的問題根源和逃避方式卻恰好相反。換言之，極端的家庭主

義者，其問題根源卻在於工作或公司。他們在工作或公司裡遭受挫折，信心喪失，與上司不和、無法升遷等不滿。當此不滿情緒愈大時，對家庭關注的精神愈大。

另一方面，一些工作表現平凡，但在感興趣的領域裡卻表現出色的人，有不少在家庭或工作上皆有自卑感。這些人談到興趣所在即興致勃勃；但若提及工作或家庭時，卻沉默寡言。因為，他原來應關注於家庭或工作上的精神，由於某種因素而無法關注。為了填補精神上的空白，便將所有的精力投注於自己感興趣領域內。因此，在你四周若有「極端的家庭主義者」或「工作麻痺症」者存在時，不應只看到對方的外表，而該試著以不同的角度來觀察。需要知道「工作麻痺症」者的弱點在家庭，而「家庭主義」者的弱點則在於工作或公司。例如，某人最近突然對高爾夫球和釣魚感興趣，極可能是因為在工作或家庭中正承受著困擾。

逃避行為皆屬無意識的流露，自己並未察覺。有時亦只是以反射性的肢體語言表現出來。例如，最典型的例子，當某人思考著某一件複雜煩人的問題時，會在房間內來回地踱步，或搖頭搔首或手足無措地亂動，而最常見的是抖腳。又如，無法立刻回答對方問題時，會說出許多不相關的玩笑、或大聲狂笑、或以快速度地喋喋不休等等，皆因某種心理作祟，而自然地出現此類下意識的動作行為，以紓解心中的緊張、不安的情緒反應。有兩種現象，男人在外做了壞事後回家，通常會顯得特別地多話，且喋喋不休地和太太說些無關緊要的話題，以掩飾內心的惶恐不安。

例如，某位有外遇的先生，因內心有「被抓姦」的不安恐懼感，為了消除此種情緒，會不自覺地以極快的速度搶先發言，在妻子面前提一些無聊的話題。通常在此種情況下，沒有太多的時間能使自己冷靜地思考就脫口而出，結果變得嘮叨、喋喋不休。此時，身為妻子者若較敏感，立刻會

察覺「不尋常」。此種現象和「鴕鳥心態」如出一轍，因其極力想要隱藏問題，卻反而自暴缺點。

　　同樣在工作場合中，平常越是沉默的人，若是反常地多話，則越發有問題。例如，美國前總統理查‧尼克森（Richard Nixon）因水門案受到嚴厲的質詢時，會不自主地不斷摸臉頰或下顎，由此小動作我們可以一眼判定，他內心一定隱藏著不欲人知的不光彩事件。

　　當一個人的逃避意識漸趨強烈時，會不自覺地流露出來，甚至演變成「藉疾病逃避」的現象。這種現象並非裝病，而是一種心理因素導致的病變，即一般所謂的「心病」。例如，莫名其妙地手部顫抖，甚至導致無法寫字的痙攣；眼睛突然失明、耳朵突然失聰。這些症狀多半為心理上的障礙所致，漸漸地連他自己也信以為真，結果竟真的就會變成生理上的病變。因此旁人很難判斷是否為真病，甚至很難揣摩出隱藏在疾病背後的心理和人性弱點。

　　生活中，也常有這種情形，當一個人遇到難以適應、或難以解決的困難情況時，反而拒絕適應和解決的行為，同時還保持著反抗的態度。此種反應是逃避和反擊的心態同時作用的結果。

　　拒絕和反抗的心態，常見於青少年的成長過程中，尤以青春期最為顯著，甚至有些人直到長大仍保有此類叛逆心理。例如，看到「禁止進入」的告示仍故意闖入，看到「禁止張貼」的標語卻故意在上面塗鴉，這些人的叛逆性格源自青春期的反抗心理。換言之，愈是受到禁止，他們就愈是對受禁止的行為感興趣。

　　拒絕的心理並非一定以積極的行動表現出來，無所事事的態度，亦是常見的模式。例如，在許多大公司或公家機構裡，通常會有一些面無表情

的員工。這些人以中層主管為最多，一面忙於基層工作，同時還須煞費苦心地管理下屬。他們的精神狀態經常處於繁重的壓力下，或置身於充滿敵意和憎惡感的環境裡。若是有了極其煩惱的情緒問題時，即會不自覺地表現出冷漠，以壓抑不安的情緒。當感情受壓抑時，表情即冷若冰霜。雖然他們拒絕態度的直接表現，但事實上這種心態背後，往往存在著對環境或上司的壓力所做的抗拒態度。尤其是年輕的員工對上司會故意露出抗拒的表情。但換一個角度來看，再沒有比這種面孔更直接的表現方式。乍看之下，可能會被冷漠的面具所矇蔽，但仔細地推敲，將會發現本人都一無所知的人性弱點。例如，若談判桌上出現這種表情對象是我方的人員時，則你須特別注意，因為我方已成為此種抗拒反應的直接對象。此種情況下，若想找出對方的弱點以牙還牙，或按撫對方，不但不能奏效，反而會招致相反的結果。所以最好不要當場點破，靜待下一次有機會時再討論比較好。

許多人在生活中總是遭遇失敗，並不是他們的能力不足，或是時運不濟，而是他們的人性弱點太頑固在作怪而已，以至於不可救藥。人想要成功，就必須了解人性真相，改變人性弱點，徹底重塑自我。人生的陷阱無所不在，而面對自己的人性弱點，了解人性的真相是一種保護自己的處世技巧。在現實社會裡，你必須比小人更懂得人性弱點，洞穿他們內心正在玩弄什麼詭計，只有這樣才會讓你鑑別各式各樣的陷阱和危險，盡快找到成功的契機。

如果你能夠了解隱藏在人性背後的真相，也就真正了解了人隱藏的動機，這將是你所能擁有的最了不起的知識，它會為你贏得無數的機會去獲得更大的成功。

逃避行爲是由人性弱點驅動的

從反面行為透視人性弱點

在私生活中，人的天性是最容易顯露的，因為那時人最不必掩飾。在一時激動的情況下，也易於顯露天性，因為激動使人忘記了自制。

—— 法蘭西斯·培根

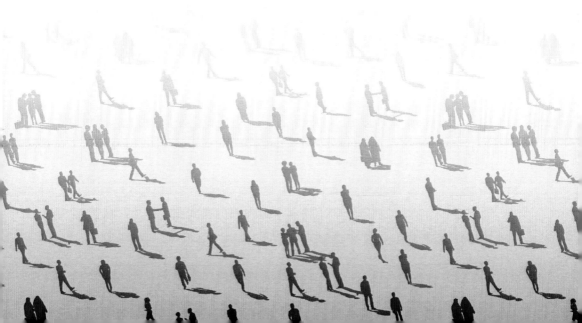

　　現實生活是複雜多變的，在日常生活中，由於主客觀因素，通常人們都有其掩飾性的一面，因此認識其本質和人性弱點是很難的。但是，人的本質又一定會透過某種方式有所反映。因此，透過觀察人某些蛛絲馬跡的表現，就能在相當程度上認識其本質。

　　生活中有許多人，他們的外貌和本質有很大的不一致性，例如他們表面上莊重嚴肅而行為卻不檢點的、有外表溫良敦厚而偷雞摸狗的、有貌似恭敬而心懷輕慢的、有外表廉潔謹慎而內心虛偽狂妄的、有看似真誠專一而實際無情無義的、有貌似品性忠厚而並不誠心誠意的、有看起來足智多謀而實際上缺乏主見的、有表面上敢作敢為而實質上膽小如鼠的、有貌似誠懇而不講信用的、有表面上迷糊不清而實際卻忠實可靠的、有貌似言行偏激悖離常理而實質上能建功立業的，這些事情在生活中都是極為普遍的。這些小現象常為天下人所不在意，卻為聖賢這人所看重，原因就在於一般人不了解其中奧妙，若沒有極強的洞察力，是摸不著頭緒的。這些就是人的外表與內心世界不盡一致，甚至物極必反的種種情況。

　　一般來說，物極必反之後的一種去向，那就是一個人若有某種不足為外人所知的尷尬理由時，為了避人耳目，會做出一些與需求完全相反的行為，來掩飾內心的人性弱點。這也是人表裡不一的真正原因所在。

　　例如，如果一個人對任何事物皆淡然處之，唯獨對性事問題特別敏感，並採取幾近潔癖態度的人；或看到別人欺負動物即勃然大怒的人，不應單純地認為這種人對性真有潔癖，或真正喜愛動物。此類行為往往在其內心深處，潛藏著與此反應完全相反的需求，而基於此種因素所做異常敏感的反應。由此可知，內心愈不安、需求愈強烈的人，愈易採取相反的行為。換言之，看似對性有潔癖，或厭惡的人，對性問題的態度，或許往往更加地開放，對性的要求更高而已。

日本名作家井上靖與其妻子井上好子的離異，不僅轟動當時日本文壇、藝壇，並普遍受社會各界議論紛紛。

　　據說，兩人的結合，乃源於 25 年前的一件欺詐案，由於兩人同為被害人，故而相識。當時的好子，還是一個梳著髮髻、淘氣頑皮的小女生，個性活潑開朗、喜歡交朋友。好子的這種開朗性格，從井上靖成為名作家後，變得更為開放，同時在擔任製作人及經紀人方面，她的才華更受肯定。井上靖能在文壇大放異彩，背後完全依憑好子的支持。

　　好子女士充滿才華與活力的個性，當然並非僅限於做個名作家妻子的角色上，同時她亦是大家所關注的焦點。她也非常注重子女教育，是一名具有獨特見解的婦女問題評論專家。而她的成就說得上是靠自己走出來的。而作為一個幹練的妻子，與一名作家丈夫共同生活，兩人當然會有許多差異之處。因此，許多人在他們離婚前兩、三年，即感覺到兩人之間已有些不和諧的蛛絲馬跡，最終導致不幸的結局。

　　後來，井上靖在東京市區的一家餐廳，面對 100 多名記者面前公開宣布離婚聲明。當時面容憔悴的井上靖，以連珠快語說：「造成離婚的私人原因，在仔細考慮後，我將以小說方式寫出，所以希望大家能以惻隱之心和朋友之情，不要逼問我。」

　　但第二天，好子女士卻公布了他們離婚的私人因素。這件事也充分顯示出兩人性格上的不同，也因為此性格的差異，許多週刊、雜誌的報導內容，乃據此做各種角度的探討。從心理學的觀點來看，好子女士的公開談話中，關於夫妻口角間的措詞最值得注意。據說，二人曾在公開場合中，曾言詞犀利地相互指責。

　　儘管如此，井上靖仍希望與好子長相廝守；另一方面，好子也相信井

上靖在文學方面，應比別人更有才華，正因爲如此，許多年來好子東奔西走，使丈夫能充分發揮他的才華。

換言之，兩人內心所想的，與實際做的卻是全然相反。而之所以說出違背內心的話，極可能是因爲無法率直地承認自己內心的期待、需求的情感之故。

根據心理學解釋，希望某人採取某種行爲或態度，亦即內心有所需求時，往往會採取相反的態度，或做出與本意相反的行爲，這種心理活動稱爲「反向作用」（reaction formation）。井上夫婦所說的話背後，其實，就是有「反向作用」的心理活動在作祟。

「反向作用」可說是一種壓抑，亦是一種積極自我的保護作用；但無論多麼積極的反對行爲，或是反常的讚美行爲，其「反向作用」導致的行爲，必隱藏著自卑、不安等弱點。內心愈是懦弱不安的人，所表現出的行爲，往往更加強烈。

因此，「反向作用」式的行爲，可因內在的自卑與弱點的不同，分爲下列三種較具代表性的種類，受抑制的性慾而引起的「反向作用」；若以實際行動表示出來，則會因爲極力抑制反而變成無法彌補的攻擊傾向，更導致「反向作用」；在成長過程中，因壓抑的情緒被保留下來，會相對增加對青少年的「反向作用」。

這些「反向作用」類型，並非刻意或有計畫的行爲，而是在無意識的狀況下產生，此亦爲「反向作用」的特點。

一般人們對自己目前的態度與行爲，都是根據正確的判斷思考而成，但對隱藏在其心靈深處的需求和弱點卻不自知，這就是名符其實的「反面」。在這點上，「反向作用」與僞善十分類似，並非經刻意安排的掩飾行

為。因此，可從「反向作用」的行為看出人性的弱點，並根據這一點來了解對方真正的需求。

首先，由於各方面的原因，形成了因抑制性慾所導致的「反向作用」。

曾有一位牧師在一次演講中，發現一名認真聆聽的學生，不斷地用手指捏住鼻子緊皺眉頭，同時這種動作只在他演講中提到「性的誘惑」時才出現。於是在演講後，牧師便故意和他閒談些性的問題，此時這個學生又出現了同樣的動作。牧師認為這名學生的動作，必定是隱藏著關於性的煩惱。不出所料，不久後這名學生前來找他懺悔，內容與牧師意料的一樣，果然與性方面的煩惱有關。這名學生懇切地告訴他，自己因為了滿足性的需求而產生罪惡感，經常夜裡輾轉難眠。牧師終於明白他的怪異舉動，乃源於自慰的罪惡感。

對性抱持潔癖主義或限制十分嚴格的態度，事實上是因被壓抑的「反向作用」所形成的。因為，想抑制的性慾，卻會因亢奮而感到不安和罪惡感，因此，就逐漸變成「反向作用」的心理機制。此外，也會藐視或排斥色情電影、裸照等違反道德的事物。甚至在公司裡也儘量避免與女同事交談或在一起，絕對不開黃腔，且過了年紀卻還未結婚，而只熱衷於工作，或只對運動等個人喜愛的事物感興趣。此類型的人當中，有不少是性慾比一般人強、對性卻有強烈罪惡感，在其潛意識裡隱藏、壓抑，也就是「反向作用」的人性弱點在作祟。

通常也有以另一種方式表現的性方面的自卑感。我們周圍經常可見吃女人豆腐的人，甚至有些以言語占女性便宜，或不斷吹噓自己是如何地好色。這些人乍看之下像是情場上的老手，但事實上卻往往有性方面的高度自卑感。這種例子與前述的案例相似，是另一種方面的「反向作用」。

當別人以誠懇、親切的態度對待我們，相信沒有一個人會惡言相報；但假若對方的姿勢太低或有失身分時，就會令人產生莫名的不安。

你是否曾懷疑過，「為何他對我這麼好？」、「為何他的態度那麼恭敬？」，也許你會進而懷疑「說不定他想要設計我」等等，對別人的言行感到疑慮。事實上，就心理學而言，這種直覺是相當正常的現象。

因為過分親切、慎重的態度，背後往往隱藏著某種看不見的強烈攻擊心理。這種心理出自於攻擊傾向的「反向作用」的心理活動和人性弱點。換言之，害怕直接表現攻擊傾向，以避免暴露內在的需求或弱點。基於這種不安的理由，故以此完全相反的態度呈現出來。

根據法院家事調解的社工透露，凡是要求調解的夫妻，兩人看起來都非常懂事，甚至笑容滿面。根據他們的經驗，夫妻間態度愈謙和有禮，他們的距離和仇恨也愈大。

對一些事感到害怕的恐懼過敏症者，皆是源自於完全相反的需求，換言之，均是想使用暴力、想欺負動物、想用刀去割人身體、想用尖銳物體去刺東西等潛在需求的反作用所造成的。反向作用的另一種類型為幼兒的反向作用表現。幼兒皆有依賴父母的高度需求，當其需求因某種理由而受壓抑時，即會以獨立自主的反作用態度表現出來。此時，會刻意地自作主張、違背父母，即使是自己辦不到的事，也會堅持自己來解決。這種經驗若是在幼兒時期經常出現，則會積存於內心深處，即使長大成人後，此類傾向也不易消失。

例如，小時候有遭受虐待經驗的人，成長後一方面追求熾熱的愛情，但另一方面卻擔心自己的愛情，甚至害怕最後以失戀終結。因此，對別人的愛情漠不關心，並且當別人向他示愛時，他也會疑心別人是否心懷鬼

胎，而採取反抗、汙穢，甚至挑釁的態度。

　　無論在工作或生活上，極端要求有秩序的潔癖心態者，也可用於解釋幼兒反向作用的心理結構。從小骯髒、放蕩、懶惰的孩童，即使長大成人後，此種性格也不會消失。只是此類性格隨著年齡成長，已不再為社會所接受。

　　因此，此類幼兒的反向作用會造成強迫症。如公司裡乾淨成癖的經理，連一張紙屑也不放過；報告書上一點微不足道的小過失，也要大肆責備的部長等。這些人的言行，即可解釋為幼兒時反向作用的結果。此類型的人表裡不一，生性不愛乾淨，且懶惰成習，因為害怕將自身的弱點顯露於外，心中的不安遂變得神經質，終至形成完美主義的性格。

　　同樣的心理結構，也可應用於熱衷工作至達到狂熱程度的員工，或只知工作，對休息不感興趣的員工身上。事實上，這些員工中有不少是屬於無法脫離幼兒階段、性格慵懶之人。換個角度來看，那些對工作不感興趣或漠不關心的人，則是因害怕受到責備，而保持畏縮不前的態度。然而一旦緊張的情緒沸騰至最高點時，即搖身一變成為人人誇讚的認真員工，如此才能消除他內心的緊張。這或許是人性弱點的一種適應。

　　然而，因為此類型的人不斷重複著違背內心的行為，以平衡心中的緊張情緒。因此在此種情況下，精神壓抑相當大，偶爾也會因為某種契機，而破壞了反向作用的心理結構。無庸置疑地，此類型的人乍看起來對工作十分認真，但其賣力的程度卻幾近反常的現象，甚至惹得一些不太熱衷工作的人極為反感。

　　因此，欲探究此類型人的心態，可由其反常的現象，探尋其形成懶惰個性的反面心理結構。只需要利用適當的時機，不時地讚美他的工作態

度，免除對方擔心受責備的戒備恐懼之心。若對方的工作熱誠是源自於反向作用，則在其緊張感消失之後不久，此人即會開始遲到、曠課，將原來的原形暴露出來。

某位娛樂新聞記者根據長期的工作和觀察，將人類的「反向作用」微妙的心理研究得很透澈，以發人深省：「判斷演藝人員的夫妻生活是否不愉快，並不困難，只須仔細留意在電視上表演的問答、歌唱等等節目時，若變得特別高興、更多嘴或更誇張地表示夫妻間感情多麼要好者，大致可斷言是感情亮起了紅燈。」

有些對別人有高度自我主張的意願，或總想支配別人的人，一旦自己的攻擊性需求為人察覺時，則往往會採取與其需求相反的警戒態度，或過分謙虛的態度。例如，在別人面前儘量避免說話，或做出引人側目的行為；害怕在開會時被要求發言，故盡可能坐在不顯眼的角落，甚至無法與上司、部下溝通等等，這種現象乍看之下，似乎有些懦弱、無能，但這種人的內心，卻往往存在著想支配、征服別人的強烈競爭慾望，所以其刻意表現出來的謙虛態度，乃是強烈需求受到壓抑的一種反作用。

這類人本質上的弱點，在於害怕暴露自己本來的需求，而無法得到社會的認同。也正因為有這種弱點，他們時常會主張不須以牙還牙的非暴力行為。對別人的暴力行為，如對虐待動物者做出過度斥責反應的保護動物者，看到血就昏倒的醫學院學生，看到刀片、針、甚至於筆尖、筷子等尖銳物體就驚恐的人。

在日常接觸中，我們也完全可以從一個人不經意所表現出的言行細節中，看出其不自覺的潛在弱點。換句話說，可由日常的某個人言行追查其真正的心理狀態。

例如，挨家挨戶拜訪的業務，都有類似的經驗。當與對方溝通方式不恰當時，對方不僅不為所動，甚至會惡言相向。若是推銷新手遭遇到這樣的反應時，必定掉頭就走，從此不再上門拜訪；但老手則完全不同，絕對不會因而退卻。有經驗的老手發動攻勢的方法與新手完全相反，他們認為此類客戶才是最有希望的顧客，縱然對方屢次斷然拒絕，皆不輕言放棄。即使挨罵：「你也太固執了吧？告訴你，不論你再來幾次都沒有用的。」此時，老手仍會賠上笑臉說：「即使沒有用也沒有關係，大家交個朋友嘛！」之後，仍然每天登門拜訪。因為，根據他們的經驗，這種類型的客戶，往往表裡不一，口是心非，易於被人情和義理所屈服。

　　事實上，數次拜訪並非故意做出一些無謂的動作，而是藉此找尋對方防禦面具後的缺口，而客戶也不自覺地會為自己的反向作用露出一個缺口，將原始的心態表露出來。於是，只需要將目標對準缺口，對方的防線便立即全面崩潰，洽談也可由此順利開展。

　　另有一種人，與上述類型恰好相反。不論對方說些什麼都會卑躬屈膝地立刻回答：「是，是」、「對，對」、「有道理」、「我知道」等，但根據反向作用的心理活動分析，對此種人反須加以提防；因為這種人外表看似迎合，但事實上，可能根本聽不進對方的話，或不好意思不理不睬，所以，只好假作贊同地點頭附和。某大學教授曾說，上課時教授每講一句話即點頭附和的大學生，十有八九不了解課程的實質內容。

　　最後再舉一例。因公務而有來往的人，或職場上的朋友，不能在短時期間推心置腹。情誼剛開始時應以讚美、客套來試探對方，但某些人對於這種社交性的禮貌或讚美會極力否認。根據反向作用的心理結構，此類型的人經常易為美言所影響，因此，會刻意地隱藏這種弱點。

　　但是一些老到高明的人，還是能從對方的每一個細微的動作中，以及每一種司空見慣的習性中見微知著。比較準確地分辨出人的本質和心態以及他們的人性弱點。

　　而從生活細節上觀察人、辨識人，需要有很豐富的經驗，其實也是有一定規律可循的。所以，一些有心人在實踐中總結出從生活細節辨識人的三條規律：

　　一是從常見表情上識人。好比經常皺眉的人，通常都心思較重，心事較多，總喜歡思考這樣或那樣的問題；經常愛用眼角餘光看人的人，通常都心胸狹窄，心懷叵測，內心深處總有一種恐懼感；經常用手抓頭的人，通常都心情煩躁，心神不寧。

　　二是從常見動作上識人；總好拗手指的人，通常工於心計，總在動腦筋；一坐下就翹起二郎腿的人，通常都自命不凡、高人一等；走路總是駝背低頭的人，通常都心事較重；沒事就兩眼發直的人，通常都思想遲鈍。

　　三是從常見言詞上識人。說話總是好加上「我認為」、「我感到」、「我想」等字眼的人，通常都自以為是，剛愎自用；說話總好加上「可以嗎？」、「行不行？」等字眼的人，通常都自信心不強，沒辦法決定大事；說話總是模稜兩可，含含糊糊的人，通常都是老奸巨猾，飽經世故；說話總喜歡誇大其詞，虛張聲勢的人，通常都愛吹噓，愛誇張。

　　總之，從生活細節上識人需要敏銳的眼力，發現別人不容易發現的特點，並能在轉眼即逝的言行中發現某個人的隱蔽特質。一個有心人，只要他在平時能夠注意鍛鍊自己觀察細節的能力，就不難發現每一個人在生活中的特徵，從而進一步掌握其內心世界的祕密。曾國藩當年和太平軍打仗，他招收士兵很有自己的見解。他善於從應徵士兵的身體上辨別其出

身。他的湘軍士兵，幾乎無一不是黑腳板的農民。曾國藩招募兵勇有自己的條件，年輕力壯，樸實而有農夫氣者為上選；油頭滑面而有市井氣者，有衙門氣者，概不收用。這是因為前來應徵的士兵的本性資質不同，如在偏僻山區的人多強悍，水鄉地區的人多浮華，城市多浮惰之習，鄉村則較為樸拙。善用兵者，常喜歡用山鄉之人，而不喜用城市之人。這種從細節識人的方法確實十分特別。

在生活中，一個人為了考察和了解另一個人的某方面的能力以及內心的想法，通常也會從很小的細節檢驗他的能力和誠實與否。

宋神宗年間，蘇東坡因烏臺詩案被他的政敵彈劾入獄。宋神宗以及太后都知道蘇東坡可能是因為才氣高昂而被人忌妒了，於是他們就想一個方法來試探蘇東坡。

一天夜裡蘇東坡正要入睡，忽然有一人走進牢房，放下一個箱子作為枕頭，倒地就睡。

蘇東坡以為他是新來的囚犯，未予理會，繼續安睡。不料在天快亮時，那人搖醒蘇東坡，對他說：「恭喜，你安心吧，不用煩惱了。」原來那人是皇上派到獄中觀察蘇東坡的太監，他回宮裡稟報：「蘇東坡很安靜，夜間睡得很深。」

神宗點頭說：「我知道他問心無愧。」

不久，蘇東坡就被釋放出獄了。宋神宗從蘇東坡安然入睡的小事上，得知他內心無愧，可謂有識人之明。

英國曼徹斯特市有位醫生想在他的學生中找一名具有敏銳觀察力的人當助手。一次在臨床帶學生時，當眾用指頭沾一下糖尿病人的尿液，然後用舌頭舔嘗味道，接著要求所有的學生跟著做。

　　大多數學生都愁眉苦臉地用同樣的方法真的舔了尿液，只有一個女學生發現自己的老師用來沾尿的是一個指頭，舔的卻是另一個指頭，她也如此仿效。於是這位醫生認為這個女學生具有他需要的敏銳的觀察力，於是就讓她當自己的助手。

　　這是一個從小細節選用人才的例子，卻很有啟發性。

　　一個人的學問、氣質、性格、喜好，可以透過不同的管道反映出來，小到隨地吐痰、排隊插隊，大到政治傾向，人生追求等等。

　　物以類聚，人以群分。透過觀察他的朋友來了解他的為人，是一種便捷而可靠的觀察人的方法。透過觀察其所交朋友的類型，就可知該人是否賢明。生活中人們也常說：「告訴我你的朋友是誰，我就知道你是什麼樣的人。」所有這些都可以說明觀友在識人中的作用。朋友與朋友之間，通常都有著某種共同的興趣、追求。或者其脾氣相投，或者其目標一致，或者其工作性質相同，這些共同點使他們有條件凝聚在一起。這一現象實質上就是共生效應（symbiotic effect）。所以，透過識別其朋友的特質與能力是比較科學的方法。

　　三國時期，姜維曾求教於諸葛亮，可諸葛亮一開始並不看重他。於是，姜維私下就虛心好學，每天挑燈夜讀。這些都讓諸葛亮看在眼裡，記在心中。後來，諸葛亮由淺入深、循序漸進地教給了姜維許多知識，如八卦陣法、連弩箭法等。姜維由此成為了一名驍勇戰將，立下了不少戰功。姜維能與諸葛亮交朋友，便可知其為人的不一般了。

　　所謂看書知人法，是指看看一個人經常讀什麼書，就知道他的品行為人。一個人讀不讀書，大概是最不好裝假的事情，有人視讀書為享樂，有人藏書為負擔，也有人把讀書當安眠藥。有人外表可以打扮得如紳士，談

吐也可以很得體，但是，拿起書來就有如舉千斤般費力。同樣的道理，一個人讀什麼書，是其性格的品味，以至行為和文化素養的最好展現。

作為一名領導者，透過了解下屬喜歡讀什麼樣的書，可以大致看出他的品行和修養。

當然，見微知著觀察人，自然有它的局限性。這主要是因為領導者有時也會透過有色眼鏡來看人的。

用有色眼光識人，就是帶有固有的感情色彩，也就是帶著成見去辨識人才。雖然這是識人中的大忌，但帶著有色眼光去看人的人，在古今中外的識人史上都是屢見不鮮的。

人性是複雜的，是與生俱來的一種意識，支配著人類在求生存過程中的所有行為。它有時散發著善良的光輝，有時則流露著醜惡的慾望。人類所有的行為都以「自私」為起源，自私是人類求生存的一種本能。從這個角度上來觀察人類的行為，便可以發現，很多令人匪夷所思、困惑不解的事都變得合理了，人世間的種種醜惡、人與人之間的不愉快，也是社會生活中的一種常態。

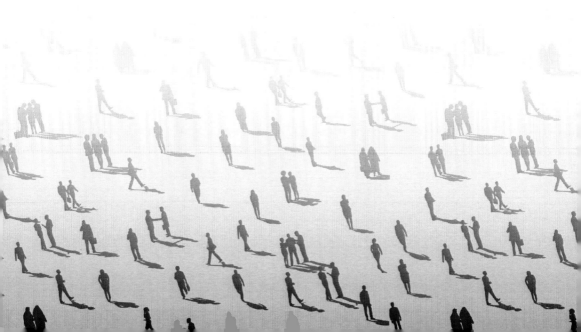

無意識行為和人性弱點是什麼操控的

人的本能有它自己的途徑，而且是最短的途徑。

—— 羅曼・羅蘭

人性弱點是人進化的殘留，還是進化的產物？抑或是人進化得不夠徹底完全的一個結果？

其實，人從猿到人不僅僅是在體質上有一個進化的過程，人在心理上也有。而心理的進化過程，實際上是把動物性整合而形成人性的過程。

人類在進化的過程中，也就形成了人的某種心理，某種心理也就深深潛藏下了的人性弱點，這幾乎是不可避免的。但人似乎更複雜更曲折，畢竟進化成一種高等生物絕不是一蹴可幾的。

正如榮格（Carl Gustav Jung）所說，原始人的心靈沒有整合為一體，是由數個靈魂構成的。而也正如他所說，我們同樣能分裂我們的心靈，失去我們的統一性。而他所說的第三點是，我們有意識地、主動地隔離人的心靈和被動的、無意識的分裂是不同的。人也是一種動物，但是又明顯地不同於其他動物，高於其他動物。人和其他動物有什麼本質的區別呢？一個重要的區別就是，動物是按照生理本能活動的，而人是可以超出本能的。動物選擇的生存方式各異，但是每一種動物都只有一種生存的方式，而人是可以選擇不同的生存方式的。人可以選擇讓自己像老虎一樣勇敢，也可以選擇像牛一樣勤勞，小偷選擇了像老鼠一樣機敏，女人也可以選擇像孔雀一樣美麗……

從心理學的角度看，人性就是整合了各種動物的特性，整合了各種動物的生存方式。正因為人性中可以包含多種不同的特性，所以人具有動物沒有的特性 —— 靈活性和選擇性。

不同民族的性格的差異，或許就可以由此而得到解釋。

每一個民族都是由許多小的氏族部落而構成的，每個氏族都有自己的生活和個性特徵。在人類長期歷史中，不同的氏族結合，融合成更大的部

落，不同的部落結合形成一個民族，一種文化。因而在每個文化中，都融合了多種最初的人性特徵。

今天的每一個人都是由一些特別的個性構成的人，而這些個性幾乎都有其反面的人性弱點，這正是每一個人的命運之謎，破解了它也就掌握了自己的命運。

其實，一個人的那些無意識的習慣動作，雖然是很單純地發自天然、出於天性的，但人的無意識動作與人性的弱點卻密切相關。

一個人有意識的動作，多少出自表演、自我炫耀的成分；而無意識的習慣動作卻是純粹出自於天性的。從這些動作中最可以了解一個人的真實想法。

德國有一部描寫犯罪心理的電影，其劇情是殺人嫌疑犯作案之後，隨手在一張紙上塗鴉了一番，然後打了個電話，就外出了。這時刑警進入了屋裡尋找線索，在電話旁的記事本上，他們發現了嫌疑犯畫了一張小女孩的肖像，於是，他們透過大量的搜索，把這張肖像拿給相關人員看，結果發現畫中的小女孩，就是該嫌疑犯年輕時所拋棄的情人所生的女兒。警方憑著這個很有價值的線索，透過這個小女孩的母親追查到案發當天這個嫌疑犯的行蹤，展開了調查，最終將嫌疑犯繩之以法。

嫌疑犯打電話的對象，雖然與小女孩毫無關係，但是，由於犯人在內心深處無法抹滅女兒的形象，因此，便不自覺地描繪起來，以致畫下女兒的肖像畫。

有人在打電話的時候，有時也會玩弄電話線，此種動作也是由於在潛意識中無法以語言充分表達思想，而所採取的手的輔助動作。如果人們在眾人面前演講時，情緒一緊張，也會自然而然地比手畫腳，或者開始扭動

麥克風線。有人面對外國人時，假使不能以語言充分表達思想，也會藉著手勢動作來表達自己的意思。

手勢較易表達心理。在大腦的運動皮層（motor cortex）中，促使手與臉部活動的區域相當廣大，因此，手部是除了表情、嘴巴及眼睛之外，表現感情的重要工具。

因而人們心裡展開思考活動、有意識活動或無意識活動，如果當他們無法用語言來表達自己的思想時，也會借助手勢來表達自己的意思。在精神病中，有一種病稱為「狂躁症」（manic episode）。當他們情緒激昂時，不停地到處走動，手腳也會不知不覺地亂動。精神病理學中稱此為「不寧」（restlessness）狀態，也就是患者的心理狀態，猶如透視鏡一般，透過其手腳動作傳送給我們。這些都是無意識動作所透露的人的內在狀態。

不過，這種現象並不限於精神病者。當人們一邊打電話，也會同時在記事本上無意識地胡亂塗寫，等電話打完後，再來看胡亂塗寫的結果，便會發現竟是完全看不懂的文字或圖畫。然而這卻是一種無意識的心理表現。

在這裡；先舉幾個日常生活中的、最常見的手腳動作的例子，以此來分析相關的心理狀態及人性弱點。

首先，是雙手抱胸的姿勢。所謂抱胸這個行為，第一，具有保護人類最重要的心臟之意，因此，這個動作可以視為一種拒絕的表現；第二，由於看不見手掌，所以可以解釋為了防備對方的攻擊性行為，在防衛對方的同時，在必要的時候，也是轉守為攻的一種姿勢，即使沒有武器，也能立刻出手攻擊對方。

當有人進行演講時，在聽眾中有許多人雙手抱著胸，這顯示他們無法

接受演講人的言論。我們經常看到年輕的公司員工在與上司或長輩談話時，喜歡雙手抱著手臂，這種行為會被長輩認為是沒有禮貌、無教養的表現。不過，年輕人們對於抱著手臂的行為另有一種新的解釋，他們認為這是一種自我陶醉心理的表現。因此，看見年輕人抱著手臂時，與其將其視為拒絕他人，倒不如認為這是一種自憐的現象。女人很少有抱著手臂的姿勢，可是，我們卻不能因此便認為女人就沒有拒絕的心理。

除了抱手臂的動作之外，我們還可以看到各式各樣的手部動作。比如說我們經常看到的以手摸頭的動作，就表明了其想強調正在用腦筋思考某些問題的心理表現。還有，人們在思考問題時，也往往用手去摸頭。因此，由於各種情況的不同，有時是敲敲頭，有時則搔搔頭，也有抓抓頭髮，或者以手掌或手指揉太陽穴處等等。此外，當一個人的思考速度增快的時候，他手的動作會隨之加快起來，手的活動與思考速度成正比。

此外，即使在同樣的思索，也不會都是表現為搔頭動作，有時候是以托腮方式凝思。這表示沉靜而專心地在思考，在這種情形之下的思考能較為平緩，集中程度比較弱。除此以外，還有握著拳頭打掌心，或者拗動手指關節使其喀喀作響等動作。這種情況大多為對體力有自信的人所做的，也可以說是威嚇對方的動作。不過在這個時候，腦中一般不會思考，因此，對這種人，不可畏怯，應對其講道理，往往可以突破其弱點。相反地，如果同樣感情用事，事態便會愈加擴大，以致不可收拾的地步。

人們在思考時往往用手摸頭，但也有例外，在我們的實際生活中，往往有這樣一種人，當他做錯了什麼事情的時候，或忘記了什麼東西時，也常常用手拍拍頭，以表示內疚或歉意。

一般說來，比起手來，腳的動作較少。因為腳位於下半身，並且也不

太顯眼的緣故。不過，腳在大多數情況下多半顯示出感情的激昂程度，或者用腳踩響地面，甚至有跳起來的動作。此外，當雙腳不時交叉，其實是焦急或摻雜著畏縮、恐懼的行為；而以鞋頭踢著東西，或以鞋跟打著拍子，則是心中思索著其他事物，注意力不集中的表現；如果像關在鐵籠中的熊，不停地踱著步伐，若有所思，則是心理焦躁的動作。

雖然籠統地對事物加以斷言是危險的，但在無意識動作中確實暗含了許多人本性中的訊息，要破解也不是很困難，不妨學習以便更深地了解人性的弱點。

當然，當一個人無法面對自身的人性弱點時，並不一定會完全走向反面，還有一種情況就是將自己的弱點歸咎於他人的影響，而非因自己形成的心理因素或人性弱點。

被自己所喜愛的男性拒絕的女性，通常會對對方的自傲感到迷惑。這是將對方當做客觀的銀幕，而將自己主觀的看法投射在上面，以自己主觀的意識來衡量和要求對方的原因。之所以會有這種傾向，乃是為了平衡自己的心理需求。因為她不了解自己頭腦中所批判的影像，正是自己心態的縮影，也正不知不覺地暴露了她內心的弱點。

在美國一處荒山野嶺，住著一個講師，他每週花六天時間在荒地上開荒種植農作物，週日便在一處小型聚會所擔任講師，而學生、教友、聽眾所奉獻的捐款，即為他的收入。

某一個星期日早上，講師一如往常地帶著六歲大的女兒來到聚會所，入口處亦一如往昔放置著一張桌子，上面有一個由柳枝編成的籃子當做捐款箱。由於父女倆是最先到達的人，所以籃內尚無分文，也許是出於期望獲得別人捐獻的心理，講師不自覺地放了 5 美分。當講課完畢，人們逐漸

離開之後，父女倆便懷著雀躍的心情走向捐獻籃，卻赫然發現只有一個 5 美分硬幣靜躺其中。女兒抬頭望著滿臉失望的父親說：「爸爸，如果你放較多的捐款在裡面，也許他們會捐得更多。」講師一面搖著頭，一面慨嘆別人的吝嗇。

故事中的講師，由於自己吝於施予，以致換來別人的吝嗇。也許是村民經濟窘迫，又目睹講師只捐了 5 美分，因而乾脆不捐亦沒話說。但令人驚訝的是他年幼的女兒，居然能看穿父親的真實心態，希望別人慷慨施捨而自己卻吝於捐獻。

古語云：「敬人者，人恆敬之。」若要別人善待我們，我們就必須先善待對方。換言之，當我們嫌惡別人，覺得與自己格格不入時，同樣地，對方也正嫌棄著我們。但一般人卻只想著：「因為他看我不順眼，所以我也自然地憎惡他。」完全以主觀意識作為解釋。尤其當自己覺得不安、不愉快時，更會深刻地感覺別人也正有如此對待我們的傾向。何以會有此感覺呢？因為，當人的心理有了不愉快或不安的感覺，在心靈深處自然產生自我防禦的本能。並將自己的不安與不悅，直接投射於別人身上，由別人身上來尋求解釋，從而稍稍緩解自己心中的不安或不快。

反之，平日經常批評抱怨別人的人，極可能是將自己內心的挫折轉移在別人身上，亦可由此觀察出此人潛在的弱點。

總而言之，從一個無意識的批判行為，我們可以發現其本身潛在的弱點，並得以探知其真正的挫折所在，也就會從無意識批判別人的心理中，找到個人自身的人性弱點。

這種無意識行為通常也會以轉化和投射的方式表現出來。這也是人自我保護本能下的無意識行為。

　　一般說來，認為自己具有可恥的慾望或感情的時候。若長期在心中承受這些可恥慾望的折磨，將招致不安及不愉快的情緒。這種不安、不愉快的情緒，會在無意識中促使投射機制的活動。種種情緒中，最常被轉化的是性慾，認為自己對性抱著過分關心，而感到罪惡感，或具有某種性自卑感時，將促進性慾的投射。當然，性慾投射的形態亦有種種方式，然而，最單純的方式，是對著自己所關心的異性，認為對方與自己相同，對性均抱持著遐想，這種傾向女性比男性更為常見。

　　例如，被對自己深有好感的男性稍微碰觸，便會驚叫、虛張聲勢的女性，面對對方的求愛雖死命地拒絕，卻在親友間大肆宣揚：「那個人真的對我很執著。」此種情形，多半是女性抱著被誘惑、或被羞辱的幻想所致，「討厭即是喜歡」是對這種人心理的刻畫。其實女性自己才是抱著性衝動之人，此例並不少見。

　　此類行為在女性中，因抱著對性的罪惡感，故壓抑的傾向愈來愈強，因為，坦承自己的慾望將招致更多不安與不快。於是，將自我的慾望投射在對方身上，並認為對性慾並無所求，而是對方的要求，此種想法來幫助自己度過不安與不快。

　　此外，性慾投射的另一種類型，是對他人的愛情故事或桃色緋聞感到異常的興趣，用最近流行的語言說明並傳播。

　　分析此種投射的心理機制的性質，發現他們在講話時，經常以「我們」代替「我」之時，均是因為沒有自信而將自身的不安投射於所歸屬的團體，這也是一種逃避不安的心理活動。日常最常見的投射心理機制，是「責任轉嫁」形式。這就是不論犯下任何過錯都不自身反省，一味地推託責任，此種將責任轉嫁他人、或所屬團體的舉動，亦隨處可見。

用「我們」第一人稱複數是較為方便的。怎麼說呢？因為，用「我」字發言，責任的歸屬是自己而非他人。但若用「我們」，則能夠輕易由「我」中逃脫，使責任的歸屬越發模糊。

一位從事銷售顧問的朋友曾經透露，一般業務在內部討論時，列舉的問題大多為：「我們產品的價格高於其他廠商，所以造成銷售量下降」或「因為公司的審查條件過於嚴苛，造成市場開發的困難」，將責任歸咎於公司，顯而易見地，此亦為投射心理機制作用的例子。

當然，一般社會觀念認為，適時避免提出自己的主張，是使人際關係趨於圓滑是正常的。過分強調自我會被認為太幼稚、愛表現自己。這些都是在無意識中，以「我們」來逃避責任的投射心理機制作用。

然而，這只是程度問題。在遭遇逆境時，若是沒有自信，若沒有原則地附和於他人，則可能會自暴人性缺點。所以，自覺地約束自我意識，將使對方產生信賴感，而具有說服的效果。

1980 年 4 月，美國駐伊朗大使館人質救援作戰失敗。當時美國總統卡特（Jimmy Carter）在電視上公開承認一切應由他自己負責。在此之前，美國各界對卡特總統的評價均不甚理想，甚至有記者殘酷地批評道：「他是誤闖白宮，歷史上最差勁的美國總統。」但當他說出前述那一段話後，支持他的美國群眾驟然暴增 10% 以上。歷史是過失與錯誤的拉鏈，每個人注定也會有失敗。不論幸福之神如何眷顧你，始終一帆風順的人是絕不存在的。

當我們遭逢失敗，代之而起的是責任的擔負。卡特總統一例即明白揭示，評斷一個人的功過，確實應以其擔負責任多寡而決定。表示一個人負責任的方式，由日常的道歉到辭職等有多種方式，然而，無論何種動態，

均應以明確的態度表示。

卡特總統所言「責任歸咎於我」是相當不容易的。因為個人與社會、個人與個人的關係中，已形成責任「追究責任 —— 極力迴避」的模式。

其實，日常生活中常見的投射機制是以「轉嫁責任」的形式表現。失敗的原因無論以何種理由辯解，是此人的不小心、不成熟、能力不足、懶惰，終須回歸到個人責任問題。而此原因通常是對社會而言，如不理想的行為或習性。若由自我坦承，將招致不安與不愉快。此時對不安與不愉快的逃避，即是將失敗的原因投射於他人，也就是將失敗投射於同事間的不團結、上司不了解下屬、或有他事須先完成……總之，必定有藉口掩飾、逃脫失敗。

因此，發生失敗時，仔細觀察對方將責任轉嫁的方式，即可看出此人弱點之所在。一般對辦公室人際關係抱有不安與不滿的人，會將責任推卸給上司或同事；而對自我能力沒有信心之人，則將責任轉嫁給時間、工作安排、或突發事件，這種傾向特別明顯。

然而，他們不願坦承錯誤，所以將責任歸咎於他人，以主觀的好惡來保衛自己。所以，以批判、責難他人，來掩飾潛在的人性弱點。這是很可悲的。因為這些人已被自己的人性弱點困住。

總之，無意識行為和人性弱點是密不可分的。如果我們的生命不想被自己的人性弱點打垮，就必須看透人性的種種弱點。

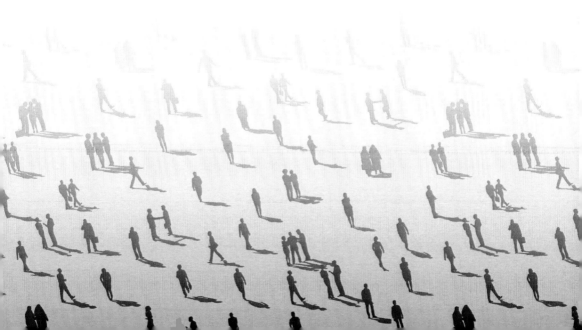

不負責任的人性弱點是怎樣演化的

　　使人對自己舉止行為做最嚴厲批評的力量是什麼？是良心，它是人們
行為和理智的捍衛者。

—— 瓦西里・蘇霍姆林斯基（Vasily Sukhomlinsky）

一個人的性格特點以及人性弱點往往是透過很多方面流露出來的。畢竟，人是社會人（homo sociologicus），人在社會中的表現就是一個人內心的反射或折射。

一個人的性格是指人對現實客觀事物，一貫所持的態度以及與之相應的行為方式。人們根據他們表現出來的習慣特徵，來判別人的性格差別，以及他們各自的人性弱點。

這些人性特徵和人性弱點的形成，固然會受到遺傳因素的影響，但主要是在後天環境中磨練出來的。穩定的性格成型後，既不容易改變，也會對人的行為產生極大的支配作用。人畢竟不是想怎麼改變，就能怎樣改變的。這也是透視人性弱點的另一種根據。

比如，有一種人以快樂為人生目的。他們或許是天生的享樂主義者，但他們更是一群不負責任的人。他們為快樂而快樂，可以為愛而生，為愛去犧牲一切。因為他們清楚自己最愛做什麼事，而且又有時間和本事去做得最完美。

這種人一切都以個人的趣味為目的。他們神采奕奕、活蹦亂跳，並且有一種先天性的快樂本能和一種安於際遇、樂於所得的心態。他們不會老是愁眉不展，念念不忘自己的匱乏。命運好像總是對著他們微笑，一般也都認為他們是非常好運的幸運兒。

但這種人也有他們的人性弱點以及天然缺陷，也許因為他們的主觀動機是趣味，所以這種人往往不能進行深度的耕耘，而這又是對社會做出實質貢獻所必要的。這種人百思不得其解，為什麼人人都在玩命，而不懂得選擇輕鬆的人生道路。或許對他們最嚴肅的問題，就是他們缺乏完整達成一件事的能力，於是他們的工作效率是很低的，這就是因為他們從不做出承諾。

承諾是需要不斷奉獻的，這就碰到了這種人缺乏持續力的痛點，他們通常沒辦法聚精會神地工作，並讓人相信他們的動機是純正可靠的。一位年輕人始終不能承諾結婚，因為他不斷違背婚約而傷了女友的心。他一想到終身承諾的念頭，就變得六神無主不知所措。他一方面享受著愛情的浪漫，另 —— 方面卻畏懼著長期羈絆。最後，雖然他還是跌入愛河，又一次動起結婚的念頭，然而猶豫又會困擾著他。他尊敬父親，打電話向父親求助，想聽聽他的建議。父親知道兒子是個好人，但也知道他的老毛病，就是害怕做出終身承諾。所以他只是簡單提醒他，離婚，永遠是一種備用的選擇，在未來必要時，他可以做出這種選擇。

這位聰明的父親，為這種類型的兒子指出了一條退路，讓他能放心去結婚。他給每一位這種類型的人一個人生基本要素 —— 必要時的逃避方法、一條出路、一個開溜的機會。他的智慧終於把兒子帶進了結婚禮堂。

要這種人承諾自我發展，也是同樣困難的事。了解自我，對於每一個人來說都是困難的，但這種人總是在還沒有接觸到如何分析自己的心理結構和人性弱點之前就先退縮了。對於痛苦的、心靈探索的工作，通常只能排在他們應做事情的最後面。這種人不願意付出代價去追尋真正的自信。雖然，對每一個人而言，那是實現人生價值最珍貴的承諾。這種人只願意隨波逐流，只要能夠繼續暢通、不堵塞就行了。他們最愛刺激，並且會隨時拋棄沉重的承諾，只貪圖一時的痛快。他們就是這樣只在意自己的所謂快樂輕閒，而不懂去承擔生活的重擔。

雖然社會上已經有許多用以形容這種人的詞彙，但最能一針見血地描述這種人的負面特質的字眼，就是不負責任。

讓他們自己擔起生活的責任，是對這種人來說最困難的事情。他們還

自以為是地相信，照顧他們本來就應該是某些人的責任。這種人認為沒有人能有本事享受他們正在享受的樂趣。或許這種人最大的憂慮，便是害怕失去人生中的享樂時光。他們在小時候看來也許顯得可愛，但他們離經叛道的天性和懶散，是社會很難容忍的。這種人最可悲的莫過於青春年華已逝去，卻沒有形成自己獨特的個性，他們臉上刻劃著歲月的滄桑，個人資產卻少得可憐，因為他們從不懂得如何為自己打理錢財，他們也少有親密朋友。這種類型的人終究會被生命裡嚴重的浮躁和懶散給壓垮。

這種人總是保持著魅力四射的外表，令人察覺不到他們的人性弱點。只有經過一段時間的考驗後，人們才能看穿這種人的本質，這類遊戲人生的短跑者，很少有人能抵達人生的終點。

這種人對於經常隨著責任而來的壓力，從來感受不到輕鬆愉快。一位太太埋怨她的這種類型的丈夫：「如果沒有我，你大概寧可每天晚上點蠟燭，也不會記得按時繳電費。」原來他漏繳了三個月的房屋貸款，所以他們只能賣掉房子，去租一個小公寓，面積只有原來的一半，月租卻很高。你知道這位老公最後還為自己鑄成的大錯怎麼辯護嗎？「反正我跟小狗只需要一塊小地方，這樣我太太也就能養得起一匹馬了。更何況，我只希望每天去旅行。說真的，如果我能做主，我們現在早就可以準備好一輛露營車，到處旅遊住一陣子呢！」其實，他妻子需要的只是一個安定的居住環境以便養育兒女。

對於這種人而言，生命就是活一天，享受一天。存錢是那些不懂如何享受人生的蠢蛋們在做的。這種人有一種迫不及待的緊迫感，只要今朝有酒今朝醉，絕不拖到明天。他們的哲學理論就是工作只適合那些不懂享樂的傢伙。如《伊索寓言》中那隻只為今天而活著的蚱蜢，就能領會到這種及時行樂的人，不考慮將來的行徑是多麼缺乏遠見。

這種不負責的人典型的藉口就是怪罪別人。一位問題少年哭訴他的父親根本不重視父子之間的情感。經過兩次心理諮商後，他的叛逆性格收斂了許多，而且有了顯著的進步。直到有一次，他坦承自己偷了父親的提款卡，並且在三個月內偷領了將近 4,000 元。當他一旦有了這種行為就無法停止，也不知道該向誰吐露。最後他還是被抓到了，而且還得準備面對他所鄙視的父親。這位少年用了 15 分鐘，反覆解釋為什麼他永遠沒辦法告訴他的父親，因為他父親絕對不會諒解的。其實人們知道這個孩子一向把自己在學校和在家裡的不良行為歸咎於父親，現在他偷了父親的錢，並且亂花在自己的享受上，而他依然希望他的父母親能原諒他。在他的眼中一切只因為他的父親，也覺得父親是一個可怕的人。多年來，他從不求改變自己，只是簡單地把他的蹺課、留級、缺少朋友和現在的偷竊，全部怪罪於父親。這使得他把責任推了個一乾二淨，以便為自己的所謂享樂人生找理由。

一個這種類型、正值 20 歲的妙齡女孩，總是整天對每一個人訴說她的父母是多麼的無趣和古板。她以提醒別人她的雙親在財務上是多麼沒出息，以及父母之間的不融洽，來為自己的造反有理尋找解脫。她找到很多個理由，解釋為何她寧願死掉，也不願意過他們的那種生活。她沒有把注意力集中在自己的人格成長上，還浪費了大量的精力在批判她那「完全不懂生活的老古板雙親」上，她在自己的生命中展現的個性魅力實在是少得可憐。她只修完三個科目的大學學分就休學了，在幾次戀愛中，從來無法維持一段有意義的男女感情；她已經超過五個月沒有上班了；她的債務如山，而絲毫不見改善的機會……這一切對她更是有如雪上加霜。

最後她終於除去了心病且認真反省自己。她不想步上雙親無趣生涯的後塵，可是也領悟到，自己在這方面完全沒有任何成就。總是埋怨父母，

並沒有給她帶來任何結果。她意識到只有在舞臺上演出的時刻，她才愛自己，但是由於她的不自律和不負責任，她只嘗到不斷失敗的苦果。她擁有非凡的才華和多方面的興趣，可是一直不願意為它們付出鍥而不捨的努力，以換取辛勤之後的甜美果實。

這種人總是怨天尤人，迴避任何面對自己、改變自己的責任。如果這種人尚有一點良知心或罪惡感，這種不負責任的天性就容易修正。這種人相信，只有在為個人需求服務時，他們的能力才派得上用場。他們把私人的滿足擺在第一位，太隨心所欲地拋棄傳統，而意識不到這是他們的人性弱點所導致的結果。

這種人代表狂熱，他們將興奮的感受傳達給每一位遇見的人，他們的社交手腕令人拍案叫絕，可以使大家回憶起青春，以及享受那些從無邪的希望和樂天的夢幻中產生的喜悅。

這種人通常是最懂享受生命的。不管他們從事什麼，即便是正在苦幹，也顯得似乎樂在其中。他們過生活所抱有的信心就是相信未來的生活總是美好的。他們對於生活的熱愛有一種感染力。一位朋友在經過五年之久的沉寂後，打電話給這種人說：「我懷念我們在學校的那一段日子，每當我回味著我們的友誼時，總記得你帶來的所有新鮮事。」而這個人卻已經不記得自己曾是一切樂事的製造者了。他純真地假設，每一個人的首要生活目標，就是要有一段快樂時光，他也以為大部分人都跟他一樣，自由自在地、愉快地體驗著人生。年紀稍長後他才知道，及時享樂是他的專長，他們似乎無論境遇好壞，都能讓生活變得有趣。

沒有其他性格像這種人整天無憂無慮神采奕奕。他們是如此自然、毫不費力地迎向人生旅途中任何樂趣和生機。他們沒事就穿著 T 恤，上面還

印著「來一點更刺激的吧」、「玩到瘋吧」。他們不會計較玩樂要有什麼冠冕堂皇的道理，玩樂的動作本身就是他們人生的一切。

這種人最愛驚喜。他們會找任何藉口來大肆慶祝一番，他們也特別鍾愛假期和特殊日子。雖然有時候什麼節日也不是，但他們總會抓住每一個機會去享受娛樂。

滑雪場、海邊、遊樂園和其他娛樂場所，隨時充斥著追逐美好生活的這種類型的人。而這些人注定徘徊糾纏在兩個世界中，一個是他們所沈醉、縱情嬉戲無憂無慮的世界；另一個是真實的世界正在提醒他們，個人的責任和對他人的關懷，才是贏得豐富人生報酬的基礎。

這種人喜歡鶴立雞群被人群圍繞，但是又不願負起超過眼前樂趣以外的任何責任。這種人抗拒需要付出毅力的活動和人物，這使得他們無法得到建立在辛勤耕耘上的高度自尊心，以及只有從堅定的海誓山盟中，才能汲取到那種深摯的親密關係。

這種人不願自我洗心革面，他只想改變眼前的生活的周圍環境。他們十分喜歡變遷，儘管他們改變的絕不是什麼宏偉的藍圖，可是這種改變還經常扯自己的後腿。一個這種類型的人怨嘆：每當他要醞釀一件大事的時候，就會不由自主地去清理車庫，應該全神貫注在計畫核心的時候，他老是花好幾個小時在無關緊要的瑣事上；由於缺乏有效的組織能力，也讓他感到沮喪，當他終於能夠定下心來從事計畫的核心部分時，他只能被迫放棄整個方案，而又潛心於一次傑出的匯報。

這種人從小就學會了投機取巧，他們會把自己的半吊子成績吹噓成滿分。他們能很自然地只講一半真話，甚至還認為只要不傷害到任何人，那就無所謂。

人生總是會對我們的行為做出因果報應，種瓜得瓜，種豆得豆。許多這種類型的人非常有才華，而且急切地希望獲得人們的掌聲，但是他們卻不甘心投人時間和精力來賺取他們所想要的讚美。

這種人經常表現出輕浮和不自律。他們極端沉不住氣，而且總覺得固有的工作非常無聊。這種人經歷了無數次的轉職 —— 並不是那些工作無趣，而是這種人動不動就覺得無聊了。這種人認為既然要體驗人生，那就應該開到快車道上來體驗。

這種人既衝動又靜不下來，誰也說不清應該對待這些不可預測的人抱多大的期望。今天在這裡，明天在那裡。他們的想法改變得飛快，往往不能長久。對於這些一心一意在尋求自由舒適生活的人們，是不能妄想去依靠他們的，他們只求快樂過日子，並且希望其他人都為了他的心願而努力。

有一個這種類型的人買了一臺底片相機，買回家後就任其躺在包裝盒內，過了一個月才被一位來訪的朋友注意到。他的朋友認真地組裝起來，機器的主人也一時跟著好奇開始著迷，直到朋友建議他，最好先仔細看一下使用手冊後再來操作。過了幾個星期，在他的太太一再催促別忘了帶相機到這個、那個場合之後，他才知道自己一直沒有裝底片，就藉口說那臺相機已經壞了。這可是一個再聰明不過的逃避理由。他曉得他的太太不會坐視一部這麼貴的爛機器被白白扔在家裡，他更曉得除非她親自摸過了，否則她絕不會把它退回店裡。他的太太研究了兩個小時之後，已經熟悉機器的操作，於是她變成了他們婚姻生活中的正牌攝影師。這種人不願被細節所羈絆，他們只要掌聲來彰顯他們膚淺的成就就滿足了。

這種人可以隨時隨地開個晚會，日常的例行公事對他們來說一下子就

變得索然無味，所以這種人很快就又會開始溜到新的環境裡。他們討厭運動練習，除非一邊做，一邊又可以聊天或者照鏡子。這種人找得到驚人的藉口不肯訓練和提升自己，一旦他們的藉口失效，社會的強制力加諸在他們身上時，那就要注意這種人會產生陰鬱、憤怒的行為了。

擁有權力的人是不會感受到憤怒的，被無力感侵蝕的人才會表達憤怒。這種人在遭遇困難和人生不如意時，經常會表現出憤怒。碰到糾纏不清的問題時，更會令他們感到沮喪，所以很少有這種類型的人會變成主管級人物或位高權大的領袖。他們對於權力並不感興趣，即使有興趣，曠日費時的毅力交戰，也會很快磨光他們的鬥志。一些日常瑣事，例如開在塞車的高速公路上、對帳、幫車子加機油等等，都會讓這種人倒胃口，所以，他們動不動就會注意力分散，而開始胡思亂想，想一些鬼點子，來逃避生活的責任。

這種人很容易與各種年齡層的人打交道，他們那逗趣的風格，可以捕獲老人家、小寶寶的心。凡是碰上他們的人，都會被他們的愉悅天性感染得開朗起來。

這種人的天性使得他們看起來非常迷人。許多這種類型的人之所以顯得令人著迷，就是因為他們能夠巧妙地選擇適宜的風格，來突顯他們在外表和人緣上的長處。最常用於這種人的形容詞，就是魅力四射。他們以魅力駕馭孩子們，以魅力經營事業，以魅力進行交談，就像人群中的吹笛人一樣，這種人往往能夠輕鬆地讓一群人又哭又笑。

這種人愛逗別人，也喜歡人家來逗他們，他們總是演戲給鄰居的孩子看。他們毫不猶豫地奉獻自我，或許正因為他們太珍惜自己的自由，所以他們也不想控制別人。他們不求生活中的遠大理想，施恩後也不求回報。

他們是社交場合的開心果。這種人笑口常開，與人水乳交融。他們真心喜歡別人，身邊也總是圍繞著朋友。他們不費什麼力氣，也能在絕大多數場合成為受歡迎的明星。他們開放的性格使人們願意親近他。這種人也總是非常開朗，所以與他們之間的友誼，往往既坦白明瞭又容易維持。這種人總是無憂無慮，其他性格的人們尋求這種人做朋友，也就是因為他們積極和開朗的作風。

沒有任何其他性格的人，能夠像這種類型的人這樣天真無邪，不帶猜忌地體驗人生，他們口無遮攔、毫無顧忌，這種人總是成為自己天真的俘虜。他們常常成為某些更狡猾、心機更重的其他性格人的愚弄對象。他們容易輕信於人，可是一旦有了相當程度的感情糾葛，他們就急於築起高牆，防備親密關係對他們的傷害。

一位年輕人得到老闆的允許，可以從每一位他引進律師事務所的顧客中抽得一筆佣金。他孜孜不倦地工作，並且飛速地為公司建立起大批顧客。他一直信賴著比他年長的合夥人，然而他並沒有得到應得的佣金，理由是他比其他同事所累積可收費客戶的諮詢業績時數差得太多。他的同事們雖然沒有為公司介紹來那麼多顧客，卻能夠比他更能周到地服務於他介紹來的顧客。他雖然有開拓的天賦，卻從中得不到報償。最後，他毅然離開了公司自己創業。這才發現他以前幫他的老闆賺得盆滿缽滿，而自己卻沒有得到公平的報酬。

這種人不會特別在乎失信的金錢承諾，可是失信的感情承諾，對他們來說卻是五雷轟頂的。如果這種人受到嚴重的創傷，那也可能來自膚淺的情誼關係，這是尤其不幸的。因為在他們的內心深處，這種人的驅動力量其實是來自親密、最信任的人。當他們遇到生命中真實的背叛，而拒絕了他們最渴望的需求時，人們經常會見到輕浮的這種類型的人從此混過他們

的一生，好像他們真的視自由比親情、友情更為重要；然而這種行為可以說是來自早年的傷疤或不信任。由於別人的誠摯和忠心非常明確，這至少可以解釋為什麼這種類型的人總喜歡尋求忠誠性格為伴侶的一個原因。

這種人常常被稱做「話匣子」。因為他們可以從任何事中找出興趣，這對約會是有利的，但也可能相當程度地造成對同事和親人們的壓力。當他們無聊的閒談伴隨著粗俗的喧譁時，這種人會被視為拒絕往來者；而這種稱呼也總是激怒他們。

一位沮喪的媽媽，擔心自己真的會把四歲孩子的嘴巴給縫起來。她厭倦了孩子嘮叨不休的提問和吵鬧，而且乾脆「充耳不聞」，以便挽救自己的神智。她喜歡有屬於自己的時間，可是每當她一坐下來時，她的女兒就來抱著她的膝蓋，要討她歡心。這位媽媽一天之中簡直要處心積慮躲好幾次，才能得到片刻的寧靜。

以閒聊指導人生的哲學，也的確讓人不知該如何面對。當你希望嚴肅，而這種人卻停不下來。「真希望能有那麼一次」，一位絕望的丈夫怨聲載道，「我的太太可以傾聽並且感覺我的痛苦，但不是每一件事都適合拿來當茶餘飯後的笑談。我真的沒辦法告訴你，有多少次我只能把感情藏在心底，因為我知道，她對我感到嚴肅的事情也要嘻嘻哈哈。」這就是想跟一位輕佻的這種類型的人認真溝通所惹來的煩惱。

除非被人糾正，這種人總是對家人採取一種滿不在乎、魯莽而且以自我為中心的態度。由於擅長交際，所以他們也喜歡以此來捉弄其他不擅長自我防衛的家人。不管你忙不忙，他們總是愛捉弄人。沒有任何東西對這種人來說是神聖的，並且他們認為，沒有任何東西對別人是神聖的，不論你是在打電話，或者正在看書，這種人總能找到辦法讓你分心，直到你對

他讓步求饒為止。這使得與這種人共同生活的人常常火冒三丈。他們是肆無忌憚地炫耀者。只要能夠嬉笑玩鬧，他們就不惜讓任何人難堪。他們毫不遲疑地打斷別人，覺得世界上沒有什麼更重要的事情。他們不停地哇哇大叫，好像語言就是生命的音樂。他們認為自己很酷，並且很有趣。伶牙俐齒的這種人，對丟出嘲諷炸彈十分擅長。他們的虛榮心和自我中心意識，在長時間裡，的確令人避之不及。這種人在交際場合上，也能成為令人棘手的對手。

這種人雖然不善於自律和承諾，但卻能極其熱心地去體驗人生。他們天真地要求聚光燈打在他們身上，就好像他們自己是舞臺一樣。這種人不斷提醒我們「你感覺多年輕，你就多年輕」。他們永遠以年輕的態度看待新觀念、變遷、情誼、職業和將來。這種人近乎孩子氣地渴求有趣的事物，啟發了周圍人們，讓人們更愛惜並欣賞自己，以及這個活生生的世界。這種人善於誘導別人內在的優點，並且不顧忌其缺陷。相對於他們的所作所為，這種人其實更傾向於愛他們自己本身。他們是人群的黏合劑和社會的強力膠。這種人的表達是公正而發自內心的。他們以嬉戲的觀念看待生活，也啟發了別人的相同觀念。他們毫不吝嗇地提供意見和自我奉獻，凡有他們蹤影的地方，總是瀰漫著極具感染力的友愛精神。

一旦你的生命曾經被一位這種類型的人親密地觸碰過，你就更能夠充分領略人類心靈所能得到的那種不可思議的喜悅和樂觀。這或許是他們唯一的價值吧！

這種享樂主義的人性弱點和個性弱點是統一的。他們很少愛惜別人的財物，他們是既離譜又凌亂的傢伙。雖然他們把自己外表保持得光鮮亮麗，可是他們的家裡卻總是一團混亂。他們很在意在世人面前的表現，每當他認為社會的讚賞很必要時，就會迅速去適應社會的標準。

他們在自己的圈子中總也顯得缺乏組織力和主見，他們總是將精力虛耗在瑣碎的焦點和無關緊要的活動上，而不能把精神貫注在真正的核心問題和重要事項上。他們覺得去做任何正經事都是很痛苦的。正因為如此，他們老是會捲入膚淺而無聊的人際關係中。

這是對一種享樂主義者人性弱點的透視。

其實透過透視去了解他人及其人性弱點，是一個很好的掌握人性和人生的途徑。

但是也還要學會從各方面識破他人的本質。畢竟，人性是複雜的。

從日常生活的習慣和性情透視人性弱點

　　不要從特殊的行動中去估量一個人的美德，而應從日常的生活行為中去觀察。

—— 布萊茲・帕斯卡（Blaise　Pascal）

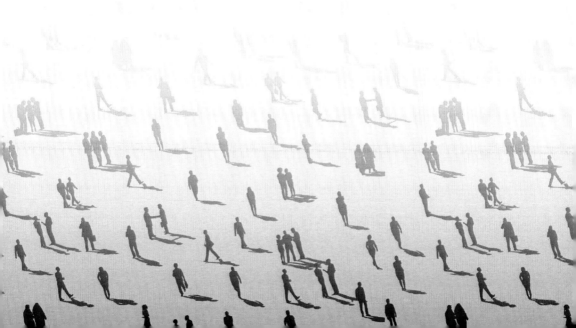

人類的感情與慾望，無論是有意或無意，均會以各種形式表現出來，這些表現於外在的行動，在不知不覺中變成一個人的習慣，成為固有的癖好。

當一個人的癖好習慣在生活中反覆地出現時，就會表現出一個人內心深處根深蒂固的慾望和感情。當一個人有皺眉的動作出現時，就可能是他心情不愉快的表現，當這個動作反覆出現時，就會被人們視為一種習慣，久而久之，眉宇間的皺紋就在日積月累中形成了。於是這種動作就會成為人們辨識不愉快情緒的一個明顯標記。當周圍的人一看到皺眉的動作，便知道此人思想上有了麻煩，不愉快已占據了他的精神活動。

與此同時，對他本人來說，由於有這個癖好，使得他自身具有表現感情的良好途徑，它宛如一扇通風極好的窗口，使他的不愉快及時散發出去。這足以讓他保持精神平衡，以便心平氣和地處事為人。不可否認，即使是同樣的習性，在有些情況下，並不具有代表人的內心想法的深刻意義。每一個人都因其職業與社會分工不同及多年的生活規律，會讓一些無意識的動作形成習慣。生活中的大多數人，由於其慾望和需求未曾獲得滿足，或患得患失的情緒未能直接地表現出來，而其形式表現為某種習慣。這類心理，由於在表現上受到妨礙，最後成為一種病態。透過這種病態的特徵，可以明顯地刻劃出對方內心世界的心理狀態。

由於我們在日常生活中的動作，帶有明顯的個性色彩。這種情形是人們在長期的生活中無意識地形成的。所以要想瞬間看透一個人的真實想法，可以從這些習慣入手。一個人的所思所想和性格特徵在舉手投足和他的言談之中會暴露無遺，一個識人高手往往可以透過這些人長年養成的習慣，掌握他們的內心想法及其人性弱點。

比如，其中透視人性弱點的一個經驗，就是人在願望未能直接獲得滿足時，往往會鬧彆扭，沉默不語，表示出類似幼兒的行為，這些都是為了掩飾自身的弱點。這是從一些人鬧情緒的習慣中來透視人性的弱點的。

歇斯底里、生氣、鬧彆扭等幼稚的行為，是否只可能發生於幼兒身上？事實當然非如此簡單，堂堂成人身上，此種舉止產生的情況也並非沒有。而此種行為的背後，皆有未獲滿足的慾望，及許多挫敗的情感。它直接地反映人在遭遇挫折後所引起的情緒反應。倘若能夠洞悉他人未獲滿足的慾望，用使他達到願望的方法，即能順利地接近他人。

曾經有一位傑出的策略家，壯志未酬竟遭刺客偷襲身亡。他曾是位統帥千軍萬馬的領袖。然而，令這個大人物終生煩惱的事，卻是他夫人的歇斯底里症 (hysteria)。由她留下的資料推測，他的夫人是一位性格明朗的女性，但是偶爾卻會爆發嚴重的歇斯底里症狀。每月一次的發作週期，發作時的行為是哭、叫、發狂似的亂丟東西。被人稱為英雄的人物遇到這樣的情形時，只能躲在家後面的麥田，靜待夫人的情緒穩定，他為此整晚難以成眠。

正如眾所周知，歇斯底里的語源，醫學稱之為癔症。古代的醫學對歇斯底里的解釋是：心情騷動而使精神變調所引發的症狀。當然，歇斯底里的症狀種類繁多，但最典型的症狀，是哭泣、叫喊，精神陷入極度興奮的發狂狀態。

俗諺：「哭泣孩童與地頭蛇是最難應付的。」當此種退化現象發生於成人身上，即使是英雄、劍俠都難以應付。然而，此種病態習慣正將此人內在的人性弱點暴露無遺。

如前所言，一些英雄的妻子們，皆對她們的丈夫抱持強烈的不滿，他

們棄家庭於不顧，為天下國家四處奔走，妻子們積怨已久，因而發生了這種病態的習慣也是很自然。此種解釋是十分可信的。

一般而言，初次迎來新弟妹的孩童，多半會對母親撒嬌，或比以往更纏人，還有尿床、咬手指等幼兒型強烈的行為，這是眾所皆知的。就是這種習慣形成的前兆。

家中新進成員的出生，自然引起母親加倍的關切，照料時間自然也較多。因為新生兒的誕生，大孩子不再能獨占母親的愛，於是，他開始累積起不滿的情緒。為了獨占母親的愛，無意識間反覆著幼兒期的行為形態，以奪回母親的愛。

對自我能力有自卑感的人，即使受上級吩咐一件簡單的工作，也誠惶誠恐地擔心自己不會做；對學歷有自卑感的人，對有比自己高的學歷的上司所下達的命令，常會反駁、或無理取鬧；對身體狀態有自卑感的人，在運動會、或體育競賽時，常獨自一人默默待著，諸如此類，種種是有其根本原因的。

電影故事的主角哈利波特（Harry Potter），是個「永遠不能成為大人的孩子」。他是孩子們心目中的英雄人物，遊走於兒童世界中。然而，現今的企業界卻有此種永遠離不開母親的人，且人數在快速成長中。此種穿西裝的長不大的孩子人數激增，使這類問題更加深刻。

還有一個例子，一位剛進公司的新進職員無故地遭受上司指責，初受責罵時，態度仍恭謹順從，此亦近年來年輕人的特色之一。他不住地點頭，但被罵終究心有不甘，所以，在回到坐位後，便踢椅子以洩憤。這些缺乏成人氣質的習慣是極其可笑的。這也從中讓別人洞悉了他的社會經驗的不足、心理是多麼的不成熟。

以前有一部電影，亨利‧方達（Henry Fonda）在其中主演一名德州的賭徒，以透視人性弱點的角度看待，它的確是部好片。亨利‧方達飾演一名來到德州小鎮的職業賭徒。他與當地最有名的賭徒，以大筆財寶做一場決定性的賭博。但片中職業賭徒所使用的方法並不是利用撲克牌出老千，而是心理戰術中利用人性弱點的技法。

一般人認為，賭博時最好擺出一張毫無表情的臉，令對方無法由表情的變化讀出你所掌握的牌。然而，電影中的職業賭徒卻反此道而行，以表情的騷動，擾亂對手的心。而且，他將在休息室靜候的妻子叫來，一起商量贏得賭金的大計。同時，夫婦還演出一番激烈的爭吵。此時，銀行總裁還親自現身，想插手為他擔保融資。事已至此，令對手不得不相信他的手中握有好牌，終於宣布放棄，讓職業賭徒一家帶著鉅款揚長而去。

而事實上，妻子、銀行總裁均是一夥所謂的「椿腳」。這部與眾不同的西部電影，即是利用人性弱點從而獲得較高的票房利潤。

在賭博場上，任何人的心理都易陷入無防備的狀態，這時的人性弱點更是敞開大門。即越熱衷於勝負成敗，自制能力及冷靜的判斷力也越薄弱，二者恰成反比，使平時埋在深層底部的性格弱點，因此而表面化。

尤其，當陷入不利的狀態時，人性的弱點最易表面化。當然，此種情形的反應因人而異。一般來說，人對內心弱點的隱瞞，會有突然默不作聲、鬧彆扭、心理不平衡或露骨地表示厭惡的情形。這是由人性弱點導致的。

電影中，落入陷阱的對手，由他坐立不安的態度中，即可看出他內在的弱點。職業賭徒便趁此機會，使他一敗塗地。

另外，在現代社會中，金錢已成為連接家庭關係的重要樞紐。而研究

發現，從花錢習慣中可以辨識人的內在特點，從而了解一個人的人性內在及人性弱點。

從一些對金錢的使用習慣問題就可透視你的內在的心理活動和人性弱點。

你不妨問問自己。當你感到沮喪或生氣時，你是否會去揮霍亂買？你為自己而花錢時，是否會感到罪惡感和焦慮，儘管你可能對他人相當慷慨？你是否因為害怕生活無依靠，而不願意離開關係不佳的伴侶？你是否經常堅持在家請客、借錢給朋友、買貴重禮物等，因為你相信這樣可以讓人家更加愛你、仰慕你？如果你賺的錢比你的伴侶多，這會造成你們關係的壓力嗎？你的伴侶是否用錢來控制你？你是否用錢來控制你的伴侶？你是否不斷地為你那揮霍無度的伴侶彌補財務破洞？儘管你所賺的錢足夠支付你的基本生活需求，你是否經常處於負債？你是否認為你的伴侶（或是你的雙親）會出面為你的財務問題彌補虧空？你是否害怕因為有錢而讓男人有壓迫感？

如果你對上面任何一個問題答「是」的話，那麼可以確定，你的金錢衝突問題正因為你的感情、心理以及人性弱點的衝突更加複雜化。不是你本人有很嚴重的人性弱點，便是你的伴侶有這個問題。

你是否一再地替你的伴侶還債，或給他（她）錢讓他（她）補漏洞？你是否經常把你所賺的錢交給他，即使你知道他有欠債和亂花錢的習慣？你是否把財產轉移到他名下，以便向他證明你是多麼相信他，並讓他覺得好過一點？你是否對家人和朋友說謊掩飾他的財務真相，也不讓家人知道是否你在養他，或是你在他身上花了多少錢？你是否常常要為他不負責任的花錢，或是財務上的無能而生氣，卻又不得不忍受下來？你是否向親戚朋

友借錢以便遮蓋他所捅下的財務大洞？你是否依照他的計畫去做，即使你知道這不太可能成功？你是否避免跟他的行為做正面的對抗，因為你害怕激怒他、羞辱他或是失去他？你是否覺得他在財務上利用你或欺騙你？你是否相信你若是能在財務上幫助他，將能永保他的愛？你是否由於他而使你的手頭越來越緊張？

如果你對上列問題回答「是」超過兩個以上的話，那麼你就真的是個縱容者了。

其實，從一個人打招呼的習慣用語中，也是可以了解一個人的。每一種習慣用語，都揭示了說話者的性格特徵。

「你好。」——這種人頭腦冷靜得近於保守，對待工作勤奮努力，一絲不苟，能夠控制自己的感情，不喜歡大驚小怪，深得朋友們的信賴。

「喂！」——此類人快樂活潑，精力充沛，渴望受人傾慕，直率坦白，思維敏捷，富於創造性，具有良好的幽默感，並善於聽取不同的見解。

「嗨！」——此類人靦腆害羞，多愁善感，極易陷入尷尬為難的境地。經常由於擔心出錯而不敢做出新的嘗試。但有時也很熱情，討人喜愛，當跟家裡人或知心朋友在一起時尤其如此。晚上寧願與心愛的人待在家中，而不願外出消磨時光。

「過來呀！」——此類人辦事果斷，樂於與他人共享自己的感情和思想，喜愛冒險，不過他還能及時從失敗中吸取教訓。

「看到你很高興。」——此類人性格開朗，待人熱情、謙遜，喜歡參與各式各樣的事情，而不是袖手旁觀。這類人是十足的樂觀主義者，常常沉浸於幻想，容易感情用事。

「有什麼新鮮事？」——這種人雄心勃勃，凡事都愛追根究柢，弄個明白，熱衷於追求物質享受，並為此不遺餘力，辦事計劃周密，有條不紊，遇事時寧願洗耳恭聽，而不隨便表態。

「你怎麼樣？」——這類人喜歡拋頭露面，利用各種機會出風頭，惹人注意，對自己充滿了自信；但又時時陷入深思，行動之前，喜歡反覆考慮，不輕易採取行動，一旦接受了一項任務，就會全力以赴地投身其中，若不圓滿完成，他絕不罷休。

從小的習慣看人也是透視人性的一種很好的方法。

人的軀幹是人體的主要部分，它的活動幅度一般都比較大，因此它所反映的人的內心世界也比較明顯。

聳肩或聳肩加搖頭，前者反映人的內心不安、恐懼或在自我誇耀，後者反映對方不知道、不理解或無可奈何。

坐著，上身向後或左右微傾，表示心理上的放鬆。若傾斜較大時，則表示出厭惡。

坐著時，身體伸直，面部肌肉僵硬，或者上身緊靠椅背而坐，表示此人正處於緊張狀態。

坐著時，身子向前微傾，表示對你的話感興趣，或者是想阻止你繼續講下去。

一個人在抽菸時，如果突然熄掉菸，或者把它放在菸灰缸上，有時甚至不注意地放到了菸灰缸外，不再悠悠地吞雲吐霧，這也說明他的心情突然變得十分緊張。

吸菸者在特別緊張的時候是不抽菸的，他們會把菸弄滅，而他們在憤怒時則常常會大口大口地吸菸。

一個人以手在桌上叩擊出單調的節奏，或者用筆桿敲打桌面，同時腳跟在地板上打拍子，或抖動腳，或用腳尖輕拍。這種節奏並不中途停止，而是不斷地噠噠作響。這些就是在告訴你，他已經對你所講的話感到厭煩了。

　　有的人聽著聽著會慢慢地用手扶著頭，視線朝下，似乎對你不屑一顧，這也是不耐煩的表現。

　　如果對方順手拿過或摸出一張紙來，在紙上亂塗亂畫，塗畫之餘，還會欣賞或凝視自己的「作品」，這是對你的講話缺乏興趣的常見表現。

　　有的人也許會凝視著你，但你可千萬別上當。如仔細觀察的話，你就會發現他目光空洞，對你視而不見，眼光呆滯無神，眼皮幾乎眨都不眨一下，似乎在睜著眼睛睡覺。這表示他已是恍恍惚惚心不在焉了。

　　透過觀察打電話的習慣動作，來透視人性弱點更是一門絕招。

　　作為現代人，不可能不打電話。而從打電話者的習慣動作中，卻可研究出這些動作具有的內在涵義，以及和他人相處的態度。

　　通常傾聽對方談話時，為了充分理解對方的立場並渴望了解對方的心意，人們在打電話時常會出現以下動作，如談話時緊握聽筒身體自然地往前彎曲；臉上浮現笑容或彷彿對方的在眼前似的不斷向其點頭，表現誇大的表情；緊緊將聽筒靠在耳邊，坐在椅子上談話。尤其當談話對象是異性時，會端正自己的領帶或撫弄頭髮，頻頻注意自己談話的動作與姿勢。而如果女性打電話時，會露出彷彿面對鏡子整裝的表情，這時通常對方是男友或是其心存好感的男性。她自己無意識的表情，會暴露渴望博得對方好感或被其喜愛的心態。

　　相反地，如果談話對象是自己缺乏好感的人，無意與其交談，只是禮

貌性地附和，肢體語言也會跟著改變。這時以下的動作會出現在談話中，如一邊打電話一邊信手塗鴉；站立談話，往往是表示有急事或不願意多談，若對對方帶有好感或渴望給予說明時，通常會坐在椅子上慢慢談話；聽筒遠離耳朵，表明對對方的話題不感興趣。

用電話交談時，如果有出乎意料的情況，如聽到對方說出令人不快或深受打擊的事，會突然地改變電話的姿勢；常見有人打電話時會頻繁地搖晃椅子，如果突然停止搖晃的動作，專注地聽電話中對方的談話時，即是談話中出現非常重要問題的訊息；原本站立卻突然坐在椅子上，一般對對方的談話產生興趣或有好感時，或者感覺話題會拉長時，通常會出現這個習慣動作，同時談話的語調也將發生重大的變化；電話交談中也經常看到將手搭在抽屜上，將抽屜一開一合的習慣動作（這多半是由於另有心事或不知如何應對時，無意間所流露的動作）。如果停止了這個動作而突然地站立起來，可能因為渴望對方做出結論，或對自己的想法有信心，希望能明確地傳達給對方。

環顧四周並且小聲低語，在公用電話或辦公場合中常見這些動作。如果神情自若不背他人耳目地交談，談話對話通常是工作上往來的人或自己的家人。如果背對著他人避免臉部被看見，多半是與不願他人知曉的對象談話。而警戒心非常強的人有時不但背對著人，還會用手遮掩著聽筒。

話筒的握法也各有特點。觀察打電話的人，會發現許多有趣的事實。比較手拿話筒的姿勢，可分成各種不同的類型。

話筒可分成上中下三部分，你所觀察的人的手是握在哪個部分呢？

一般人會握住話筒的中間部分，讓話筒與口、耳保持適當距離而交談。不論男女，採用這種握法通常是處於較安定的心理狀態，性格較溫

順，不會無理強求。擔任銀行職員或祕書等工作者常見這種握法。他（她）們電話中談吐沉穩，屬於溫和型性格的人。

握住話筒的下方亦即送話口位置的人，通常個性堅忍不拔，富有行動力。從事經常在嘈雜場所打電話的職業，如新聞記者、證券交易員等常見這種類型。這也是一向具有行動力和富有冒險性格者的特點 —— 手掌大而有力。

女性用這種方式握話筒者一般較自負。

握住話筒的上方的女性，大都帶有神經質，喜歡獨自閱讀或者傾聽音樂，不愛譁眾取寵。男性若有這種握法多半是有潔癖，體格上屬於瘦削形。

有些人握話筒時會伸直食指。這種握法通常表示此人自尊心強、自我意識強、好惡明顯。這種人往往討厭受人命令，具有強烈的支配欲，隨時渴望向嶄新的事物挑戰。

有不少女性會一手握話筒一手繞玩電話線，尤其是年輕女子常見這種習慣動作。這個動作屬於浪漫的幻想家。她們往往不注意周圍的環境，只沉浸在自己的幻想世界裡。打電話時一講就是幾個鐘頭，有時可能渴望依賴某人。輕握話筒顯得有氣無力的人，大都是具有獨創性和唯我獨尊的人。但是這些人做事無法持久，是忽冷忽熱的人。不過他們打電話常常只是為了宣洩而很少傾聽對方的談話。

這些從習慣或細微處透視人性弱點的方法很實用，也對現實生活很有幫助。能夠從別人長期的習慣或很小的細節處覺察出很深刻的真理的人，一定是一個智者。

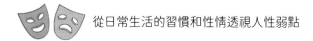從日常生活的習慣和性情透視人性弱點

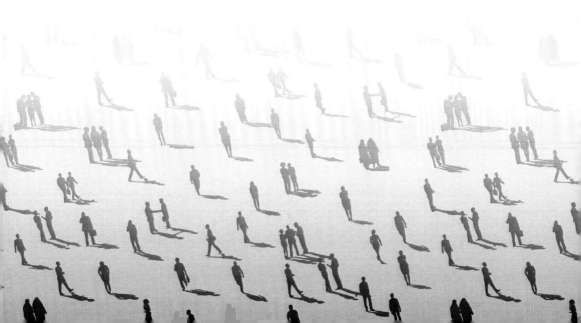

完美主義者在心靈深層潛藏了什麼

啊！良心！良心！人類最忠實的朋友。

—— 馬克西姆・高爾基（Maxim Gorky）

人的性格不可能始終向前，有退潮也有漲潮。

—— 布萊茲・帕斯卡

一位哲人曾經說，決定人發展方向的是人性的優點，決定人命運歸宿的則是人性的弱點。這句話極具哲學內涵，它深刻揭示了人的本質和歷程，極具啟示意義。

人性的優點，毫無疑問已被人類發揮到極致，不然也不會發展到今天這種格局。但人類的命運卻始終在與自身的弱點搏擊著。如果對這一點了解不清，不但會影響人的生活，而且也波及社會及其他。

現實生活中，我們肯定見過這樣的人，他的身材矮小、頭髮稀疏，但他所表現出的堂堂氣度與充滿自信的神態，卻十分令人羨慕。他不但擁有社會地位，還享受著幸福的家庭生活。對他而言，外表的缺陷，或許曾讓他內心一度感到苦悶，但卻並不因這些而決定他的命運。相反地，另外一個人，高大英俊，有著人人羨慕的外在條件，但他的個性懦弱、缺乏自信，可算是個虛有其表的男人。由此可見，人性的弱點有著極為複雜的主觀因素；換句話說，它仍是由個人的意識感受所決定。

這種心理與個人要求水準的心態頗為類似。換言之，若一百分為滿分，A 群體獲得 90 分，但仍感到失敗，以致終日鬱鬱寡歡，而 B 群體雖只拿到 70 分，卻覺得心滿意足，且視為成功，甚至因而沾沾自喜。這正是因為每個人對自我要求的標準不同所致。

這樣看來，所謂人性的弱點是否真成為一個人致命的「弱點」，和他的心態有著密切的關係。但是否只要改變心理態度就能克服弱點成為長處呢？當然也並非如此容易。

如前所述那位身材矮小的朋友，可能經過種種內心掙扎而領悟到一些道理，又或許因他的忍耐力特強所致。因此雖然他備受打擊，也無損他堅忍不拔的精神。

一般來說，許多人似乎都因為未能意識到自己的弱點而深感煩惱，但若有機會面臨突發狀況時，這些弱點便很自然地暴露出來。而為了避免他人洞悉自己的缺點，任何人都會偷偷將其隱藏於內心深處，但所謂「欲蓋彌彰」，他愈想隱藏的事實，愈會因極力掩飾而引起偏差。

這些情形，明顯地表現於個人的表情、語言、日常生活等不自然的舉動上。相對地，如果我們能在日常生活中，學到從他人若無其事的外表下，觀察其內心所隱藏的弱點及心理狀態，對於他們隱藏的人性弱點也就能清楚地了解了。

這和人類的心理結構和層次有著相當密切的關係。

人類的心理分為意識（conscious）及潛意識（unconscious）兩部分。嚴格來說，在潛意識之前的意識世界，人的一切行動彷彿都是有意識的推動，但事實上，有些行為是由連自己都無法意識到的潛意識所操縱。

什麼是「潛意識世界」呢？潛意識世界絕不是黑暗死亡的世界，而是內心劇烈交戰的感情。例如：欲致某人於死地、攻擊的慾望、性的欲求及不合理的反社會行為等。有時候這些矛盾會與自我產生衝突，為了緩和這種自我威脅，潛意識力量就會發揮作用，將這些慾望推入潛意識世界內。因此，在潛意識世界裡，反社會的慾望和感情會被壓抑。

弱點意識和自卑感亦同，誰都不願意承認自己的弱點，因此當然也想將它封入潛意識世界。

但是，壓抑弱點的程度和所謂反社會欲求的感情不同。因為自我防衛心理機能通常不會自我作用，如果壓抑得不完全，不自然的現象會浮現於意識表面。因此，某些時候過分地壓抑，反使言行舉止產生偏差。

人類的弱點有兩種對應法。一是有意識、或半意識（前意識）的對應

機能，另一種則是潛意識的壓抑機能。

相信任何人都不願意看見或談論自己的弱點。因為那是一件痛苦的事，人們都會極力地避開，甚至將之遺忘。例如，把身體矮小視為弱點，自然避免談話到關於身體的話題。於是，當同事間正興高采烈講身材、模特兒等話題時，他可能會暗暗離開座位，與其相關的書報雜誌也絕不會去買。總而言之，只要與身材有關的事，他往往一律絕口不談，但偶爾他也會變成極端愛談論身材的雙面人。一旦他征服了幾個比自己身材高大的人後，極可能趾高氣揚地詳述當時的情形，並以半開玩笑的口吻說：「我個子雖然小，但你們不可小看喲！」這種說法雖自暴了自己的缺點，但確實也能緩和自我的威脅。

此外，有些人往往為了逃避弱點帶來意識的不安而每晚飲酒，透過酒中尋樂、或寄情於書畫、音樂等興趣中。總之，有意識與半意識的對應因人而異，且即使同一個人，亦會因時空及對象而有不同的對應法。無論如何，若要洞悉對方的弱點，必須注意對方的言行舉止，以明白其內心深處所隱藏的部分。

其次，某些人更為嚴重的弱點也有一些特別的表現方式。例如，若在年幼時曾被人傷害甚深，以致造成心理不可磨滅的創傷，則當事者通常會盡可能地壓抑自己，希望可以徹底遺忘。這時，如果你具有防衛機制的粗略知識，就不難了解其內心深處。因為，儘管對方如此壓抑，有時仍無法完全隱藏自己的情緒，一但遇到突發的狀況，就可能使得他過度壓抑的情緒爆發出來，也就是在他的潛意識深處依然潛伏著動態意識。

當然，這並非刻意要揭他人隱私，只不過想探討人類內心深處，那種接近防衛界線所發生的情境罷了，這也是認識人類自身的一個方式。

另外，也有一些情況，平時我們認為無所謂的事，有些人卻可能極端地拘泥。例如，有地位的人對於座位安排往往非常在意，因此感覺被輕視而辭職的人亦不在少數。同樣地，對上司具有強烈自卑感的人，會完全模仿上司的語調、動作，甚至對他的人生觀、興趣、價值觀等也十分關注。這種情形也是佛洛伊德所謂的防衛機制之一。

　　研究影響人性的本質及行動的機制，看出他人弱點的行為並非即為揭人隱私，而是意圖對人性做全盤的了解。若能看出人性的弱點，就能加深對對方的了解。

　　要知道，一個人即使再堅強、再充滿自信，其內心一定仍有表有裡、有明有暗，普通的往來也只能看見其表面及有光的地方而已，其實，在其心裡必定仍然隱藏著種種不為人知的弱點。而如果我們能夠明白這種情形，則在與他人相處時，就不必過於計較或害怕對方，相反地，也無須因此而看輕他人。最重要的是，我們若能對人際關係有著深層的理解，往往就更能寬於待人及尊重他人。其實，無論多令人討厭的人、充滿自信的人、畏畏縮縮的人，都必有其形成的內在因素，因此，我們對任何人都應以平常心來看待，切勿存有輕視他人的心理，更不可以虛偽的態度來與人來往。在此前提之下，若能了解彼此的弱點，便能相互理解，對於緩和人際關係，無疑將有極大的幫助。

　　比如，我們在洞悉了人性弱點的規則後，就會發現一個極為普通極為怪異的行為模式：當一個人不願被識破弱點的意念愈強烈，則愈不能全面地看問題而拘泥於某些細節。

　　有些人在會議中固執地堅持自己的主張，使得雙方意見僵持不下。這種行為的背景，通常因無法克服的弱點在潛意識下作祟。希望自己的事業

飛黃騰達，但卻又無法順利開展工作。這種害怕被人識破的潛意識愈強烈，則自我主張的意識也愈強。不過，此種執著情形本身並非其目的，而是隱藏於執著背後不滿的需求。

其實，這種固執行為也具有一定普遍意義。因為它屬於一種在需求不滿、不安、不愉快等負面作用下，保護自我的防衛措施。

任何喜歡固執己見的人，心中往往並沒有全盤的概念。這只會使他視野變得狹窄，而無法隨機應變。一般而言，易於堅持己見的人，是性格學上所稱的「偏執型」(paranoid) 的人。此種類型的特徵為充滿信心、自負、主觀意識非常強烈，從表面上看來，似乎是毫無缺點的人。但這類型的人經常堅持己見，自以為是，對別人要求過於嚴格。根據分析，偏執型的人有堅定的自信、對自己的主張執著篤定，往往是起因於自己內心隱藏著人性弱點、或失敗挫折感所致。他們認為，不順利或失敗是別人造成的，於是更加地固執己見，更為偏執自負。

偏執型的人，若固執到形同幻想的程度時，即會逐漸影響心理而成為一種病態，即所謂「偏執型人格障礙」(paranoid personality disorder)。一般而言，固執的人無法通權達變。有一位心理學家曾做過一項有趣的實驗。他讓被實驗者連續解答五個以相同方法即可解出的數學題目，自第六題開始，只須稍微改變思考方向即能更輕易地解答出答案。以此測試出被實驗者自第幾題型改變算法，便可知被實驗者的思考力與靈活度。結果能在問題開始改變時，隨之更改方法的人，卻非常之少。

換言之，一般人在解決某一個問題時所獲得的經驗，會迅速地深植在他的潛意識裡，而受到潛意識的影響，很容易認為只有這種方式才是最佳途徑。結果，卻阻礙了思想的轉變，影響理解力的靈活度，而固執行為不

過是擴大了這種現象而已。由此可知，執著於自己的想法和做法的人，有許多是根據過去的經驗做出結論，但卻又局限於其中，無法適應目前的環境。

有不少企業主管、經營者均有同樣的現象，他們都深信自己的那一套是最好的，也經常要求下屬按圖索驥、照本宣科。

當然，這些方法有時的確高明，但無法適應情況的變化，而導致失敗的後果也不少。但他們往往不輕易改變自己的看法，當下屬失敗時，就會勃然大怒，寧死也不願承認自己的錯誤。

這些人表面上看起來信心十足，其認定的方法也曾有過成功經驗為佐證。但進一步深究其內心，卻發現存在著不安、失敗感之類的人性弱點，並且害怕將此類心理表露出來。換言之，在其潛意識裡，對屬下的方法心存疑慮，更擔心其能力會超越自己。因此，愈是遭到挫敗，愈堅持己見。因為，他們唯有固執於此，才能使惶恐的心獲得安定。

這類人表面上看來非常堅強，但內心卻累積著許多鬱悶和自卑。任何人都會有各種不同的不滿，剛開始雖不至於表面化，但是當累積到一定限度時，會使人的行為造成各種變化，其中之一便是執著的行為。

例如，每當公司人事變動時，都有一、兩個人相信自己一定可順利接任某職位，但最後卻發生了事與願違的情形。而這些人往往在開始時固執地不改變自己的看法。這些過於自信的人堅持己見的結果，常變得喋喋不休。

狀似信心十足而又多話、喜歡繞圈子的人，其內心往往存在著害怕對方反駁的不安。換言之，雖固執於自己的看法，但卻又害怕對方反駁，而暴露了自己的內心的不安，一旦無法固執下去，所有累積的自卑及需求不

滿將會傾瀉而出，心態也不得不隨之動搖了。

常言道：「能夠記取失敗教訓的人，便能從中發現成功之路。」的確，不畏失敗的挫折，記取累積的失敗教訓而不再犯同樣的錯誤，必定能開創出自己的道路。

但在現實生活中，失敗的打擊往往會造成心裡的陰影。因為從人類心理學分析，失敗的意識常常深植於人心，使思考失去靈活的變化和彈性。阻礙人類創造力的主要原因有三類：認知的障礙、文化的障礙、情緒的障礙，其中又以情緒的障礙最易成為阻礙創造力發展的因素。所謂情緒的障礙，乃是源於害怕過失遭到嘲諷、害怕受上司責備，而降低了個人價值或不相信同事下屬、與對安定的需求有關等。總而言之，這些人對失敗懷著極大的恐懼。

那些容易造成固執行為的偏執狂，表面上看來都相當堅強，即使處於逆境或危機時，亦不容易感到挫折氣餒。但事實卻不然，這一類的人，每當有某種變化或某種念頭緊緊盤踞在腦海時，就無法輕易地脫逃出來。

當我們犯了某種過錯而遭遇失敗時，通常都會產生恐懼害怕，但時日一久則自然消失；但對偏執型的人來說，這樣的恐懼卻不會消失，反而形成心中的自卑或挫折感，同時他們也非常自私、自以為是，永遠相信自己才是對的。換言之，他們認為世界的運轉是以他為中心的。因此，無論任何事都以自我為中心去解釋。例如，工作不順利或遭遇失敗時，他們絕不會自我反省，反而不斷地怪罪別人，因而導致下一次的失敗命運。因此只需要仔細地觀察此種人，將不難發現，他們的失敗是源於過分的自信。

此外，專制型的經營者或主管，也有類似的傾向。他們拒絕與下屬溝通協商，也不接納下屬的意見，更害怕自己的大權淪入他人之手。因此，

舉凡大小事都一手獨攬，事必躬親。倘若他的能力出眾、以德服人，則事尚有可為；但如果他堅持情緒化地剛愎自用，遭致失敗的結果是不難想像的。失敗之後仍不知反省檢討的固執性格，就會導致下次的失敗，最後將陷於萬劫不復之地。類似情形，可說是執著於一次失敗的結果，卻不思考更改方式，只會招致更多的挫敗。這種很可悲的事例並不在少數。一切只是因為這種人深陷於自我的人性弱點中不能自拔。

　　這樣就不難明白，專注於某種固執行為的背後，往往有相當程度的自卑感。而由自卑感所發展出的固執行為，卻容易使人走上完美主義的歧途。完美主義者追求完美的手段與目的，常常和過程、目標相互倒置，甚至背道而馳。這種類型的例子，經常可以在學術界中發現，不少知名的學者皆有類似的傾向。例如，一位從事蝗蟲生態研究的昆蟲學家，某日突然對蝗蟲後肢關節感興趣。從此，終其一生都只研究這一個問題，而不再重視大範圍的蝗蟲生態研究，忽略了原來的目的。

　　當然，科學的發展，源自於踏實仔細的研究及其成果的累積。即使是蝗蟲的後肢關節也有其研究的意義和研究價值；但就人生而言，耗費其終生精力去研究這樣一個小小的枝節問題未免過於微不足道了。諸如此類的例子，皆是因固執行為所造成的。由此可知，堅持於方法、過程的固執行為，並不一定是其最初追求的目標。開會時堅持己見，並為自己辯護的人，與其說是固執於某一目標，不如說是拘泥於方法與過程，因此這些人會在問題告一段落後，仍喋喋不休地反覆嘮叨，並不惜耗費時間與精力一再討論；但在下結論的重要關頭，卻又不知所措，這類型人的弱點很容易被人識破。儘管從外表看來，完美主義者幾乎是無缺點的人；但事實上，完美主義者往往就是缺點的化身。

　　他們總是對現狀不滿意，希望能夠達到更理想的境界，是那種追求好

上加好、未雨綢繆的類型。他們勤於動手做，也勤於動口罵，因為他們不僅嚴於律己，也嚴以待人。

他們忠實可信，盡職負責，而且做事總是盡善盡美。因為他們有理想，所以總是無法滿足現狀。他們相當認同自己的理想。因此在理想與現實之間，常感覺到自己非常渺小。為了證明自己有提升自我的能力，且不希望聽到任何對自己不好的批評，他們會要求自己表現得更好，讓人們都以他們為榜樣。

他們的世界是他們自己創造的。他們的慾望、控制力、嚴謹、自信以及對一切事物的尊重，都是他們成功的條件。他們做什麼事都力求條理分明，並且看重效率。他們會仔細地規劃目標中的任何細節。但他們經常只知道工作而不懂得生活，對他們而言，工作本身的意義非比尋常，這使得他們被責任和義務所控制。他們常常會受某種內在感覺所驅使，使自己變得比別人更體貼、更周到。

若仔細探索他們的內心，你將發現其實他們是想讓別人依賴他們，養成需要他們的習慣。因為那樣會讓他們感覺到安全，並有一種勝利的快感，因此他們能吸引一些與自己個性相反的人在一起。不過之後他們卻又開始嫌別人懶散、不努力，而整天爭吵不休。當一群人在談話時，他們會覺得那些人對事情一無所知，而這常讓他們感到十分厭惡。並會以「正確」的觀點來糾正別人，而且往往不能忍受別人不同意他們的觀點。因為好像他們知道只有自己擁有真知，甚至知道萬事萬物所依循的真理。但是他們精闢的見解有時卻不見得能得到別人的認同，也不會因此得到感激及感情。

他們總是克制自己，不讓自己的感情自然流露出來。他們是所有人格

形態中最有悟性、理想、道德及理性的人。可是一旦他們察覺到自己的想法太過於苛刻，跟他們相處的人不太快樂時，他們就會變成最有忍耐力及包容力的人。這時他們會改變自己，並努力發展和諧的人際關係，而更可貴的是，他們一旦發現浪漫原來是可以設計、安排的，他們就可以成為最浪漫的製造者，但是他們的熱情卻還是要在一定的場合才能表現出來。在安全的地方，他們才可以享受刺激和浪漫的感覺，而平常時他們會將這種感覺隱藏得很好。

而較諷刺的是，常常在外在表現得如此盡心盡力的他們，卻往往無法用理性將內在的情緒控制得很好。因為他們一旦察覺到自己或對別人的感覺不滿意時，他們的攻擊性及憤怒會失去控制，他們內在的不滿及挑剔的情緒就像河水潰堤。這時，他們的人性弱點就一覽無遺。他們會大吵大鬧讓全家人感到痛苦、緊張，但他們最不能了解的是，明明是別人惹他們生氣，為何卻還要責備自己？所以他們的憤怒和傷心都不容易淡化或消失，而且還會記得很清楚，這常常成為別人與他們相處時所面臨的困境。

他們強迫自己用最合適的方式做事，譬如要有秩序、精緻。為了避免受到別人責備及自己良心的懲罰，他們下決心要超越自己的物質限制，他們要達到真、善、美的境界。他們要求自己考慮得如此周詳，但卻仍舊擔心有一天他們在欠缺考慮之下犯了錯。而他們心中的理想是世界上每個人都能做好自己的工作。所以他們討厭他們周圍的人衝動任性，不對自己的行為負責。他們對自我的要求很嚴格，認為做什麼就要像什麼，循規蹈矩，一本正經，並且考慮周全。工作雖不能反映他們的興趣和愛好，但是他們對工作卻有盲目的固執和控制慾，他們是個照本宣科的人，因為他們有道德至上感並認為自己理應受其支配。

因為他們阻止自己本性的自然發展，他們倫理太多、限制太多，所以

在社會結構的體系下,他們是完美的。但他們為了表現這一份完美,也壓抑著自己的情感。他們永遠達不到心理的健康,因為他們的情感無法以自然的方式宣洩,使得他們的心靈得不到情感的滋潤,因此他們無法掌握自己的命運,也不能得到均衡的發展。這常常使他們在嚴格的自我要求下,反而落入極端矛盾的衝突之中而無法自拔。他們雖然有很高的領悟力,也可以一眼就看穿事情的真相及重點,但他們害怕情感衝動的混亂,會造成現實生活的失控與恐怖,所以他們的矛盾就會表現在將主觀感受和客觀現實對立起來,也就是內在的浪漫及外在的嚴肅生活的對立。而當這情況發生時,他們的一切行為都會變得偏激,甚至自己都無法察覺。所以當他們付出許多努力,但生活仍不順心時,可能會被嚴重的沮喪、厭惡感所困,有時甚至會完全崩潰。這時候如果他們能覺察到自己才是苦惱問題的源頭,而學會放鬆、享受人生、肯定生命價值,回歸赤子之心,遵循自然的律動,信任自己也信任別人,不再過度控制自我,這時候你對人生才有真正的感應,他們才能創造大自然的奇蹟和理想。

當然,完美主義者的行為模式、心理結構以及人性特點是可以了解的。

他們的動機、目的:他們希望把每件事都做得盡善盡美,希望自己或是這個世界都更完美。他們時時刻刻反省著自己是否犯錯,也會糾正別人的錯誤。

他們的能力、力量的來源:完美主義者有完美的理想和目標,所以他們會產生一股推動世界朝理想目標發展的強大力量。由於完美主義者本身充滿智慧,所以他們的判斷能力很強,並且身體力行、腳踏實地。為追求理想目標,他們總是讓自己精力充沛、奮鬥不懈,鞠躬盡瘁,死而後已。

他們的理想目標是：追求全世界的美好秩序，為此他們願意付出全部心力。完美主義者是非常有責任感的，他們誠實而公正，較少出現人性的弱點，以高標準來要求自己，也希望所有人在他們的引導下，都能達到此標準。

　　他們不願呈現的情緒是：其實要達到人性完美的標準，本來就非常困難，但完美主義者卻不願意接受不能克服的事實，於是他們每天都生活在盡力奮鬥中。自己達不到標準時，就不滿意自己；別人達不到標準時，則更加生氣，彷彿對每件事都看不順眼，別人跟他們在一起感覺壓力很大，而他們自己則是每天都在生氣，但又極力壓制憤怒情緒，不願輕易展現。

　　他們日常生活所呈現出來的特質是：面部表情看起來很端莊、高貴而嚴肅的；衣著很整齊、乾淨，並且一絲不苟；家裡保持很乾淨、有秩序，所有的東西都放在固定的地方，也要求家人遵守規定；一邊整理環境，一邊罵人，而且是嘮嘮叨叨念個不停；常批評別人的不好，好像沒有一個人、一件事是令人滿意的；他們守時、守秩序，讓人覺得吹毛求疵；他們很難坐下來休息，總想著有許多事要做；從來不會說甜言蜜語，倒是喜歡從雞蛋裡挑骨頭；他們很愛面子，常常很生氣，但是不太願意表現出來，所以臉部的表情僵硬；別人做的事總是不放心，批評一番之後，自己又重新做；他們心很細、注重小節，所以整天忙碌，但往往效率並不高；他們思想古板，不太懂得幽默，沒有彈性，用二分法來判斷事情；他們對別人的熱情、親熱很難接受，並會批評別人沒有禮貌；他們努力進取，如果發覺自己沒有進步，會非常不滿意自己。

　　他們常常出現的情緒感受：完美主義者知道出現憤怒情緒是很難看的，不太完美的。但由於他們事事都嚴格要求自己，給了自己很大的壓力，如果又看到別人不兢兢業業，憤怒的情緒就如潰堤的河水，排山倒海而來。

　　他們常掉入的陷阱：完美主義者這一輩子執著的正是完美，因此他們為自己立下了許多規律和秩序，每件事情都要衡量一下、評估一下，希望自己做的事條理分明、井然有序。偏偏人生無常，想要維持恆久，可能性簡直微乎其微。但完美主義者不相信平凡，要求自己非常嚴格，對別人也是如此，弄得身邊的人跟著精疲力竭、壓力十足。當然這般執著於完美的人，其實是很了解完美的。他們防衛自己的面具則是反向作用：完美主義者只要發現自己沒有走向正義或是真理之路，就會非常不滿意自己，想要立即改過。而他們改過的方式是極端的，可能突然從這一端立刻轉成另一端，其扭曲的程度可想而知。

　　他們兩性關係多是嫉妒與挑剔：完美主義者在面對兩性關係時，由於希望自己與伴侶是完美的一對，所以通常充滿嫉妒之心。如果女友或太太在聚會中與別的男人說話，他便會憎恨那個和她說話的人。就算她沒有和任何人說話或是互動，完美主義者也會假想一個比他更有吸引力的人出現，所以完美主義者通常是嫉妒心很強，希望自己和伴侶能永遠在一起。而另一方面，完美主義者也是挑剔的，對於交往的對象，他們通常眼光比較高，不會隨隨便便就談戀愛。

　　這種人愛吃醋又挑剔，跟完美主義者在一起生活確實有點壓力，不過若是你了解他們這樣做都是因為愛，欣然接受他們，甚至偶爾用一點甜言蜜語哄哄他們，你會發現，他們是死心眼、認真又顧家的好女人（男人）。

　　他們的精力浪費處：大大小小的事都不敢委託他人去做，事必躬親是完美型的人浪費精力的地方。另外，做事細心、太注意細節，也容易消耗精力，而無法有大建樹、大進展。

　　他們兒時經歷導致了性格的形成：他們兒時也許有個較嚴屬或自我要

求很高的長輩，經常給予指導和批評。由於從小得不到別人的鼓勵和讚美，在極度渴望獲得這些的情況下，轉而要求自己要做得盡善盡美。由於有追求完美的心，因此時時刻刻都在自我反省，而反省的結果往往是認為自己不夠努力，這時他們便會苛責自己，內心在不斷地譴責自己，因此他們活得很累、很辛苦。如果在這個時候看到別人舒舒服服、懶懶散散、自由自在的樣子，他們的恨意便不由得壓在心頭，顯得懊惱、沮喪又怨恨。

完美主義者對事物通常有著極高的標準，凡事都希望做到最好，所以他們往往看起來很嚴肅，做起事來一絲不苟、有條不紊。他們通常會把自己打扮得乾乾淨淨，每天都梳相同的髮型、穿著類似款式的服裝，東西一定要放在固定的位置，事情自有一套獨特的處理方式，家中也總是打掃得一塵不染。而且他們不僅對自己要求很高，也會以同樣的標準來看待別人，對人十分嚴苛。

在一般情況下，他們不太表露自己的情緒，當然也包括對別人的「惡行」所產生的憤怒。這時他們可能表情僵硬，有時會表現出一副高傲的態度，或者出現幾句冷漠的諷刺。由於完美主義者是吹毛求疵、愛批評的，而他們又是強烈自我壓抑、自我要求。然而滿腔的不滿意總是會爆發的，一旦爆發時他們則是極端刻薄，會嚴詞斥責他人、糾正他人，並給予嚴厲的懲罰。

完美主義者在強大的壓力、不滿下，有可能轉變。當他們渴望完美又達不到完美時，於是變得沮喪、自怨自艾，內心充滿了負面情緒，使自己落入失望、無助的深淵，並深深懷疑自己的價值。這時他們放棄嚴厲的自我鞭策，反而變得自暴自棄，最後有可能完全地崩潰。

真正健康的完美主義者並不會事事要求完美無瑕，也不會要求別人都

必須和自己有相同的標準。因為他們知道這是永遠不可能實現的理想。他們只是盡可能在自己能力的範圍內,力求做到接近完美的境界。他們理想高遠、身體力行,很自然地便成為別人追隨的道德導師。

只要是完美主義者,就會不停地判斷事情的是非對錯。因為他們是根據現實情況來做判斷,而不是根據自己主觀的理想,所以他們有極準確的判斷力。他們有務實的能力,而這種精確的判斷力,也往往使他們成為極其聰明的人。

由於能夠明辨是非,加上自己強烈的正義感,他們見到不公平不正義者的事,會勇於對抗,勇於追求真理,是人人敬佩的正人君子。

一般完美主義者總是過於控制、壓抑自己的情緒,過度地要求自己。如果他們能學會放鬆心情、享受人生,學會不再事事控制,多體驗當下的美好與快樂,而不是一味要求超越現實、追求完美,那麼他們就能放鬆下來,觀察分析事物更有彈性,這時他們便能更加健康和快樂。

不健康的完美主義者對所有事物的判斷絲毫沒有彈性,不是對就是錯,不是黑就是白,沒有中間地帶。

一般的完美主義者會自我批評,當察覺到自己的不完美時,會為此感到罪惡。而不健康的完美主義者則不會批評自己,永遠不承認自己有錯。只要別人的想法和做法與自己不同,那麼別人必定是不對的、邪惡的。而看到別人的「惡行」,他們便大發雷霆,並設法給予嚴厲的責罰。這種行為是標準的「以道德為名,行邪惡之實」,一方面滿口仁義道德,要求別人必須遵守,而當別人不遵守時,自己卻以討伐為名,用背道而馳的手段來懲罰別人。

他們的人情味喪失殆盡,要求的標準也不近情理,有絕對的精神潔

癖，外表看起來也是十分神經質。他們眼裡容不下絲毫的不完美，並且會不惜任何手段以剷平一切不完美。

這就是完美主義者的全部真相。

現在，我們終於認清了完美主義者的人性弱點，他們行為單一的固執和執著，甚至可以達到病態的地步。那麼對於這種完美主義者，我們也就能比較清楚、比較理解。以後，也就能寬容地對待這個不完美的世界。

最後，讓我們把認識世界的眼光，轉而投到自我身上。於是，認識自我就具有了廣泛的意義。我們就掌握住了人性深處的某種規律，也就掌握一些真理，也從而能昇華為一種人生智慧。

這就是透視人性弱點的意義。

這樣，對人性的認識也就是不可估量的了。

透視職場人性的隱祕：

從嫉妒心理到完美主義，再從血型到星座……打響職場心理戰，窺探人性背後的深層原因

編　　著：周博文

發 行 人：黃振庭

出 版 者：財經錢線文化事業有限公司

發 行 者：財經錢線文化事業有限公司

E-mail：sonbookservice@gmail.com

粉 絲 頁：https://www.facebook.com/
　　　　　sonbookss/

網　　址：https://sonbook.net/

地　　址：台北市中正區重慶南路一段六十一號八
　　　　　樓 815 室

Rm. 815, 8F., No.61, Sec. 1, Chongqing S. Rd.,
Zhongzheng Dist., Taipei City 100, Taiwan

電　　話：(02)2370-3310

傳　　真：(02)2388-1990

印　　刷：京峯數位服務有限公司

律師顧問：廣華律師事務所 張珮琦律師

國家圖書館出版品預行編目資料

透視職場人性的隱祕：從嫉妒心理
到完美主義，再從血型到星座……
打響職場心理戰，窺探人性背後的
深層原因 / 周博文 編著 .-- 第一版 .
-- 臺北市：財經錢線文化事業有限
公司 , 2024.02
面；　公分
POD 版
ISBN 978-957-680-755-8(平裝)
1.CST: 職場成功法 2.CST: 人性
3.CST: 工作心理學
494.35　113000604

定　　價：430 元

發行日期：2024 年 02 月第一版

◎本書以 POD 印製
Design Assets from Freepik.com

電子書購買

臉書

爽讀 APP